面向儿童健康友好的城市社区尺度空间优化：
理论、模型、应用

裴 昱 党安荣 著

清华大学出版社

北 京

图书在版编目 (CIP) 数据

面向儿童健康友好的城市社区尺度空间优化：理论、模型、应用 / 裴昱，党安荣著.
北京：清华大学出版社, 2025. 7. -- ISBN 978-7-302-69929-3

Ⅰ. TU984.12；D669.3

中国国家版本馆CIP数据核字第2025NS3926号

责任编辑：王雪吟然
封面设计：陈国熙
责任校对：王淑云
责任印制：刘 菲

出版发行：清华大学出版社
  网 址：https://www.tup.com.cn，https://www.wqxuetang.com
  地 址：北京清华大学学研大厦 A 座 **邮 编**：100084
  社 总 机：010-83470000 **邮 购**：010-62786544
  投稿与读者服务：010-62776969，c-service@tup.tsinghua.edu.cn
  质量反馈：010-62772015，zhiliang@tup.tsinghua.edu.cn
印 装 者：三河市人民印务有限公司
经 销：全国新华书店
开 本：165mm×235mm **印 张**：17.25 **字 数**：282 千字
版 次：2025 年 9 月第 1 版 **印 次**：2025 年 9 月第 1 次印刷
定 价：88.00 元

产品编号：106119-01

前　言

现代城市高速发展建设的阶段过后，国际范围内对可持续健康发展的呼吁再度引发了学界对城市规划本源的反思。其中，公共健康与社会公平是可持续发展的焦点议题；而儿童作为全人类的未来，是所有可持续发展的基础和核心。

随着我国城镇化发展进入质量增长的新阶段，人居环境品质和公众生活质量受到了更多的关注，而其中对儿童等重点人群的特别关注，则体现了新时期作为公共政策的城市规划维护强弱者之间利益分配公平公正的重要转型价值。从战略高度审视，儿童是国家的未来和民族的希望，国家"十四五"规划明确提出"开展100个儿童友好城市示范"的建设要求，儿童友好型城市建设首次上升到了国家战略的高度。2021年国务院印发《中国儿童发展纲要（2021—2030年）》更是将"儿童与健康"置于发展领域的首位，并将创建儿童友好型城市与社区、优化儿童健康成长的自然与人居环境列为"儿童与环境"发展领域的重要举措。近年来，为了响应发展理念和政策号召，我国长沙、深圳、成都等城市先后开展儿童友好型城市空间研究与规划实践，并已初步取得系列成效，但整体上尚处于起步探索阶段。

在此背景下，本书聚焦城市社区尺度空间的儿童健康效应这一核心科学问题，由"儿童""健康"和"社区"三个核心概念入手，将儿童健康友好视角融入城市社区尺度空间优化工作。

著书意旨有三：

第一，旨在重归多理论融汇式研究发展。人居环境科学"贵在融汇"，其重要的研究方法就是多元学科的交叉融合。从多元理论构建和发展的角度来看，本书尝试推动具有共同时代背景起源的城市规划与公共卫生、儿童友好理论重归融汇，在城市发展建设的新阶段发挥学科交叉的巨大理论推动力作用。特别是近年来，城市规划和公共卫生学科已具有鲜明的理论协同趋势，逐步形成和壮大了"健康城市"的概念，本书在此基础上进一步强调了儿童友好理论的融入，一方面是对当下城市规划学科精细化发展趋势的具体响应，另一方面也是对公共卫生学科纳入年龄构成考量的实体补充。通过多学科融汇式研究，编织建构完善化的健康城市规划理论体系，填补健康城市规划研究中对儿童群体关注的不足，同时也进一步加强儿童友好理论研究中对城市问题和健康问题的分析。

第二，旨在助推城市社区尺度精细化研究。围绕城市社区尺度的探讨已然是城市规划学科精细化发展趋势的体现，而本书对其中儿童群体、健康问题的关注，可更进一步助推城市社区尺度研究向精细化方向迈进。目前已有相关研究整体较为笼统，存在探讨议题的局限性问题；同时，也存在对于使用人群中不同"亚群"之间的差异性未予以考虑的问题。特别是在当前学界对于"社区生活圈"概念认同度不一的情况下，本书从儿童健康这一角度精细化的破题与补充为该概念本身赋予更加清晰和丰富的内涵，从而有助于实现概念边界的进一步明确，并在未来工作中应用于更加广阔的情境；更以此为起始点和蓝本，全方位综合助推在城市社区尺度层面形成广阔空间、开展多元可能性的精细化研究。

第三，旨在提供儿童健康保障创新思路。在固有性认知中，儿童健康保障问题的探讨往往局限于医学、药学等领域，而少有积累源于其他学科的启示性经验。事实上，若将城市规划设计的要素概化为金字塔结构，最为基底的层次正是"健康"和"可持续"，从城市规划设计领域探索儿童健康保障的创新思路在理论上具有可行性。本书以儿童健康为出发点，持有"健康"导向并关注儿童群体这一"可持续"的主体，在维系传统规划内涵理念本质的基础上，就实践方法固化僵化问题切实引入创新视角和手段，并推广至面向未来的规划实践工作中。同时，为摆脱"就健康论健康"的旧有思路和既定框架创造可能性，突出以建成环境空间优化为抓手的儿童健康保障路径，增强其理论高度和科学厚度，为相关学科研究者开展工作拓展思路，亦为儿童监护人、保育员等"一线"育儿者提供新的借鉴。

裴　昱　党安荣

于清华大学

目 录

第1章 绪论 1

  1.1 研究缘起 1

    1.1.1 理念回归：人本关怀下城市规划理念的本源回溯 1

    1.1.2 国际趋势：构建可持续与包容性的新城市范式 2

    1.1.3 国内需求：新型城镇化高质量发展下的建设方向 3

    1.1.4 疫情反思：突发公共卫生事件下的规划思考 4

  1.2 主要内容与结构 5

    1.2.1 概念界定 5

    1.2.2 核心问题 10

    1.2.3 本书结构 11

第2章 儿童与儿童健康 13

  2.1 儿童概念的理论发展 13

    2.1.1 哲学演绎 13

    2.1.2 医学分支 20

  2.2 儿童健康问题的特征 25

    2.2.1 儿童生理与心理基本特征 25

    2.2.2 儿童疾病：聚焦病因病理特征 29

    2.2.3 儿童保健：聚焦体力活动特征 33

第3章 儿童活动空间的诉求、尺度与类型 42

  3.1 儿童友好视角下的空间诉求 42

    3.1.1 儿童权利的角度 43

    3.1.2 儿童特质的角度 46

  3.2 儿童活动空间的尺度特征 48

3.2.1　儿童成长阶段与空间尺度的对应关系　　　　　48

3.2.2　儿童友好视角下空间的多尺度协同　　　　　　53

3.2.3　城市社区尺度与儿童主体研究的适配性　　　　57

3.3　儿童活动空间的类型归纳　　　　　　　　　　　　　　63

3.3.1　基于空间禁忌的儿童活动空间类型梳理　　　　64

3.3.2　城市社区尺度儿童活动空间类型构成　　　　　69

第 4 章　城市社区尺度空间的儿童健康效应概念模型　　　　78

4.1　模型建构理论基础　　　　　　　　　　　　　　　　　78

4.1.1　循证研究的延展：PICO 梳理　　　　　　　　78

4.1.2　健康城市研究的经验：要素与模型　　　　　　86

4.2　"四要素"概念模型建构　　　　　　　　　　　　　　93

4.2.1　儿童疾病角度的"四要素"概念模型　　　　　95

4.2.2　儿童保健角度的"四要素"概念模型　　　　　104

4.3　"四要素"概念模型的案例评述　　　　　　　　　　　112

4.3.1　波士顿儿童疾病角度健康问题的具体化　　　　112

4.3.2　波士顿邻里社区关键规划设计维度的识别　　　114

第 5 章　"四要素"概念模型检验：以北京市东城区为例　　　119

5.1　检验研究基础：现状问题与研究思路　　　　　　　　119

5.1.1　北京地区研究的典型性　　　　　　　　　　　119

5.1.2　北京市东城区特征　　　　　　　　　　　　　124

5.1.3　"四要素"概念模型的检验思路　　　　　　　127

5.2　面向儿童疾病：居住区空间"四要素"概念模型检验　　133

5.2.1　东城区儿童传染性疾病情况　　　　　　　　　134

5.2.2　基于传染性疾病传播机制的居住区"四要素"概念模型
　　　　逻辑链条　　　　　　　　　　　　　　　　137

5.2.3　居住区空间具体规划设计维度检验　　　　　　141

5.2.4　居住区空间儿童疾病角度"四要素"概念模型检验结果　154

5.3　面向儿童保健：城市绿地空间"四要素"概念模型检验　　156

5.3.1 东城区社区尺度代表性城市绿地空间儿童体力活动情况 157

5.3.2 基于儿童体力活动特征的城市绿地"四要素"概念模型
逻辑链条 162

5.3.3 城市绿地空间具体规划设计维度检验 166

5.3.4 城市绿地空间儿童保健角度"四要素"概念模型检验结果 189

第 6 章 儿童健康导向城市社区尺度空间优化策略 194

6.1 基于"四要素"概念模型检验结果的空间优化策略框架 194

6.1.1 儿童疾病角度的空间优化诉求 194

6.1.2 儿童保健角度的空间优化诉求 196

6.1.3 综合性空间优化策略框架范式 198

6.2 策略落地：空间优化策略的具体表达 199

6.2.1 儿童疾病角度的居住区空间优化策略 200

6.2.2 儿童保健角度的城市绿地空间优化策略 208

6.3 策略推广：空间优化策略的本质认识 217

6.3.1 理论认识：寻脉与建构 217

6.3.2 理念认识：认同与渗透 220

6.3.3 定位认识：组构与聚焦 223

第 7 章 结语 229

7.1 城市社区尺度空间的儿童健康效应总结 229

7.2 面向儿童健康友好的城市社区尺度空间研究与实践展望 235

附录 237

附录 A 儿童成长发育标准与常见疾病 237

附录 B 儿童健康问题 PICO 梳理 241

附录 C 综合性儿童体力活动问卷 245

参考文献 252

后记 268

第 1 章

绪 论

1.1 研究缘起

1.1.1 理念回归：人本关怀下城市规划理念的本源回溯

城市规划理论发展历久弥新，伴随着时代背景的变化而促生着理念的螺旋式发展。回溯其历史可以发现，正是 20 世纪初工业革命末期伴生的城市拥挤、环境恶化、人口剧增等问题激发了现代城市规划和公共卫生的起源（Faludi，2013）。然而在现代城市高速发展建设的阶段过后，弥漫全球的雾霾等空气污染问题、气候变化问题及其带来的一系列健康隐患再度引起了理论界对城市规划本源的反思。

现代城市规划的本源体现在为市民大众服务，而不是为传统君权、为政治统治而服务（Fainstein et al.，2002）。刘易斯·芒福德（Lewis Mumford）强调城市中物质形态和经济活动弱于人之存在；简·雅各布斯（Jane Jacobs）对大城市发展建设的批判也让规划师的讨论从仅仅关注如何做好规划，转变至为谁而规划（吴志强，2000）。正如梁鹤年（2012）所述，"城市是'人聚居'的现象，人与居缺一不可"，只有城市人与人居环境相匹配才能实现理想的城市生活。如今，全球范围内对城市规划以人为本的呼声日益高涨，对城市人本身和人居环境空间品质的关注，也体现了对现代城市规划本源的理念回归。

一方面，回归至对人本身需求的考虑：众所周知，马斯洛需求层次理论提出的人类需求均为从人自身角度所产生的自然引申，也为人本主义城市规划研究提供了理论依据。值得注意的是，其中，健康作为生理需求的主要内容，也是人本关怀最基本的考量范畴。另一方面，回归至对空间品质的考虑：正如城市规划起源之初对环境质量和社会公平的关注，城市公民应平等享有良好的空间资源，许多学者也已经在规划理念层面强烈呼吁城市空间品质应当居于核心位置（石楠，2015），并以城市设计为具体实操工具促进落实（阳建强，2015）。

如今，随着互联网时代数据科学技术水平的高速发展，人本层面的关怀已经逐渐通过多元时空大数据形成的精细尺度，对人口、空间、活动的呈现得到了生动描绘，也愈发为城市规划理念回归本源的发展和落实创造了可能。

1.1.2 国际趋势：构建可持续与包容性的新城市范式

1992 年，联合国环境与发展大会的召开及会议文件《21 世纪议程》的发布，呼吁在国际社会范围内确立"可持续发展"战略。在 20 余年以来的发展过程中，以联合国为首的多方机构纷纷就"可持续发展"的理念内涵、指标体系、目标要求等进行了探索，在人居环境发展建设中发挥着重要导向作用。2015 年，联合国大会在此基础上正式通过了《变革我们的世界：2030 年可持续发展议程》，提出了 17 项可持续发展目标（sustainable development goals，SDGs），其中第三项"良好健康与福祉"和第十一项"可持续城市与社区"这两项与城市规划发展紧密相关的目标所对应的具体细分目标，均主要着眼于城市社会对各群体的包容性、公共福祉与健康问题（UN，2015）。国际社会对可持续发展的呼吁在城市规划发展建设中尤为鲜明，公共健康与社会公平也愈发成为其中的焦点内容。

2016 年，联合国第三次住房与可持续城镇化大会（"人居三"）通过的《新城市议程》作为 SDGs 的延伸，再度为国际社会范围内城市转型发展提出了具体的时代要求和行动纲领，其以构建公平、繁荣、可持续的新城市范式为总目标，强调了城市发展应把"包容性"置于核心位置、应回归"社会体"的本质特征、强调规划的"不可替代"作用、应以"公共空间"作为首要因素（石楠，2017）。从细节来看，其"包容性"的内容核心也体现于在多项内容中均反复呼吁了对儿童等弱势群体的关注，特别是"改善全人类的健康和福祉"也作为主要愿景而存在（UNHABITAT，2016）。在新的时代背景下，各国城市有必要在以联合国人居署为首形成的国际范围人居环境发展建设目标和纲领框架基础之上，协同环境规划署、儿童基金会等其他相关机构提出的核心发展要旨一并纳入考量，积极响应国际社会的呼吁，为实现新城市范式而探索理论与实践路径。

1.1.3　国内需求：新型城镇化高质量发展下的建设方向

从城市发展阶段来看，我国城镇化率持续上升，在庞大的人口基数下，预计未来仍会有大量人口涌入城市，但数量型人口红利的优势减退问题已愈发鲜明，少子化趋势明显，甚至在全面二孩政策后，出生人口不升反降[①]。尽管当前并未出现人口下降趋势，但人口结构危机已初露端倪。

2012 年，中央经济工作会议出台《国家新型城镇化规划（2014—2020）》，提倡"健康的城镇化"，其核心本质是人的城镇化，使人们的生活更美好，从关注数量增长向关注质量提高转型（仇保兴，2012）。2014 年，中央经济工作会议明确提出"新常态"概念，也为我国新时期城市规划发展的转型提出了降速、转型、多元的要求（杨保军 等，2015）。2017 年，中央城市工作会议再度提出，当前城市工作面临的紧迫任务在城市规划建设管理方面首先体现为"推动以人为核心的新型城镇化"，要求"框定总量、限定容量、盘活存量、做优增量、提高质量"。

在新型城镇化背景下，在《中华人民共和国国民经济和社会发展第十三个五年规划纲要》中，"健康中国"首次上升到国家战略高度。《"健康中国 2030"规划纲要》随即进一步强调了实现"全民的健康"的最终目标，其中，还特别提出"加强重点人群健康服务，实施健康儿童计划，加强儿童早期发展，加强儿科建设，加大儿童重点疾病防治力度，扩大新生儿疾病筛查，继续开展重点地区儿童营养改善等项目"等要求。可以预见，随着我国城镇化发展进入质量增长的新阶段，人居环境品质和公众生活质量将得到更大的关注，健康城市的规划和建设必然受到更多的重视。而其中对儿童等重点人群的特别关注，也体现了新时期作为公共政策的城市规划维护强弱者之间利益分配公平公正的重要转型价值（蔡克光 等，2010；魏立华，2007）。

从战略高度审视，儿童青少年是国家的未来和民族的希望，积极响应"文明其精神，野蛮其体魄"的要求以促进儿童青少年健康也是实施健康中国战略的重要内容。关注健康与儿童友好是中国共产党第二十次全国代表大会报告"把保障人民健康放在优先发展的战略位置，完善人民健康促进政策"的具体体现，而"建设儿童友好型城市和社区"也已纳入多地国土空间近期规划和妇女儿童

[①] 根据中华人民共和国国民经济和社会发展统计公报，2017 年全年出生人口 1 723 万，2016 年为 1 786 万。

"十四五"发展规划。

在高度强调和广泛号召下，目前我国已有多座城市推动执行了"健康城市"和"儿童友好型城市"的建设行动框架，在新型城镇化背景下探索城市规划人本和公平公正的践行路径。但也正因处于起步阶段而存在理论基础薄弱、因地制宜性不足等问题，有待后续研究加以补充。

1.1.4 疫情反思：突发公共卫生事件下的规划思考

2019 年新冠肺炎疫情席卷全球，一时间如何有效应对突发公共卫生事件带来的系列冲击成为世界范围内各行各业的核心议题，也同样将城市规划领域对公共卫生的关注推至新的高潮。

第一，区域联防联控的必要性愈发凸显，在城市群、都市圈层面的公共卫生资源配置方法亟待突破传统"中心-边缘"与"城-镇-村"的格局与等级体系，形成多中心、网络化的结构体系（杨保军，2020）。第二，突发公共卫生事件的出现凸显了城市空间治理能力的短板，健康城市与健康影响评估程序的构建亟待提上议事日程（田莉，2020；王兰 等，2020）。第三，新冠肺炎疫情防控期间，在"居家隔离"的防护要求之下居民远途通勤大幅减少，日常活动大多限制于社区生活圈之内，社区和基层成为了防疫工作的前沿阵地（刘佳燕，2020），是庇佑居民健康的最后一道关卡。第四，儿童等弱势群体的健康保障面临着更大的挑战，一方面，病毒特征扑朔迷离，对于儿童群体而言其传染力和症状严重程度普遍较大；另一方面，疫情防控期内全球性的学校关闭使儿童群体长期无法正常入校上课，增加了心理问题、营养失衡、体力活动[①]不足等诸多临床之外的健康风险（Viner et al.，2020；Wang et al.，2020），在此背景下，世界卫生组织和联合国儿童基金会为疫情防控常态化时期的居家生活、复学复课工作提出了诸多要求（UNICEF et al.，2020）。

突发公共卫生事件诚然是城市的"危机"，但也是重新认知城市与城市规划的"契机"（谭纵波，2020）。上述疫情防控期间与后疫情时代的反思内容为当前的城市规划研究议题提出了重要要求，其核心要义在于：城市规划之于公共卫生的主要作用体现在"防患于未然"（尹稚，2020），应当在了解和顺应自然

---

① "体力活动"（physical activity）又称"身体活动"，本书表述方式统一为前者。

规律的基础上找准发力点开展工作。健康融万策，规划当先行，开展健康城市理论研究与建设正当其时，其中社区在公共卫生领域能够发挥的潜力和价值尤为不容小觑，针对儿童群体的研究也更应给予特别关注。

1.2　主要内容与结构

1.2.1　概念界定

本书涉及的基本概念主要包括"儿童""健康"和"社区"，由于不同语境下的概念定义存在出入，在此首先对以上三项概念在本书中的内涵边界予以界定。

1. 儿童

"儿童"首先是一个基于特定年龄段及其所具有的群体特征而形成的概念，故其概念界定出发点也体现在年龄范围的框定。然而，由于在不同研究领域的视角下所关注的儿童问题各不相同，因而相应产生的儿童群体的定义也不尽相同。

首先，作为国际范围内横向比较和评估的标尺，"儿童"最为普适和官方的定义版本由联合国儿童基金会提出：联合国 1989 年 11 月 20 日第 44 届大会通过的《儿童权利公约》中，界定"儿童"是指 18 岁以下的任何人。在这一定义下，根据国家统计局和联合国儿童基金会的统计，2020 年中国总人口仍居世界首位，占世界总人口的 18.2%；中国儿童占世界儿童人口的 12.7%，居世界第二。印度儿童人口规模在 1993 年首次超过中国，成为世界儿童人口最多的国家（国家统计局 等，2023），如图 1.1 所示。

在医学领域，"儿科"的业务范围即对应了医学语境下的儿童年龄范围。儿科学中基于儿童在疾病类型、临床表现、诊断治疗与预后预防等方面有别于成人的生理状况，指出应当"将 14 周岁以下作为儿童的年龄标准"（沈晓明，1979），认为 14 周岁后人体将进入青春期。近年来，在国际惯例的推动和有关专家的呼吁下，我国医学界在较广范围内推行将儿科学观察年龄段和儿科接诊年龄推后至 18 岁，但整体上仍存在口径不一的现象。以北京地区为例，各三级医院对儿童年龄划定的标准便出现了 14 周岁及以下（如积水潭医院）、16 周岁及以下（如人民医院）和 18 周岁及以下三类（如儿童医院）（樊荣，2018）。

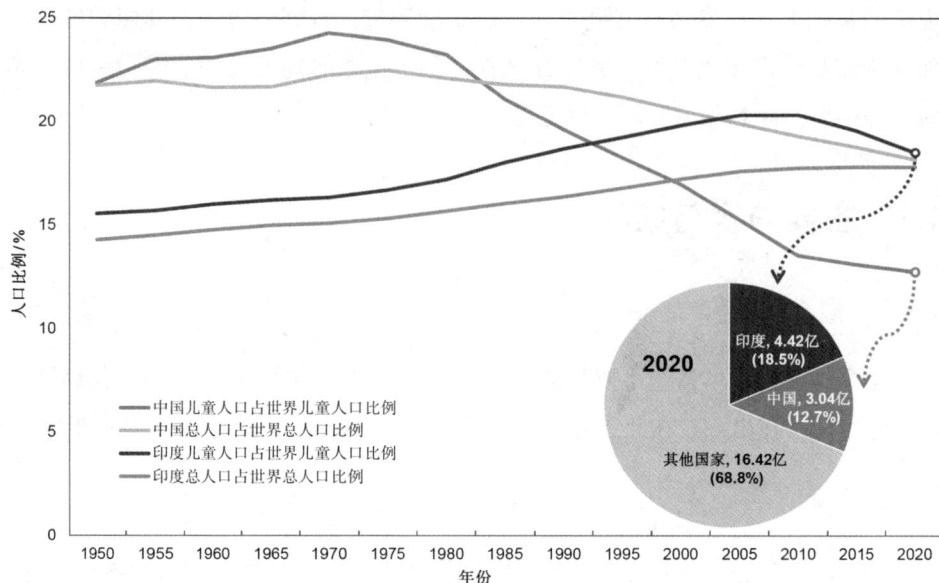

图 1.1　1950—2020 中国和印度儿童人口规模变化趋势（作者改绘）

在教育学领域，缘起于西方思想史的"儿童教育年龄"则根据儿童年龄发展的自然进程及其适应的学习方式而划分，其中较有共识的划分方式为以 6~7 岁为学前教育（家庭教育）和学校教育的分界、12 岁起身心开始走向成熟，直至 18~20 岁为研究年龄范围上限。起源于北美国家的 K12 基础教育模式即基于儿童教育年龄理论产生，先后包括学龄前、幼儿园、小学、初中和高中五个阶段，在我国则主要指代中小学阶段的基础教育。

此外，在相关统计研究和规范章程中，对于儿童年龄范围也分别具有不同的划定方式。当前国内统计年鉴中人口年龄结构统计按照 0~14 岁、15~64 岁和 65 岁及以上三类划分；北京大学中国家庭追踪调查（China Family Panel Studies，CFPS）中"少儿问卷"的调查对象则为 16 岁以下群体；由中国儿童中心主要起草的《儿童蓝皮书》则主要针对幼儿园、小学和初中阶段儿童开展调研，对应年龄阶段为 3~15 岁；由中国社区发展协会发布的《儿童友好社区建设规范》沿袭了联合国儿童基金会的总体定义，并特别以 3 岁、6 岁和 12 岁为界分段提出具体的要素配置要求。

综合可见，在不同研究语境下的儿童群体定义未能保持统一，基本结合研究实际需要而表现为官方定义"18 岁以下"的子集。本书主要探讨儿童健康情况与社区尺度下的建成环境要素，综合医学、教育学及相关研究的年龄划定思路和因由，以及研究地段的实际情况，以"3~12 岁"作为年龄范围边界，并以6 岁为界区分学龄前儿童与学龄儿童两段；部分宏观层面的探讨受限于开源数据统计口径问题则不予年龄段细分。

2. 健康

"健康"概念源于人与自然和谐相处的生活方式（Watson et al.，1996），在现代医学中被定义为"各种生物参数都稳定于正常变异范围内，对外部环境（自然的和社会的）日常范围的变化有良好适应能力"（程之范，1998）。世界卫生组织（World Health Organization，WHO）对健康的定义在近 70 年来不断进行调整，但其基本立意皆强调了健康概念的多维性，包括躯体健康、心理健康、社会适应良好和道德健康在内（WHO，1989），并非仅仅指代"不生病"（WHO，1948），也并非一个单一的、清楚的目标（WHO，1981）。

高速推进的城市化和科技发展进程不断改变着城市生活环境和居民生活方式，同时也为健康带来了诸多挑战。如图 1.2 所示，当前中国城市广泛存在的诸多个体、社会、环境因素直接或间接导致了非传染性疾病、传染性疾病、伤害及伤害死亡、心理疾患等的高发率，而值得关注的是，其中建成环境因素几乎

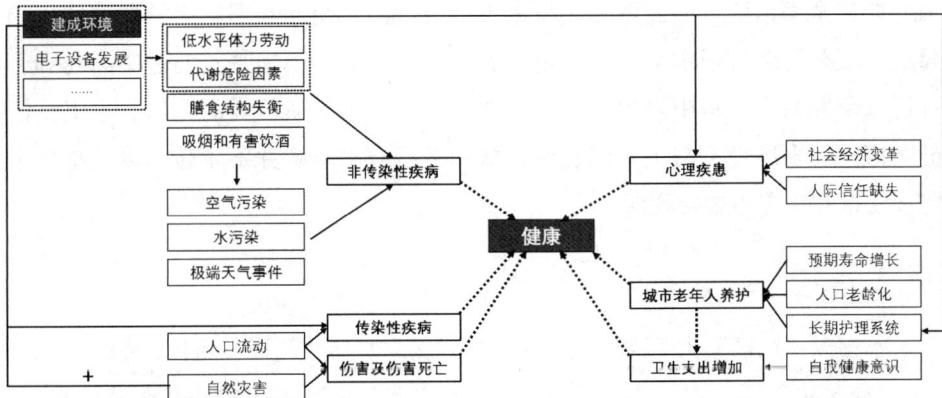

图 1.2　中国城市健康面临的主要挑战

（资料来源：整理自清华大学联合《柳叶刀》杂志发布的《健康城市：释放城市力量、共筑健康中国》特邀报告）

与每一项导致健康隐患的指标都紧密相关（Yang et al.，2018）。如图1.3所示，展示了1990—2015年全球过早死亡原因排名。营养摄入的过剩、生活方式的改变已经成为公共卫生的重大挑战（Gong et al.，2012），此类现象被认为主要由城市居民自主生活理念决定，但同时也是城市规划设计能够主要影响的方面（World Health Organization et al.，2016）。

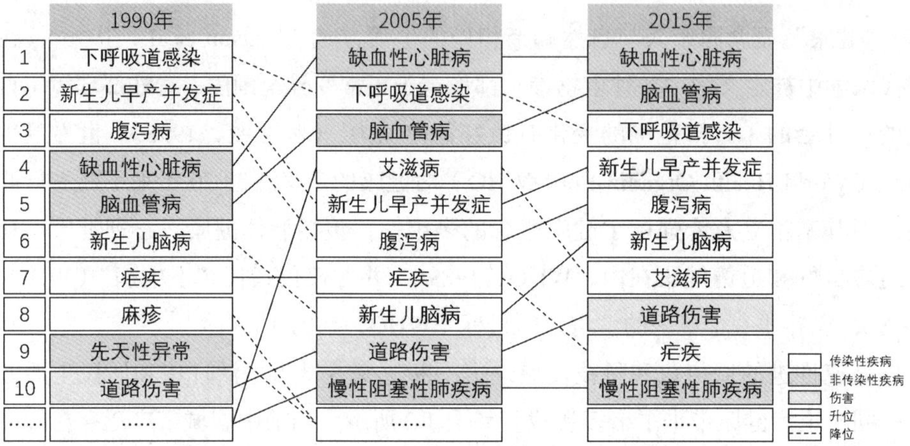

	1990年		2005年		2015年
1	下呼吸道感染		缺血性心脏病		缺血性心脏病
2	新生儿早产并发症		下呼吸道感染		脑血管病
3	腹泻病		脑血管病		下呼吸道感染
4	缺血性心脏病		艾滋病		新生儿早产并发症
5	脑血管病		新生儿早产并发症		腹泻病
6	新生儿脑病		腹泻病		新生儿脑病
7	疟疾		疟疾		艾滋病
8	麻疹		新生儿脑病		道路伤害
9	先天性异常		道路伤害		疟疾
10	道路伤害		慢性阻塞性肺疾病		慢性阻塞性肺疾病
……					

传染性疾病　非传染性疾病　伤害　升位　降位

图1.3　1990—2015年全球过早死亡原因排名

由于健康概念本身内涵构成庞杂，且在多角度与建成环境因素存在关联，因而如若全面铺陈、面面俱到必将呈现为复杂巨系统。本书采用吴良镛先生倡导的"复杂问题有限求解"方法论，着眼于儿童群体最为基本的健康问题和管理诉求研究角度，集中聚焦于"躯体健康"即生理健康范畴的探讨。本书认同健康概念的多维性，与主要围绕生理侧面开展有限求解并不矛盾，以从深度上完成挖掘和探究为主要预期。

3. 社区

本书以"社区"为关注尺度，将其界定为"社区生活圈"范围。

"社区生活圈"概念由"生活圈""定住圈"等衍生而成，其在城市规划、地理学、公共管理等领域的解读存在不同的侧重方向。城市规划领域对社区生活圈的解读主要从公共服务设施配置等角度着眼；地理学领域相关研究则更加关注生活圈本身的空间属性，致力于依据人群时空行为探索其空间拟合和边界划定的优化方法（于一凡，2019），如图 1.4 所示。无关领域，从本质上来讲，社区生活圈作为从人本角度出发的概念，其主要关注对象是人的日常生活，并以引导人朝向理想生活为目标（柴彦威 等，2019）。

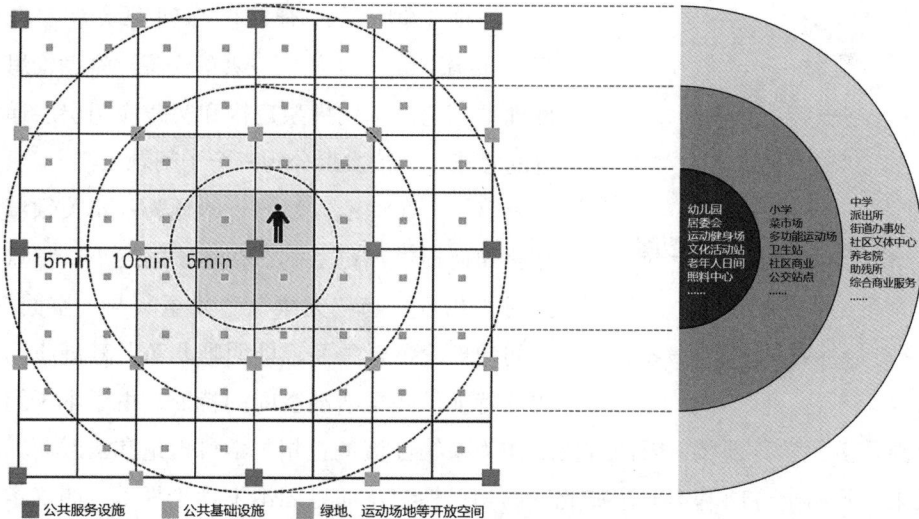

图 1.4　社区生活圈概念模型

在相关学者的积极推动下，中华人民共和国住房和城乡建设部 2018 年发布的新版《城市居住区规划设计标准》（GB 50180—2018）中，5min、10min 和 15min 生活圈居住区和居住街坊取代居住区、小区和组团而成为了居住区规划和设施配置的核心对象，也是相较于原版规范（1993 年版、2002 年版）而言最具创新性的突破之处。这里的"生活圈居住区"被定义为"以满足居民物质与生活文化需求为原则划分的居住区范围"。本书中对"社区"概念的探讨是以"生活圈居住区"为蓝本，并且框定在城市空间范围内，关注居民基本的居住生活活动在地理空间上的投影，总体圈层尺度同样依据 300m、500m 和 800m 出行半径划分。

特别说明，本书基于社区概念存在弹性的基本认同，形成了两项边界：第一，相比于地理学领域在宏观层面广义生活圈的结构性探讨，本书结合探讨对象的特殊性而主要聚焦于以居住区为核心的狭义生活圈；第二，前述三个总体圈层尺度所表征的生活圈居住区范围仅为满足研究与实践口径统一的需要而划定，其具体的空间范围形态与结构还具有一定的灵活度。

1.2.2　核心问题

由以上基本概念出发,本书的核心问题即在于探讨城市社区尺度空间的儿童健康效应。

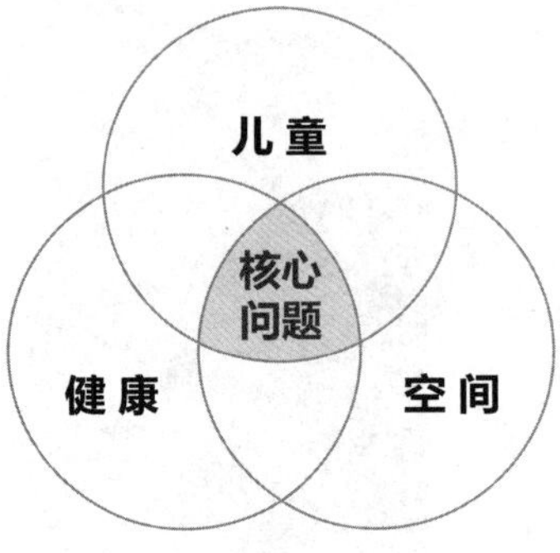

图 1.5　本书核心问题的概念关系

如图 1.5 所示,本书核心问题关注"儿童""健康"与"空间"三者的交集。遵循构思推理中理论夯基、模型建构和实践应用层层递进的思路,又依次拆分为三个子问题。

第一,在理论方面的子问题为:相关领域经验如何提供理论基础?在本子问题下,重点探讨"儿童"与"健康"、"儿童"与"空间"之间的理论逻辑关系,即明晰儿童及其健康问题的特征、儿童活动空间的特征。由于本子问题涉及多元学科领域,因而首要工作为系统性梳理各相关学科理论和实践研究成果,并明晰各项基本概念彼此间的相关性,从而稳固本书理论根基、明确本书理论归属。

第二,在模型方面的子问题为:如何以概念模型刻画城市社区尺度空间的儿童健康效应?在本子问题下,将"儿童健康"与"儿童空间"协同一体,开展机理探究。通过借鉴和延展来自相关领域经验,深入剖析这一机理中所涉及的要素类,并重点关注各要素类之间的逻辑结构和联动关系,以及针对儿童健康议题的具体方向对概念模型予以细化,从而拟合出城市社区尺度下"儿童空间"与"儿童健康"之间的完整逻辑链条。

第三,在应用方面的子问题为:所建构概念模型如何应用于指导实际空间优化实践?在本子问题下,将在所建构概念模型的基础上,以北京市东城区为例,选取城市社区尺度下的具体地段,结合实际儿童健康问题,对概念模型的具体逻辑链条加以检验和补充,从而针对检验结果指向的空间优化诉求精准总结策略框架,更具针对性地指导空间优化落地实践,并且从理论层面形成空间优化策略的本质认识,使其便于推广。

1.2.3　本书结构

本书整体结构如图 1.6 所示，共包括问题引入、子问题剖析、总结等部分，分别对应 7 个章节。

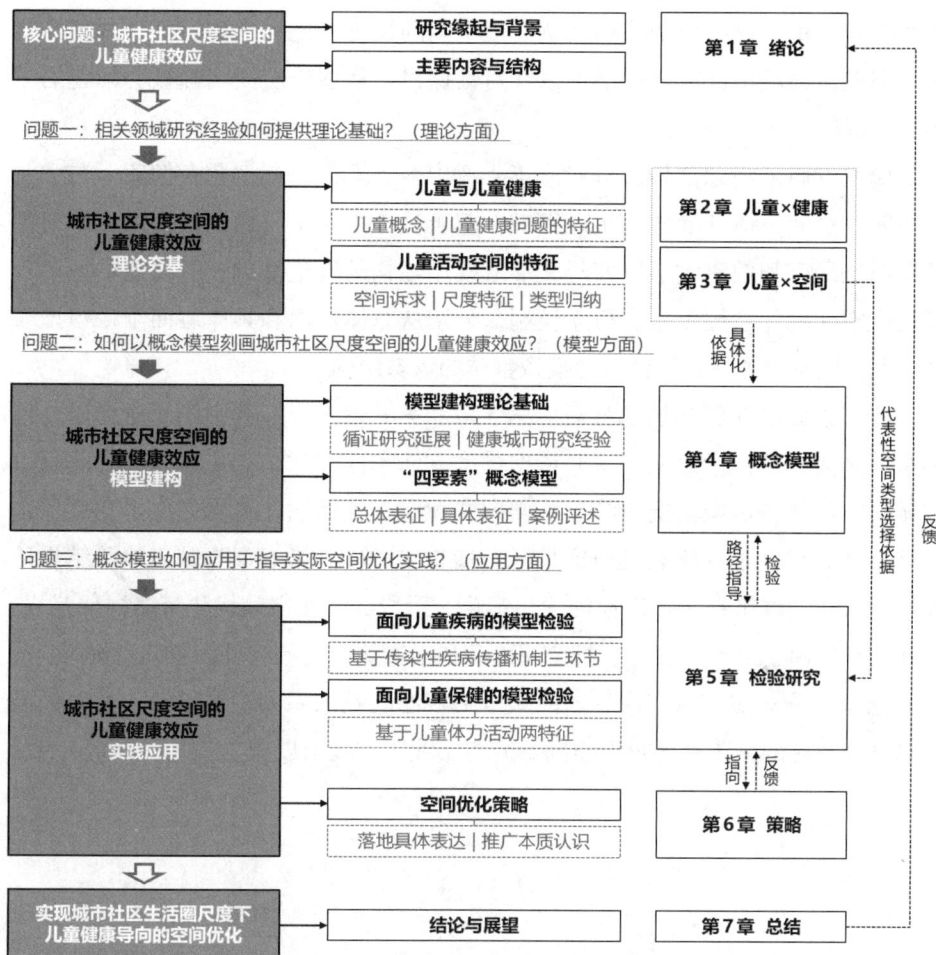

图 1.6　本书整体结构

问题引入部分对应第 1 章绪论。此部分主要交代本书主题酝酿的四重背景，阐述具体关注的概念如何界定，以及将在书中重点探讨的核心问题及其解构方式。

理论方面子问题剖析部分对应第 2 章和第 3 章内容。其中第 2 章探讨"儿童"

与"健康"两环的交集，由儿童概念在哲学和医学领域的理论发展切入，进而遵循儿科学议题对儿童健康问题的特征予以梳理，从理论层面形成对儿童这一概念的完整认识、总结儿童健康导向研究的深层内涵，为全书论述形成铺垫。第3章探讨"儿童"与"空间"两环的交集，首先由儿童友好的理论视角着眼，阐述空间诉求，进而分别归纳儿童活动空间的尺度特征和类型特征，并将其置于本书关注的城市社区尺度下加以针对性探讨，从理论层面明确核心问题的具体研究范畴。

模型方面子问题剖析部分对应第4章内容。本部分就"儿童健康"与"儿童空间"协同一体开展作用机理探究，基于理论方面子问题的研究结论，通过借鉴循证研究和健康城市研究经验形成模型建构的理论基础，尝试建构城市社区尺度空间的儿童健康效应概念模型，分别从总体层面和具体层面予以模型表征，并辅以案例评述，评估概念模型整体的逻辑结构。

应用方面子问题剖析部分对应第5章和第6章内容。其中第5章为以北京市东城区为例的检验研究，主要依据模型方面子问题的核心成果，结合北京市东城区实际儿童健康情况，分别从面向儿童疾病和面向儿童保健两个角度，选取城市社区尺度下的代表性研究地段开展检验工作。第6章为基于检验结果的儿童健康导向城市社区尺度空间优化策略，形成综合性空间优化策略框架范式，并在落地层面予以具体表达、推广层面升华本质认识，最终反馈至儿童健康。

总结部分对应第7章内容。回顾全书核心问题的系列主要结论，并对面向儿童健康友好的城市社区尺度空间研究与实践工作提出展望。

第 2 章

儿童与儿童健康

由于本书以儿童健康为导向，即应当建立在把握儿童及其健康问题的特征基础之上，因而在切入空间层面的探讨之前，本章将首先聚焦于核心问题概念图示中"儿童"与"健康"两环的交集，识别作为研究主体的儿童群体的能动性，深度分析儿童概念的理论发展和儿童健康问题的特征，从理论层面形成对儿童这一概念的完整认识，总结儿童健康导向研究的深层内涵，为全书论述形成铺垫。

下面将首先就儿童概念的理论发展过程进行阐述。

2.1 儿童概念的理论发展

正如在概念界定中所述，"儿童"概念在各领域内的定义方式和理论发展路径不尽相同。为支撑儿童健康导向研究，下面将分别从哲学和医学的角度对儿童概念的理论发展予以溯源。

2.1.1 哲学演绎

将"儿童"作为特别关注和思考的概念始于何时？思想史界对这一问题的思考与热议层出不穷，其背后所关联的时代背景和蕴含的价值取向也着实耐人寻味。

西方语境下，现代关于儿童和儿童福祉的认识源于 18 世纪下半叶的工业革命时期，然而这种认识、理解和关注在社会思潮发展过程中几经沉浮与转向，在此期间其学术性逐渐增强，并逐步由单纯关注儿童生存环境、成长过程等"单一要素"的研究转为融入社会学视角后关注"要素关系"的研究。19 世纪末 20

世纪初，爱伦·凯（Ellen Key）提出"20世纪将是儿童的世纪"，认为百年间儿童的天性将会充分释放及长足发展，整体上在这一世纪的发展中着实逐步形成了"以儿童为中心"的社会意识，在20世纪末21世纪初的新千年之交已涌现出大量关乎儿童福祉的思想纲领和行动倡议。

然而回溯西方社会意识中对于"儿童"的观念之形成与发展，事实上中世纪及以前的社会中都并不存在"童年"的概念，至少在儿童和成人之间并无鲜明界限；以人群彼此间的情感控制和调节为例，成年人并未表现出比儿童更高的程度，这与现代社会中以成年人和儿童在行为方面的巨大差异为特征来评估文明发展水平的方式明显具有鲜明差别（诺伯特·埃利亚斯，1998）。1960年，法国学者菲力浦·阿利埃斯（Philippe Ariès）的著作《儿童的世纪：旧制度下的儿童和家庭生活》（以下简称《儿童的世纪》）面世，开创性地提出了"儿童"概念的起源假说："在17世纪前，'儿童'这个概念根本不存在，我们现在所说的儿童在很长的一段时间被当作缩小版的成人对待"。尽管如爱伦·凯所预期，20世纪以来儿童的中心地位逐渐成为普遍共识，但直至阿利埃斯的论断提出之前还尚无如此深度和理性的"儿童观"思想溯源。1962年，该书的英文版出版后引起了世界范围内的一次"大地震"，思想史界开始聚焦于"儿童的发现"问题，彼时儿童已被认知为一种社会建构，儿童史观也初步开始形塑。

正如阿利埃斯基于对一系列日记和绘画作品的研究所形成的解读，在西方艺术作品、文学、风俗等方面，儿童曾被长期作为混沌和边缘化的模糊对象，不具备专属概念：12世纪以前的西方绘画作品中全然不存在儿童形象；13世纪至16世纪中儿童开始在绘画作品中以天使、圣婴的形象存在，后期也开始与父母共同出现在家庭画像中，但此类形象事实上却更接近于缩小版的成人，与儿童的实际形象仍然相去甚远（图2.1）；14世纪至15世纪的法语词汇中，"儿童"一词与侍从、服务生、男仆等同用"enfant"表述，表现出在内涵层面几类人群之间并无差异，一方面儿童未从年龄角度与青年、成人划分开来，另一方面儿童甚至具有一定的附属依从的意义；17世纪以前西方儿童未能拥有专属的服装和玩具，甚至曾出现男孩穿着过时成人女装、儿童2岁以后基本与成人共享游戏和玩具的荒诞现象；在15世纪至17世纪欧洲的丧葬风俗中，儿童的夭折被视为如同猫狗等动物的死亡一般，无关乎其家庭所属的阶级高下而仅能埋葬于公共墓地或后院之中，而较高的早夭率也使得儿童幼小的生命普遍被冷血漠视。在这样的处境之下，儿童成长到 7 岁之后就已经完全融入成年人世界，不得不面对和承担本质上并不适合其特征的生活方式。

图 2.1　中世纪绘画作品 *Madonna of Veveri* 局部 [①]

　　阿利埃斯对上述现象的开创性分析有力推动了欧美思想史界对亲子关系、儿童社会关系发展过程的关注，在继续聚焦于儿童概念的基础上，先后以社会建构论、生活经验等取向进行深入探讨，譬如爱德华·肖特（Edward Shorter）对近代家庭形成过程的研究、维维安娜·泽利泽（Viviana A. Zelizer）对 19 世纪末至 20 世纪初美国家庭和儿童生活的转变研究等（蒋竹山，2013）。但与此同时，也有部分学者持有与阿利埃斯不同的观点，譬如《法国文化史》中即提出所谓"儿童的发现"前后事实上没有本质分界，而是仅仅由于中世纪社会对于儿童的情感表达方式或与现代有别，这并非等同于不具有"儿童"的概念（维舟，2013）；再如有史学家认为中世纪绘画作品的特征不足以说明对儿童的漠视，因为在宗教色彩浓烈的时代背景下，画作中所描绘的包括成人在内的所有人物事实上均存在形象失真现象（蒋竹山，2013）；还有学者认为中世纪后期已存在"儿童观"的初级阶段，不可全盘否定此时社会对儿童的认知（Shahar，1992）。诚然，研究结果的准确性非一家之言可代表，但结合西方世界历史发展背景来看，"儿童观"的形成及其之于社会的地位着实历经了从无到有的缓慢过程（图 2.2）。

[①]　1350 年 Vyssi Brod Altar 作品。资料来源：搜狐网

中世纪	文艺复兴时期	近代早期	启蒙运动	现代
完整意义的"儿童观"并不存在	儿童早期教育逐渐受到重视	"儿童观"宗教导向强化	以卢梭为代表的思想家反对宗教原罪观念	浪漫主义"儿童观"逐渐成为主流认识
		儿童与成人概念初步理性分隔	浪漫主义童年理想模式形成	儿童在家庭和社会中渐居于中心

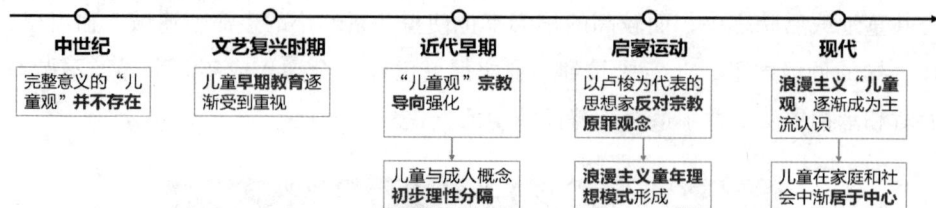

图 2.2　西方语境下"儿童的发现"过程

中世纪时期，至少完整意义上的"儿童观"并不存在，更与社会意识的中心地位相去甚远。文艺复兴时期，儿童早期教育逐渐得到重视（Gavitt，1991），一方面表现为早期教育学家开始提倡古典知识的教导，另一方面则体现在新教徒对《圣经》原罪观念的传授。近代早期，"儿童观"的宗教导向愈发强化，秉持"儿童原罪与生俱来"信仰的新教和天主教推动着家庭和学校发挥教化作用，尽管这一认知尚存在局限性和阶级性，但不可否认宗教的力量在一定程度上已然促成了儿童与成人概念理性分隔的状态。启蒙运动时期，以卢梭为代表的思想家率先表达了对原罪观念的反对，挑战来自教会等多方势力的压力，提倡纯真、自然而非功利的"儿童观"，强调童年是人生中独立而独特的阶段，本质上推动了浪漫主义童年理想模式的形成（施义慧，2004）。进入现代，浪漫主义的"儿童观"逐渐成为西方中上层阶级的主流认识，高度强调儿童的情感价值、否认儿童的经济价值，因而连带推进抵制童工的雇佣（Zelizer，1994），也使得儿童在家庭和社会整体中逐渐居于中心地位。至此可认为，"儿童的发现"过程已基本完成。

尽管当今世界范围内的儿童友好议题源自西方语境，与西方"儿童观"的发展一脉相承，但在中国语境下，"儿童的发现"在事实上由来更为悠久，并且呈现出了与西方截然不同的发展过程。国外传教士、社会学家是最早梳理中国儿童史的研究者，通过使用相机拍摄儿童真实生活、采集民间故事儿歌、研读历史文本等方式，以西方人的视角还原了中国历史中的儿童生活。其中，Anne Behnke Kinney（2004）在《早期中国的儿童及青年陈述》一书中便提出汉代是中国"儿童的发现"之重要时期，远远早于西方历史。我国本土对儿童史的研究大多沿袭类似《儿童的世纪》的分析方法和论述体系，其中主要聚焦在近现代时期"儿童观"内涵的发展变迁中，提出"五四运动"在中国"儿童的发现"

过程中具有划时代意义（王浩，2010；顾彬彬，2012）。

不同于西方语境中描述"儿童"概念时用词的模糊，在我国最早的诗歌总集《诗经》中已有"总角之宴，言笑晏晏""婉兮娈兮，总角丱兮"的词句，此处的"总角"即为古代对幼年的泛称，又专指八九岁至十三四岁左右的儿童，得名于头顶两侧状如羊角的发髻；此外，三四岁至七八岁的儿童因尚未束发称"垂髫"，女子十五岁成人改换簪子盘发称"及笄"，男子二十岁成人束发而冠称"弱冠"，而成人礼"冠"更是周代《仪礼》中的第一礼……这些足证早在先秦时期中国民间已有鲜明的儿童概念。类比西方研究，从中国古代流传至今的大量艺术作品都在探索儿童形象：自唐代起已出现专门表现儿童生活的"婴戏图"，画面中的儿童多佩戴父母为之祈运的手镯脚镯、丰富多样的嬉戏场景生龙活虎而活泼可爱（图2.3，图2.4）；"婴戏图"发展至宋代已达到中国艺术史中着墨儿童的极致（熊秉真，2003），论作品数量和成熟程度均可谓极盛状态；到元明清时期，此类绘画作品已不仅着力于展现儿童游艺活动的具体细节，转而更加倾向于描摹较为宏大场景中的整体气氛和儿童精神状态，儿童在游艺活动中的专注神情和愉悦体验得到了突出刻画（曹慧，2015）。由此来看，从代称、扮相、礼仪等角度，中国古代的儿童与成人已然是两个截然分开的群体，而在历代发展过程中"儿童观"也已逐渐丰富成型；在古代封建制度的繁文缛节、伦理纲常之下能够保有对儿童的关注，体现了深受"老吾老以及人之老，幼吾幼以及人之幼"儒家思想影响的中华文化所独具的先进性。尽管发展至明清时期，绘画作品中关注儿童精神状态的描绘初步表现出了一定的现代思想特征，但此时的"儿童观"仍具有浓重的传统色彩，体现在画作中，女童形象的罕见特征即表明了男尊女卑思想的影响依旧存在。总览中国古代"儿童观"形塑的思想基础，一方面，体现在以儒家思想为代表的深厚"慈幼"[①]文化，其中相比于年龄的长幼，代际辈分关系具有更加严格的意义，客观上为古人对儿童的观念提出了要求；另一方面，也反映在文化浸润中古人自发性的童心认知，从道家思想中"专气致柔，能婴儿乎"对儿童自由生命状态的认同，到心学思想中王阳明倡导顺应天性成长的"大抵童子之情，乐

[①] 相近思想表述出处有：《孟子·告子下》"敬老慈幼，无忘宾旅"；《周礼》"以保息六养万民：一曰慈幼，二曰养老，三曰振穷，四曰恤贫，五曰宽疾，六曰安富"；墨家"兼爱无差"；《颜氏家训》"威严有慈"等。

嬉游而惮拘检"、李贽推崇绝假纯真的"夫童心者，真心也"，一脉相承中皆为对儿童本我之存在和性情的肯定（曹慧，2015），是在东方文化背景下主观上演化形成的人文主义思潮。

图2.3　苏汉臣《长春百子图》局部
注：原作现藏于台北故宫博物院

图2.4　周昉《麟趾图》局部
注：原作现藏于台北故宫博物院

尽管中国语境下"儿童的发现"起源时间较早，但社会背景长期处于封建制度之下使得"儿童的发现"过程较为缓慢，也因而在较长的历史发展过程中积淀了更加丰富的内涵（图2.5）。主流封建思想影响下的社会意识中虽已形成儿童观念，并受到儒家思想的整体性引导，但不可否认儿童群体长期作为成人的从属性角色存在，封建教育中压抑儿童天性的刻板教条现象甚是普遍。随着人文主义思潮的涌动，明清时期中国传统"儿童观"的现代性已初步开始显现，原先在主流封建思想之外悄然并存的儿童本我肯定逐渐上升至社会意识。晚清封建统治的劣根性日渐暴露，在此背景下诞生的《少年中国说》便是彼时"儿童观"时代缩影，儿童被寄予了实现国家救亡的期望，与祖国未来命脉相通，因而也具有了更富政治性、国民性的内涵。此后，在"新文化运动""五四运动"时期思想激荡的社会背景下，伴生了"人的发现"和"女性发现"的觉醒，首次提出"把儿童当作人"、确立"儿童本位"思想；由此，中国现代意义上"儿童观"的序幕正式拉开，因此1919年又被认为是中国"儿童的发现"过程中的一个关键的分水岭（王海英，2008）。抗战期间，"儿童的发现"发生了失衡和"倒退"，在全民抗战的背景下，劳动童子团、共产少年团、抗日儿童团等革命儿童组织先后建立，由于成人与儿童的界限、城市与农村的界限均被打破，在不可抗力之下已与将儿童作为独立概念的观念形成悖论。新中国成立后，在儿童团基础上建立的中国少年先锋队蓬勃发展，以"红领巾"传承革命先辈的光荣传统；儿童被视为祖国的花朵、革命的接班人、跨世纪的新一辈，其再度成为明确的独立概念（陈映芳，2003），特别是在计划生育政策推动下逐渐走向了家庭和社会意识的绝对中心，基本完成"儿童的发现"过程。

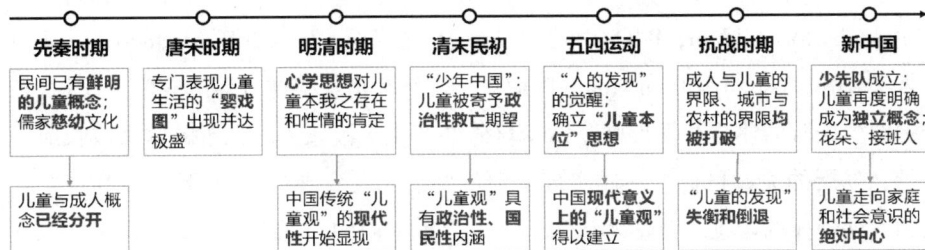

先秦时期	唐宋时期	明清时期	清末民初	五四运动	抗战时期	新中国
民间已有鲜明的儿童概念；儒家慈幼文化	专门表现儿童生活的"婴戏图"出现并达极盛	心学思想对儿童本我之存在和性情的肯定	"少年中国"：儿童被寄予政治性救亡期望	"人的发现"的觉醒；确立"儿童本位"思想	成人与儿童的界限、城市与农村的界限均被打破	少先队成立；儿童再度明确成为独立概念：花朵、接班人
儿童与成人概念已经分开		中国传统"儿童观"的现代性开始显现	"儿童观"具有政治性、国民性内涵	中国现代意义上的"儿童观"得以建立	"儿童的发现"失衡和倒退	儿童走向家庭和社会意识的绝对中心

图 2.5　中国语境下"儿童的发现"过程

尽管中西方语境下"儿童的发现"过程迥然相异，分别为各自文化意蕴的体现，但二者本身也具有一定的共性规律。

其一，体现在由边缘向中心的社会意识占位发展方向。"儿童的发现"过程以儿童与成人概念的分离为起始标志，并以儿童成为家庭和社会意识的中心为完成标志，在中西方文化背景下均经历了从无到有、从边缘到核心的意识形态变更。在西方语境下，对儿童的认知长期禁锢于宗教思想之下，无法得到客观和学术性的研讨，在初步构建概念后又作为家庭史、工业革命史的附属研究对象达数十年之久。在中国语境下，尽管儿童成为独立于成人的概念由来已久，但在漫漫历史长河中也未曾突破封建制度的桎梏，民间对于儿童本真的肯定始终游离于主流思潮之外。启蒙运动所推动形成的浪漫主义童年理想模式是西方"儿童的发现"成为家庭和社会聚焦中心的关键锁钥，五四运动则为中国现代意义"儿童观"拉开了序幕。从结果来看，尽管本质思潮根源有别，世界范围内儿童福祉议题终会摆脱附属性而成为当代社会意识之核心，并从拘泥于家庭亲子关系模式转变为关注儿童本身的生活状态。

其二，体现在现代性独立儿童观"出现—消逝—回归"的背景特征。对比中西方语境下"儿童的发现"过程可发现，二者如若溯源至初生思想根基或有巨大差异，但其进入现代意义阶段分别由西方启蒙运动和中国五四运动推动，无论是西方童年理想模式还是中国"儿童本位"思想均为受浪漫主义思潮加持使然，此为"出现"之特征。二战造成了世界范围内"儿童的发现"的不进反退，战时民不聊生之下儿童的边缘化自不必言，战后西方新自由主义发展中的儿童福祉议题更是持续压制于经济发展之下，在此背景下，无论中西均产生了现代性独立儿童观的"消逝"。短暂触底之后，西方建构主义、女性主义和叙事理论重申儿童福祉议题，更促生了沃尔特·李普曼（Walter Lippmann）"为儿童的哲学"（philosophy for children，P4C）和加雷斯·B. 马修斯（Gareth B. Matthews）"儿童的哲学"（philosophy of children，POC）[①] 等深入儿童精神世界的哲学意义探讨；新中国少先队的建立和发展则立意于培养共产主义接班人，儿童的健康成长成为全社会发展的关键目标，同样实现了现代性独立儿童观的"回归"。作为这一相似的发展规律的延续，有学者认为当今世界范围内的"儿童观"或将迎来"二度消逝"，即受到媒介和科技进步的影响而产生儿童独特性的丧失（波兹曼，2015），如此挑战也必然会将中西语境下"儿童的发现"过程同步引向新的发展阶段。

正如马克思对人类早期文明的比喻，有古代印度等发展决定于劳动者的"粗野的儿童"，有古代中国等发展决定于劳动对象的"早熟的儿童"，也有古代希腊等发展决定于生产工具的"正常的儿童"（陈炎，2014，2015）。泱泱大国的早期发展与人类早期成长的规律潜在相通，因而由中西语境中"儿童的发现"过程及其规律也可彰显出多元文化背景下的哲学思想关系。其中，中国儿童独立概念及"儿童观"形成早、历时久、内涵深，颇具代表性且理应发挥更大作用，在以儿童为主体的研究中贡献更丰富的"中国智慧"。

2.1.2　医学分支

"儿科学"作为医学主要的分支学科，代表着儿童作为单独的群体而纳入医学诊疗研究。归因于哲学精神层面"儿童观"的成型之差异，中西医儿科学的起源与发展也同样如花开两朵。

正如前文所述，西方语境下儿童的概念直至 18 世纪下半叶才得以建立，在此之前则长期从属于成人群体而被迫服从于成人世界的生存法则。在这样的社会意识背景下，儿童群体本身所具有的较为脆弱的身心健康状态再附加以严重的漠

---

① P4C 认为可通过哲学引导儿童独立思维，POC 认为儿童生来即具有运用哲学的能力。

视，导致儿童早夭问题已普遍存在长达数世纪之久而未获医学重视，居高不下的早夭率甚至被视为稀松平常，如此往复使得儿童的生命际遇陷入恶性循环。这一状态伴随着现代意义上"儿童观"的觉醒而终结于 19 世纪下半叶，此时西方儿科学开始作为独立学科而存在，小儿医疗保健需求不再仅由家庭、朋友和助产师勉强完成（Mahnke，2000）。随后在 19 世纪末 20 世纪初，西医儿科学迅速发展，欧美各国纷纷兴建儿童医院、成立儿科学会、开办研究期刊（Trimble et al.，2007），儿科学也逐渐纳入西方医学教学体系，并趋于独立。西医儿科学作为独立学科的出现为儿童保健事业做出了巨大贡献，在 20 世纪上半叶特别体现在有效防治传染病和营养不良等方面，如根除佝偻病、坏血病等，实现了儿童早夭率的明显降低；自 20 世纪下半叶以来则进一步结合了医疗技术革新飞速发展，如传染病疫苗的研制、抗生素的合理应用，再如小儿麻痹症、小儿脑瘫等疾病的有效控制。西医儿科学的发展经历了从针对性降低儿童早夭率、到结合公共卫生和营养学科共同研究防治手段、再到发展面向公众的日常儿童保健与体检咨询的过程，各阶段步步推进，对儿童健康的关注从"死亡线"逐步转移至日常生活中。

相较于西医，中医儿科学的历史源远流长且自成一派。据考，中国是最早出现医学幼儿分科的国家，历代医书中已有涉及儿童饮食、疾病问题的详细内容（曹慧，2015）。早在商代甲骨文卜辞中已有"贞子疾首"典故，即为商王武丁妹妃之子头部疾病的案例；清院本《清明上河图》中亦有一角详细描绘了宋代小儿医馆门面场景，毗邻市井车水马龙之处，招牌上书"专理小儿科"、下称"贫不计利"，医馆门前与窗内皆有怀抱小儿就医之情景（熊秉真，2003），栩栩如生间充分描摹出宋代时期儿科作为一项专设医学分科已深入百姓生活。根据中医儿科学的理论和实践体系脉络变迁，可将其划分为四个发展阶段（韩新民，2016）。

第一阶段为自远古时期至魏晋南北朝的萌芽期，在这一阶段内初现关于儿童体质、疾病诊断等方面的记载，主要侧重疾病和症状的描述，如西汉墓帛书《五十二病方》中的"婴儿病痫"、《汉书·艺文志》中的"妇人婴儿方"卷宗等，但详尽和系统的医疗诊治经验较少，并且多以个案形式记录。其中，关于儿科医生的记述被认为始于《史记·扁鹊仓公列传》中扁鹊"为小儿医"[①]的典故。

---

① 原文如下："扁鹊名闻天下。过邯郸，闻贵妇人，即为带下医；过雒阳，闻周人爱老人，即为耳目痹医；来入咸阳，闻秦人爱小儿，即为小儿医：随俗为变。"其中"来入咸阳"一句意为：到了咸阳，听闻秦国人爱护小儿，便做起了小儿科医生。

在《黄帝内经》《伤寒杂病论》所建立的中医基本理论体系和辨证论治体系雏形影响下，《小儿用药本草》《疗少小百病杂方》等探索总结性小儿医学专著随后问世，为后世中医儿科学的广泛实践初步奠定了重要的理论基础。

第二阶段为自隋朝至宋代的形成期，小儿科自隋唐开始正式列为太医署内的一项专业科目，这极大地推动了中医儿科学理论教育的进步。相比第一阶段中对于某一病症的针对性诊疗研究，此时的儿科学理论研究倾向于对儿童本体体质及其常患疾病根本性特征的提炼，并且冲破病症藩篱兼而开始关注日常保健。如隋朝《诸病源候论》小儿杂病诸候卷中所归纳的外感病与内伤病护养法、唐末儿科专著《颅囟经》中对儿童体质"呼为纯阳，元气未散"的判断、北宋《小儿药证直诀》①所总结的儿童生理"脏腑柔弱"与病理"易虚易实、易寒易热"及其对应理疗药方等。其中，宋代时期更有以钱乙为代表的"儿科寒凉学说"与以陈文中为代表的"儿科温补学说"交互并行而相得益彰，并在当时天花、痘疹等传染病的流行之下得到广泛实践验证。整体观之，此阶段中医儿科学理论在深度和广度上均有突破性进展，理疗实践也得以逐渐走进寻常百姓家。

第三阶段为自元代至新中国成立以前的发展期。以金元四大家②为代表的中医理论研究开始关注常见病症的分类以及疗法的创新，相应地儿科学领域的发展也在前人成果基础上有所精进。如朱震亨《幼科全书》中综合了钱乙之寒凉和陈文中之温燥而形成儿科折衷学说、明代薛氏父子《保婴撮要》中分门别类详细探讨小儿内外科共221种病症、万全关于儿童保健的"育婴四法"③和生理病理的"三有余，四不足"④学说等，使中医儿科学的理论与实践进一步按照儿童年龄和生理结构等所细分而成的若干方向实现了深入和丰满。其中，痘疹疗法更是在明清时期远传海外，充分展现了古代中医儿科学的极盛状态。

---

① 主要记录北宋中医儿科学家钱乙理论和实践经验，在《四库全书》中被评价如下："小儿经方，千古罕见，自乙始别为专门，而其书亦为幼科之鼻祖"。因而此书对于中医儿科学的发展成型具有划时代的意义。

② 指中国古代金元时期四大医学流派，包括刘完素火热说、张从正攻邪说、李东垣脾胃说和朱震亨养阴说。

③ 即对不同年龄阶段的儿童适用的四种保育方法："预养以培其元，胎养以保其真，蓐养以防其变、鞠养以慎其疾"。

④ 在朱震亨学说基础上形成，即："阳常有余、阴常不足，肝常有余、脾常不足，心常有余、肺常不足、肾常不足"。

第四阶段为新中国成立以来的新时期。辅以现代科学技术加持的中医儿科学正式纳入高等教育体系，专业研究团队、学会、专著呈体系性涌现，在传统中医儿科学理论基础上进一步明确儿童体质类型与疾病的关系，并且结合放射学、影像学检查等现代临床医学诊疗手段实现了辨证依据的精细化和规范化。一方面完成了对传统小儿保健和用药等理论经验的归纳和验证，另一方面则进一步拓展了预防医学和病症机理研究成果在临床治疗中的应用范围。如今，中医儿科学更是随着国家对中医药科研事业的大力支持具有了愈加广阔的发展前景。中医儿科学的发展相较于中医学整体发展进程而言尽管较为落后，但从缘起少数探索性小儿诊疗个案、逐渐形成儿童病症与保健兼顾的专科、细分儿童年龄与生理结构多角度充实疗法、再到如今结合现代化条件的创新发展，已呈现出一条由理论迈向实践的清晰路径。

西医最早于南北朝时期传入我国，但彼时尚未形成广泛影响。清代末年在帝国主义列强的文化侵略背景下，开始兴办西医卫生设施和教育设施，客观上推动了中国近现代医疗卫生科学的进步。其中，西医中的儿科学约在 20 世纪 30 年代开始受到国人关注，起初主要应用于传染性疾病的诊治；20 世纪 40 年代起，儿科在我国医院开始成为专门科室，由诸福棠教授主编的我国第一部西医儿科学著作《实用儿科学》的出版更是极大地推动了西医儿科学的本土化发展，标志着我国儿科学理论与实践进入现代阶段。西医儿科学的引入也使得本土传统中医儿科学家开始探索中西医结合之道，譬如何炳元《新纂儿科诊断学》一书中在传统中医儿科学的学说探讨之外融入了西医检诊手段，在兼容并包、融会贯通中实现了理论进步。

对比中西医儿科学作为独立学科的发展脉络及其特点，主要具有以下"三异二同"。

异其一在于起源时间。西医对儿童群体的单独关注开始于 19 世纪下半叶，此时西方国家已经历工业革命，其科技发展水平决定了医学领域理论与实践的飞速迈进，在一个世纪以内，西医儿科学已实现了从无到有、从低水平到高水平的发展成果，并在世界范围内得到普及。中医中的儿科学分支则由来已久，自先秦时期起即在绵亘千年的历史中平缓积淀，在逐渐丰富和壮大其学说体系的过程中所对应的生产力和科技发展水平也经历了若干轮的更迭，因此也具有了更加兼容多元的时代内涵。

异其二在于根本理念。西医儿科学自近现代开始发展，是西方浪漫主义思潮下现代性"儿童观"在医学领域的衍生成果。而中医儿科学作为传统中医学的分支，其根本理念和思维方式根植于中国博大精深的传统思想文化（刘鹏，2008），立足于天人合一的整体观和阴阳五行的理论框架（潘桂娟，2012）。由于根本理念的相异，中西医儿科学的疗法在本质上也存在较大差别，注重应用生物科学技术的西医"由外而内"而普遍在诊断用药的效率和规范性方面更具优势，注重本体体质脏腑阴阳调理的中医"由内而外"而在病毒感染性疾病和脾系疾病的理疗方面更具优势（汪受传，2010）。

异其三在于重心转移。中西医儿科学的发展路径均随着时代的发展而呈现出一定的关注重心转移，但其转移方向却有所不同。西医儿科学起源之初所关注的核心问题为如何降低儿童早夭率，其本质上是一项相对广泛而紧迫的社会问题，因而不难理解西医儿科学首要的关注重心即为儿童疾病的治疗手段，在成功实现早夭率的下降后方回归到常态化的日常保健和疾病预防，因而其重心转移方向为先治病、再保健、后防治并重。中医儿科学的建立基础则源于儿童本体体质与成人的差异，即无论是具体疾病的诊疗还是用药都应当从儿童的体质特征出发，医术的关注重心也首先置于"治未病"，早在隋唐时期已达成小儿养护方面的较大成就，随后在金元时期才进一步转而加强儿童疾病认识和诊疗水平（陈达理，1998），因而其重心转移方向为先保健、再治病、后防治并重。

同其一在于学科发展与时代背景的思想关联。对比中西医儿科学及其所对应的西方和中国语境下的"儿童观"状态，可以发现作为医学分支的儿科学发展历程均与其背后的社会意识变迁紧密关联。西医儿科学的兴起与西方现代浪漫主义"儿童观"上升至社会意识中心的时间节点相吻合；中国古代中医儿科学的形成亦以早在先秦时期即已出现的儿童概念为基础，而当现代意义"儿童观"正式形塑后，中医儿科学也相应地达到极盛状态。对于前文所述中西方语境下兼有的现代性独立儿童观"出现—消逝—回归"背景特征，现代以来中西医儿科学的理论与实践进展作为时代背景下的分支表征同样有所沉浮，特别是在"回归"背景下结合现代科学技术的发展而正在进行的系统化医疗创新，也充分表现出儿童群体在医学与公共卫生领域中予以单列研究的重要价值。

同其二在于儿童健康议题的基本解构方式。儿科学所关注的核心议题始终为儿童健康，尽管中西医儿科学在发展过程中的关注重心呈现了不同的转向，但观察二者在各发展阶段主要关注的子议题以及最终的"殊途同归",皆可将儿童健康议题解构为两项基本内容,即儿童疾病与儿童保健。西医儿科学由治及防、中医儿科学由防及治,发展至今均在疾病治疗和日常保健两方面有所建树并着重强调两方面缺一不可,因此这两项基本内容也正是开展儿童健康相关研究的关键切入角度。

综上所述,从医学的角度来看,将儿童作为单独群体纳入研究是无关语境而在世界范围内的共识。作为医学分支的儿科学在中西方背景下的发展脉络呈现出几多异同,从根源上来讲与相应的思想文化内涵和哲学精神层面上"儿童的发现"过程紧密关联。尽管中西医儿科学在根本理念和优势疗法等方面存在鲜明差异,但一方面究其本质,中西医儿科学的理论与实践成果均凸显了在健康议题中儿童群体有别于成人的特殊性以及其单列研究的必要性;另一方面剖析内容,中西医儿科学所关注的议题均可概括为儿童疾病与儿童保健两项基本内容,为后续对儿童本体健康问题特征的梳理指明了方向。

2.2　儿童健康问题的特征

在对儿童概念建立基本理论认知的基础上,本部分将进一步对儿童健康问题特征展开分析。首先从儿童群体的生理与心理基本特征进行本质性阐释,进而遵循中西医儿科学议题的两项基本内容所指方向,即儿童疾病和儿童保健,分别予以聚焦,以挖掘更为具体化的健康问题构成。

2.2.1　儿童生理与心理基本特征

儿童作为尚未生长发育成熟的个体,其身心特征显然与成人具有诸多差异。中西内外、古往今来,在公共卫生学、医学、心理学、教育学等领域已有大量研究对儿童生理与心理的基本特征予以探索,其中所产生的最为普遍的共识为儿童本体所具有的发展属性,即伴随其成长过程也将同步发生一系列身心状态的转变。换言之,儿童生理与心理的基本特征便是建立在这种发展属性之上的,早在《灵枢·卫气失常》中已有"十八已上为少,六岁已上为小"的粗略分段,《寿世保元》中更将儿童划分为"婴儿、孩儿、龆龀、童子、稚子"的时序性阶段,由此以发展的视角来看,儿童在生理和心理方面的特征也相应地体现为多元的内容。

1. 生理特征

在生理方面，主要体现为基底特征和动态特征。

首先，以中医儿科学为代表的研究已剖析得出儿童体质方面所固有的基底特征，在古代阴阳五行之说导向下将其先后概括为"呼为纯阳""稚阴稚阳""脏腑柔弱"等，发展至今则进一步梳理总结为两大特点。其一为"脏腑娇嫩，形气未充"，如字面含义所指，儿童体内器官、形体结构、生理功能等尚不成熟完善，从"阴"的角度即形体组织来讲，儿童的骨骼躯干、经络血肉还尚且短小和脆弱，正所谓"稚阴未长"，在外显性的形质方面距离成熟的机体状态还有着较大差距；从"阳"的角度即生理功能性器官来讲，则特别是肾、脾、肺功能发育最为滞后，相比于火气旺盛的肝、心而言其功能又较为虚弱，正所谓"稚阳未充"，脉搏快而脏气弱，因而也是导致部分儿童疾病和发育问题的根本性机体缘由。其二为"生机蓬勃，发育迅速"，儿童持有较快的生长发育速度、具有不同于成年人的活力，即所谓"纯阳"，是促进其机体成熟、功能完善、疾病康复的主要动力；正是由于儿童所独具的这种生机活力的存在，其"阴"之机体和"阳"之功能方可不断觅得平衡，而其中"阳"又为主要导向驱动"阴"的成熟，在此阴阳交互发展的过程中，便见证了儿童截然不同于成年人的生理成长模式（韩新民，2016）。正是由于基底特征的存在，促生了以儿童为主体的研究所不同于一般性研究的一系列本质差异，也决定了儿童健康议题两项基本内容的构成。

其次，儿童成长发育过程中的体格生长和智能发育所具有的动态特征在中西医儿科学中均有归纳。其一从体格生长的角度，体重、身高、囟门、头围、胸围、牙齿、呼吸脉搏和血压等一系列用以衡量儿童生长发育水平的生理常数均表征出"非恒常性"这一普遍现象，直观体现了儿童本体具有的发展属性所指向的年龄阶段性生理成长模式；以最基本的体重和身高指标为例，世界卫生组织统计结果表明该两项指标数值在儿童 0~10 岁以内持续增长且速率逐渐减缓（图 2.6），不难推断在这样的非恒常性变化过程中，普遍应用于成年人衡量体质健康水平的体重指数 BMI 等指标对于儿童群体而言不再是固定标尺，而是呈现一定的波动性。其二从智能发育的角度，儿童的感知、运动、语言和性格等心智要素的发育水平变化也同样是发展属性的直观表征，一方面各项单一心智要素本身的发育即具有阶段性，如运动发育中儿童在半岁以前限于坐卧和简单的抓取、1 岁左右可独走和有意指示、3~4 岁时则已可骑行小三轮车和独立穿衣；另一方面多项心智要素之间的配合发育也具有先后时序，如在感知和语言要素的配合中，儿童半岁左右时初步手眼协调和识别音容即可简单咿呀学语、4~5 岁时基本具备各项感知能力后所对应的语言表达则已基本清晰（详见附录表 A.1）。正是由于动态特征的存在，在研究中对于儿童生理健康问题的考量需要具有适度的灵活性，而不应以固定刻板的标准加以生硬解读。

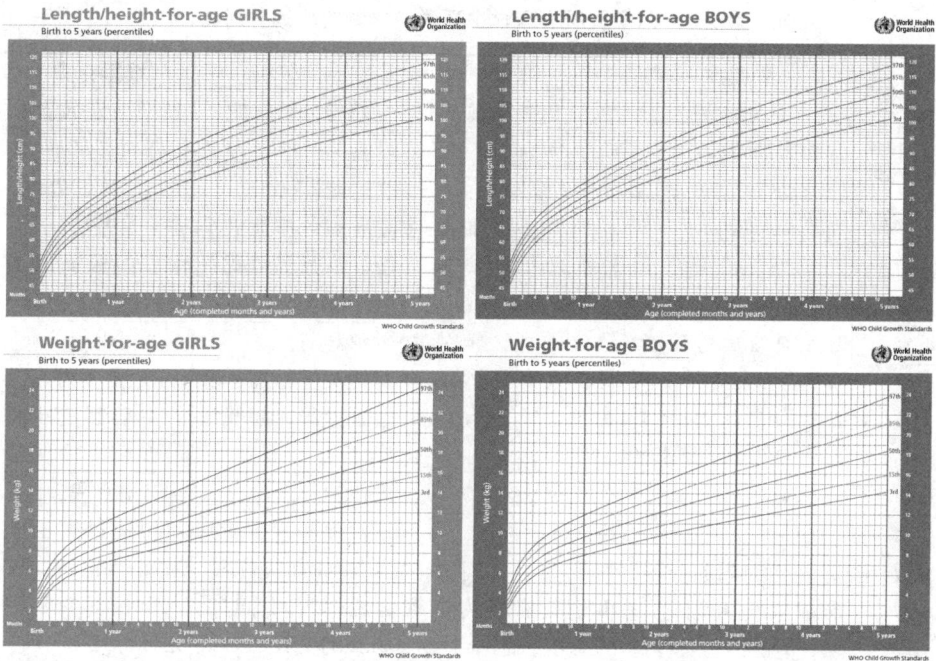

图 2.6　世界卫生组织儿童生长标准：0~5 岁儿童年龄别身高与体重曲线图
（资料来源：世界卫生组织儿童生长标准）

2. 心理特征

在心理方面，主要体现为儿童发展心理学研究所归纳的阶段性特征。

西方儿童发展心理学研究起源于 19 世纪后期，在近代自然科学的发展推动下形成了遗传决定论、环境决定论、遗传环境二因素论等学说，至现代则产生认知学派、巴黎学派、精神分析学派、新精神分析学派等派系，基于不同的视

角和理论出发点提出若干儿童乃至成人毕生发展全方位的假说。譬如，皮亚杰
认知发展理论认为儿童心理发展是内外因相互作用的结果，强调动作对于儿童
心理发展的影响（杨慧慧 等，2007）；而弗洛伊德精神分析理论认为本能情绪
和内源性刺激在儿童心理发展中具有关键意义，强调早期经历和无意识欲望对
行为的影响（刘翔平，1993）。尽管不同理论学说各有千秋，但均指向了儿童心
理发展过程中的阶段性，具体划分标准、方式和主要关注的内容根据理论视角
的差异而有所不同（表 2.1）。

表 2.1　儿童发展心理学主要学说年龄阶段划分对比

年龄	皮亚杰 认知学派	瓦龙 巴黎学派	弗洛伊德 精神分析学派	埃里克森 新精神分析学派
出生	感知运动阶段： 仅有动作活动，尚无 表象和思维	动作发展前期	口唇期：本我为主	信任对怀疑： 由口唇判断外界
1 岁		动作发展后期： 发展知觉，加深对 外物的认识	肛门期： 需要训练排泄大小 便，本我和自我共 同作用	自主对羞怯： 由肛门尿道训练 和表达自主感
2 岁				
3 岁	前运算阶段： 开始具有信号功能、 产生象征性思维，具 有自我中心倾向，智 力活动处于表象水平	主观个性时期： 已分人我、未分物 我，具有强烈的主 观性	生殖器期： 开始关注器官和 性别差异，超我发 展	主动对内疚： 因发展"侵犯" 的主动创造性而 矛盾
4 岁				
5 岁				
6 岁			潜伏期： 性活动和性欲受到 压抑而有所停滞， 注意集中于同伴、 朋友的交往和外界 认知	勤奋对自卑： 习得通过得出成 果赢得公认，进 入学校参与学习 竞争
7 岁		客观性时期： 物我分化，对外在 事物持有较为客观 的态度，思维可逆， 客观世界已形成互 相关联的逻辑网		
8 岁	具体运算阶段： 形成守恒和可逆概 念，能够进行具体运 算，但尚不能推理抽 象命题，自我中心倾 向下降			
9 岁				
10 岁				
11 岁				
12 岁			青春期： 性能量涌现，性需 求朝向同龄异性	同一性获得与混 乱： 青春发育时期， 关心他人对自我 的看法，并与自 我认知相比较
13 岁	形式运算阶段： 可凭借演绎推理、规 律归纳和因素分界解 决抽象问题，达到儿 童思维发展的最高 形式	青少年期： 性开始成熟，开始 探索一切客观事物， 从对外在世界的认 识转为自我人格 体会		
14 岁				
15 岁				
⋮ 成人前				

注：本表仅为对比各学说理论作一直观概要性年龄分段，各阶段间分割线不具有准确刻板年龄分割
含义。

从理论假说转向实践归纳，事实上心智发育水平正是生理与心理状态的集中体现，诸多生理方面的表征本质上也是心理状态的表观反映，附录表 A.1 中世界卫生组织关于儿童心智发育的统计结果和标准在佐证生理方面的动态特征之外，也同样表明了实测儿童心理发展的渐进过程。譬如，在 3 岁左右开始形成独立活动意识而不再"缠"监护者，在 6 岁以后开始逐步建立时空知觉，认知过程由无意和具象向有意和抽象转移，并呈感知、注意力、记忆力和思维次第成熟等，与儿童发展心理学理论学说的基本理念相吻合。而这些心理活动的阶段性特征也与前述生理动态特征相对应，并可通过生理活动得以体现。

总体来看，根据儿童发展心理学的论证，儿童成长过程中的心理发展体现在三个方面：其一是心理活动由简单具体向复杂抽象发展；其二是心理活动由无意反射活动向有意自觉性活动发展；其三是由仅有的遗传素质差异向个性差异发展（李幼穗，1998）。伴随其成长过程，儿童对于他人、自我、关系与规则等方面的社会认知发展也将非同步、不等速发展（庞丽娟 等，2002），在这个过程中对应的心理活动和生理活动彼此交互，指向了儿童成长的年龄阶段性分异规律。本书着重于儿童生理健康角度的探讨，且部分心理特征已在生理特征中有所糅合，因而以下将延续中西医儿科学核心议题下两项解构内容，即儿童疾病与儿童保健的方向，深入梳理儿童群体健康问题的特征。

2.2.2　儿童疾病：聚焦病因病理特征

鉴于前述儿童生理与心理特征，在实际医疗工作中将接诊年龄分为七期[①]，以便厘清对应疾病的病因病理特征、更贴合儿童各成长阶段的实际需要（罗小平和刘铜林，2014）。总体来看，儿童群体的常见疾病类型和程度均与成年人具有较大差别（详见附录表 A.2），大量理论分析和临床经验已对儿童常见疾病进行了统计和归纳，所涉及的机体组织系统和器官复杂多样，与儿童"稚阴稚阳"的生理基底特征相吻合。

本书所涉及的儿童年龄区段为 3~12 岁，即对应前述七期接诊年龄阶段中的

---

① 七期具体包括：胎儿期（受精卵形成至小儿出生）、新生儿期（胎儿分娩脐带结扎至出生后 28 天内）、婴儿期（出生后至 1 周岁）、幼儿期（1 周岁至 3 周岁）、学龄前期（3 周岁至 6/7 周岁）、学龄期（6/7 周岁至 12/13 周岁）和青春期（女孩 11/12 周岁至 17/18 周岁，男孩 13/14 周岁至 19/20 周岁）。

学龄前期和学龄期。其中，学龄前期是儿童体格生长减速而智能发育加速的时期，免疫能力向好，儿童能够自主参与的活动方式、表达的思维和感情也逐渐丰富起来；学龄期是儿童机体和心智趋于成熟的强化阶段，免疫能力进一步提高，所接触的成长环境也更加广泛，涉及的外部环境因素始现丰富多元。相比之下，幼儿期及以前的时期儿童生理调节能力脆弱、脏腑娇嫩、免疫力尚不健全，同时生长发育速度较快、营养需求较高、且不断与外部环境磨合，在此基础上特别是呼吸系统、消化系统疾病以及各类传染性疾病发病率较高（韩新民，2016），同时因受到较重先天条件影响而存在明显的个体差异；而青春期儿童体格成长速度再度加快且第二性征开始发育，体质条件和对应高发疾病情况已更加趋同于成年人。因此，学龄前期和学龄期是代表了儿童普遍性病因病理特征的关键阶段。

具体至各项疾病病因而言，或因受到病毒、细菌等感染，或因饮食结构、气候条件等导致失调，似与成年人同类疾病基本相同。但总体观之，儿童对于不同类疾病的易感程度差异则体现了不同于成年人的病因病理差别。根据中西医临床经验，普遍意义病因通常包括六类（韩新民，2016），其中：先天因素指遗传性因素、妊娠期间外部因素对胎儿的影响等；外感因素指外界病毒、细菌、真菌、寄生虫等，在中医中又称风、寒、暑、湿、燥、火的"六淫"和传染性"疫疠之气"；食伤因素指饮食中食物致使损伤、营养结构不均、卫生条件不良等；情志因素指心智和精神方面在发育过程中受到的健康威胁，如持续性的惊吓、凌辱等；意外因素指外界环境中危险事物的突发影响，如惊吓、电击、咬伤、溺水等；其他因素指室内外环境污染、食物农残超标、放射性物质损伤、医源性损害等。对于儿童而言，在这六类表观性和潜在性健康威胁因素中，先天因素、外感因素和食伤因素是三项核心病因，分别对应特有病因、外伤病因和内伤病因。

先天因素为特有病因，指向儿童出生前的胎产要素。从中医视角来看，"先天"意味着机体的阴阳、水火、五行之属，对应小儿出生即形成的脏腑经络结构、生理功能和精气神特点，是一切辨证用药的基础（张天佐，2010）。先天因素的其中一类为遗传性因素，已有研究表明约有 1.3% 的儿童出生时存在先天畸形、生理代谢异常等缺陷，其中有 70%~80% 为双亲遗传基因问题所导致[①]。另一

---

① 参考资料：医学教育网。孩童先天因素易发的病因。

类为妊娠期母体自身体质条件和外界环境所致影响因素，譬如，母体妊娠初期 BMI 值较高将增加儿童超重肥胖的风险（任静朝 等，2012），而出生后 0~3 个月母乳喂养将降低妊娠期糖尿病母亲子代超重的风险（赵亚玲 等，2013）；再如，母体妊娠期所处季节、日光暴露等因素将直接影响胎儿的维生素 D 水平，从而决定其骨强度、骨量、骨形态学，甚至产生贯穿整个儿童时期的深远影响（朱燕 等，2013）。

外感因素为外伤病因，是各项病因中最为普遍的一项。相比于成年人，儿童群体"脏腑娇嫩，形气未充"的生理基底特征使其对于外部环境要素更加敏感，因而其机体健康也面临着来自外部环境的更加复杂的威胁。西医语境下的"微生物"和中医语境下的"风"被认为是最为常见的致病因素，也是外感因素中的典型代表。尽管中西医表述方法有别，但对于外部环境要素的致病特征的认知仍保持一致，所谓"六淫"即可作为一种高度提炼的概念类比气候变化、传染性病毒、寄生虫等，均因客犯部位的不同而产生相应疾病，如客犯于肺部则患小儿感冒等、客犯于胃部则患呕吐腹泻等（韩新民，2016）。而外部环境气候、污染情况、卫生条件、防控措施等均与各项外感致病因素的形成和控制密切相关，在较大程度上影响着儿童的健康状态。

食伤因素为内伤病因，与儿童生理和心理特征具有最为内化和直接的关联。儿童"稚阳"脾胃虚弱，而同时又需要充足的营养以保障快速成长发育，因此食伤因素也是儿童群体有别于成年人的典型病因。从理论角度讲，饮食不当主要导致四方面儿童健康隐患：第一，饮食方法不当或过量等致使脾胃损伤，如肠胃不和、呕吐、泄泻等；第二，饮食不足致使体内生理失调，如厌食症、贫血、疳证等；第三，膳食营养不均衡致使体质不平和，如因挑食偏食等导致的脏腑气血失衡、缺乏部分维生素等，从而为某些疾病创造了生发条件；第四，饮食不卫生致使细菌病毒等侵入体内，产生痢疾、蛔虫病、腹泻等疾病。从实践统计来看，最为典型的食伤因素致病结果即为肥胖，单纯性肥胖儿童的膳食结构明显不合理，进餐速度过快、吃早餐频率过低、吃夜宵频率过高是导致儿童单纯性肥胖的重要因素（周筱燕，2009）；食物摄入在精神性疾病方面同样具有潜在慢性影响，如大量研究表明谷蛋白／酪蛋白、维生素、矿物质和酸性食物的摄入习惯与儿童自闭症的发生和发展存在重要关联（戴旭芳，2005）。

从本质机制上讲，上述三项儿童群体主要侧重的病因又正是基于其所不同于成年人的病理特点而更易对健康造成威胁。不同于西医在解剖学意义中根据各项疾病发生部位及功能所逐一进行的病理规律梳理，在中医中则经过长期经验观察和推理，并已特别针对儿童群体的病理特点进行了归纳，主要包括两点（韩新民，2016）。

其一为"发病容易，传变迅速"，即儿童更易于发病且病情转变迅速。首先是发病之易，缘于儿童"脏腑娇嫩，形气未充"的生理基底特征，儿童体内器官经络本身尚未发育完全，体内环境较易受到膳食失衡的冲击，抵御外界环境健康隐患的能力也明显较弱，因此外伤食伤必然成为儿童首当其冲的病因，极易攻入儿童机体产生疾病；其中，儿童体内器官特别是肺、脾、肾尤为娇弱，发育速度最慢且容易受损，因而此三类器官相关的呼吸系统、消化系统和泌尿系统疾病传染病是儿童最易感染的疾病。其次是病情迅速的转变，包括病情性质和症状的快速变化，以及病位的快速扩散；儿童体内阴阳虚实的平衡常处于高频波动之中，因此外感病源进入体内后将在若干波动中发生异变，较为典型的小儿感冒向肺炎喘嗽的病变，便是外感风寒后化热入里而成；与此同时，病源也在儿童体内经络和器官间迅速"游走"，譬如，小儿感冒起初发于呼吸系统而后又常常导致泌尿系统泄泻病症等。易发病且快传变的儿童病理特点，也使得儿童群体相比成年人面临着更加普遍而严峻的健康风险。

其二为"脏气清灵，易趋康复"，即儿童患病后治愈速度相对较快。这一病理特征早在《景岳全书·小儿则》中已有所记载，更被认为是"非若男妇损伤、积痼痴顽者之比"的一项优势。儿童生理基底特征之"生机蓬勃，发育迅速"尽管使疾病传变迅速，但同时也指向了康复的迅速。正如字面含义所指，儿童体质"清灵"，机体生命力旺盛而又不存在病害之根基。相比成年人群体而言，儿童一方面少去了诸多陈年顽疾的影响，另一方面几乎不存在抗药性，再者又由于儿童常见病因大多集中于外感和食伤因素，因此便能较为快速而有效地锁定症结、对症下药，从而具有病情好转较快、疾病治愈率普遍较高的特征，而如此特征已在中西医儿科学中均得到了验证。不仅小儿感冒、泄泻等急性疾病有着较快的康复速度，慢性疾病如哮喘、癫痫等康复速度和恢复水平也明显优于成年人，即使是心脏衰竭、惊厥等危重类疾病也有着较快脱离险情而得以康复的可能性。

以上基于儿童身心基本特征而形成的独特"三病因、二病理"特征也是从疾病的视角针对儿童群体健康问题展开研究的根源性立足点。儿童病因病理特征决定了其有别于成年人的常见疾病类型，也为从疾病防治的角度保障儿童健康提供了重要理论依据。

2.2.3　儿童保健：聚焦体力活动特征

在儿童疾病之外，儿童保健是另一项中西医儿科学核心议题的解构内容。事实上根据儿科学研究总结，鉴于儿童成长发育的动态特征，儿童的七期年龄分段分别对应于丰富多元的儿童保健目标：胎儿期主要强调对母体营养和外界环境的保障；新生儿期主要强调协助小儿初步适应外界环境；幼儿期主要强调科学喂养和必要的安全保护措施；学龄前期主要强调培养卫生习惯和体力活动积极性；学龄期主要强调在德智体全面发展中保障营养和体能水平；青春期主要强调结合第二性征发育保障身心健康。就儿童疾病角度而言，如 2.2.2 节中所述，本书涉及的儿童年龄区段所对应的学龄前期和学龄期能够代表儿童普遍性的病因病理特征；而从儿童保健角度，学龄前期和学龄期则尤为聚焦于营养摄入和体力活动问题，相较于其他年龄分段所主要关注的问题而言兼具契合于儿童群体的典型性和代表性：从上述多元儿童保健目标来看，幼儿期及以前的年龄分段所关注的问题更限于母体本身和监护抚养方法，青春期所关注的问题又分外偏重由儿童向成人过渡的环节所独有的特点，在典型性和代表性方面均有所缺失。鉴于营养摄入方面与儿童病因中食伤因素的内容有所重叠，因此以下对于儿童保健角度特殊性的梳理将聚焦于儿童体力活动特征。

根据普遍归纳和流行病学中的定义，体力活动具有三项核心要素：第一，骨骼肌收缩；第二，能量消耗高于基础代谢水平；第三，存在除表情肌、咀嚼肌以外的机体活动（Dishman, et al., 2013；张云婷 等，2017）。包括体育运动、家务劳动、交通出行等在内的多种活动均属于体力活动的范畴，其中需要判别的是坐姿、斜靠、卧姿等状态下的工作、学习、打游戏、使用手机、乘车等也属于广义体力活动范畴，但由于其实际能量消耗水平极低，因而又另表述为"久坐行为"（sedentary behavior），本质上与狭义和普遍认知中的体力活动概念相背。

伴随时代发展，学界对儿童体力活动的认知也在逐步加深。自 20 世纪 90年代起，城市儿童健康和医疗问题便已成为西方国家儿童福祉研究中的核心议题，体力活动情况也已成为儿童健康的重要衡量指标之一；发展至 20 世纪 90

年代末期，大量研究开始聚焦探寻儿童肥胖和呆滞等病症的根源，特别是在西方普遍高能量营养摄入的背景下，更加集中归咎于缺乏足够的体力活动问题（格里森 等，2014）。时至今日，以肥胖为代表的儿童健康问题依然严峻，体育学、运动医学及公共卫生等领域的跨界研究正在密切关注各项外部要素如何通过影响体力活动而促进儿童健康水平，城市建成环境既为首当其冲的关注对象，也进一步呼吁了来自城市规划领域的学术力量。在已有研究成果中，城市土地利用类型、交通系统、社区和游乐场所建成环境设计特征等要素渐被纳入考量（王哲，2013；沈晶 等，2019），并初步构建起了建成环境要素对儿童体力活动的影响机制体系。由此综观体力活动相关研究，一方面，基于大量病理学研究成果，体力活动与身体各项机能呈现正相关关系，可通过提升身体机能实现降低肥胖率、减少癌症发病率、缓解糖尿病（戴剑松 等，2009）；另一方面，体力活动行为的影响因素及其机制涉及包括建成环境在内的多种维度，与儿童日常生活息息相关。因此，为达成儿童保健目标，把握儿童体力活动行为特征着实势在必行。

相对而言，国外学界对于体力活动，特别是儿童体力活动的深度科学性探究由来已久，其成果积淀也更为深厚，并且多以"指南"与"评估"的形式表征，本质目标皆为保障科学的儿童体力活动水平。"指南"所关注的核心范畴和"评估"采用的研究手段，为对儿童体力活动的进一步探讨搭建了基本框架。

1. "指南"的核心范畴

"指南"为儿童开展体力活动提供了标准化的参照依据。在全球层面，世界卫生组织曾于 2010 年提出体力活动建议（世界卫生组织，2010）；在国家层面，美国、加拿大、英国、澳大利亚、日本等国家在进入 21 世纪以后先后发布体力活动指导性建议书（张云婷 等，2017）。在这些文件中，部分是涉及全龄人群体力活动的宏观概要性内容，也有部分是特别针对于儿童群体而详细设计的指导建议。以美国相关文件为例，其从总体到细节均已颇为成熟、呈体系化：譬如，由美国卫生及公共服务部发布的《美国人体力活动指南》即为涵盖全龄人群的总体性指导，在关于体力活动的总体性论证之外，专有第三章为特别面向儿童青少年群体的体力活动建议（U.S. Department of Health and Human Service，2018）；由美国国民体力活动联盟发布的《国民体力活动计划》不仅对保障全民公共健康的体力活动提出了战略要求，并且还就儿童和青少年群体针对性地发布了跟踪考核性质的《美国儿童青少年体力活动报告》，与美国卫生及公共服务部所发布指南的要求一一对应（National Physical Acitivity Plan Alliance, 2016, 2018）；除此之外，还有部分结合学校教育、儿科等范畴进行的细分型指南（Brittin et al., 2015; Kist et al., 2016）。我国首份儿童体力活动指南于 2017 年正式发布，是在博采众长的基础上结合中国儿童成长实情完成的本土化探索，也为进行儿童体力活动相关研究提供了基本的参考。

综合来看，"指南"对于体力活动的关注范畴主要包括两项，即一方面是强度，另一方面是时间。达到适当的体力活动水平需要同时满足强度和时间的要求，合理控制各强度级别下的体力活动时间；作一类比，体力活动强度与时间的"乘积"便指向了体力活动水平。按照体力活动强度水平的大小，首先可区分久坐行为和狭义体力活动，再者可将狭义体力活动分为低、中、高强度多个级别，并以代谢当量（metabolic equivalent, MET）[1]来衡量。运动医学界普遍采用主观运动强度量表（rating of perceived exertion, RPE）进行体力活动强度的分级，根据主观运动感觉及其对应的最大心率百分比[2]解释运动强度级别，跨度为 6~20 级[3]。由于研究已证明 MET 与 RPE 等级之间存在高度相关性（张云婷 等，2017），因此基于横向综合多项参数的内在对应关系，便可实现体力活动内容的大致强度归类，相应地在"指南"中针对性提出了契合于不同强度的体力活动时间建议（表 2.2）。

在各类体力活动之中，久坐行为对应的 MET 值最低，往往在 1.5 以下，体态处于坐姿、斜靠或卧姿，因在当代生活常态中多与看电视、使用手机、玩电脑等活动绑定而又称"屏幕时间"（screen time），其对应 RPE 等级在 9 以下，即主观运动感觉非常轻松。国际范围内的体力活动指南普遍认同减少屏幕时间对儿童健康的重要性，将每天的久坐行为时间限制在 2 小时以内已经成为共识，而考虑到中国儿童课业负担的典型性，在中国版指南中还进一步强调应尽量避免连续久坐、关注课业间隙的身体活动。

---

① 1MET 指静息状态下的能量消耗率，约为每千克体重每分钟消耗 3.5mL 氧气。

② 最大心率百分比 = 负荷后即刻心率 /［220 - 年龄］× 100%。

③ RPE 量表最初的分级方法为 6~20 级，后续简化提出 1~10 级版本；此处沿用《中国儿童青少年身体活动指南》中的分级方法，即 6~20 级。

表 2.2　儿童体力活动内容对应 MET、RPE、强度及时长建议 [①]

体力活动内容	MET	RPE 等级	主观运动感觉	最大心率百分比	强度级别	时间建议
坐姿状态玩游戏、电脑游戏、玩手机、看电视、做作业等（久坐行为）	1.1~1.5	6	安静、不费力	—	静息	每天不超过 2 小时；避免连续久坐
		7~8	极其轻松	<50	非常低	
		9	很轻松			
在平坦地面缓慢步行，提较轻物体，或站立状态下的轻度体力活动，如整理床铺、洗碗、演奏乐器等	1.5~2.9	10~11	轻松	~63	低强度	—	3~5 岁：全天活跃，每天累计至少 3 小时
正常速度骑行、快步走、滑冰、需要全身活动的电子游戏、较重的家务劳动、柔软体操、跳舞、爬楼梯、跳绳、慢跑等	3.0~5.9	12~13	略微吃力	~76	中等强度	—	6~17 岁：每天累计至少 1 小时
高强度有氧、无氧运动和抗阻训练，如搬运重物、快跑、激烈打球踢球、快速骑车、滑板车、体操等	≥6.0	14~16	吃力	~93	高强度	6~17 岁：每周至少 3 天
		17~18	非常吃力	≥94	超高强度	
		19	极其吃力			
		20	精疲力竭	100	最高强度	

在多数"指南"中，仅有当体力活动达到中高强度才会被认为具有实质性意义，涉及快步走、骑行等有氧运动，以及球类、速跑等无氧运动和抗阻训练。其中，中等强度体力活动通常对应 3.0~5.9 的 MET 值和 RPE12~13 级，即最大心率百分比约为 76、主观运动感觉略有吃力；高等强度体力活动通常对应 6.0 以上的 MET 值和最高的 RPE 级别，即最大心率百分比逼近 100、主观运动感觉由吃力向力竭不等。达到中高强度的体力活动事实上大多已属于体育运动的范畴，是较为高效的能量消耗途径，因此也是"指南"中重点呼吁需要保障投入

[①] 本表中体力活动内容与 MET、最大心率百分比等的对应关系仅为普遍统计结果，不排除对应不同个体所存在的偏差。参考资料：张云婷 等，2017；Butte N, et al., 2017；U.S. Department of Health and Human Service, 2018。

时间的体力活动类型。特别是对于 6~17 岁正值发育关键期的学龄儿童而言，参与体育运动对其全方位实现健康成长更具必要性，因此也被认为应当每天累计 1h 参与中高强度体力活动，并且每周至少 3 天参与高强度体力活动。

尽管普遍认为中高强度体力活动意义重大，但低强度体力活动的价值亦不容忽视。此类活动更加贴近日常生活，包括平地行走、简单的家务劳动、演奏乐器等，其 MET 值介于久坐行为和中高强度体力活动之间，约为 1.5~2.9，对应于 RPE10~11 级，即最大心率百分比约为 63、主观运动感觉保持轻松。事实上，此类体力活动虽然强度较低，但对于儿童身体成长发育仍具有潜移默化的积极影响，特别是对于低龄儿童而言，保障开展体力活动的时间比强度更为关键。在新版《美国人体力活动指南》中便开创性地提出了对 3~5 岁学龄前儿童开展体力活动的建议，鼓励低龄儿童积极参与各类游戏活动，认为儿童在低龄时期应保持全天活跃的身体状态，每天至少累计参与 3h 体力活动，无关强度水平。

从"指南"关注的核心范畴中可提炼出基本儿童体力活动行为特征，即保障儿童体力活动水平的科学性需要确保适合于年龄段特征的"强度－时间"关系，并兼顾久坐行为的上限。这一点也正是儿童与成年人体力活动注意事项的关键区别。

2. "评估"的研究手段

"指南"是从前置的角度为保障科学的儿童体力活动水平提供建议，"评估"则是从后置的角度考察儿童实际体力活动水平的科学性，与"指南"一脉相承且同样聚焦于强度和时间的核心范畴，因而"评估"的关键事实上即在于如何测度体力活动强度和时间。综观已有研究对儿童体力活动的测度方法，通常在主观角度采用活动日志、自我（或父母）报告调查问卷、RPE 量表等，在客观角度则应用加速度计等设备进行测量（沈晶 等，2019）。相比之下，主观测度方法的应用更为普遍，相当于由儿童或其监护者自行通过回顾来记录和评价体力活动开展的形式、时间和感受，后续再由研究者参考量表的对应关系形成评估结果；而客观测度方法的原理在于直接记录儿童的生理数据及其对应的时间信息，再由研究者映射至量表完成评估。

主观测度方法虽然具有一定的系统性误差，但由于相对简单易行而便于开展大规模、地毯式统计研究，因而也具有相对扎实且丰厚的研究基础。在具体研究工作中，国际范围以及各个国家和地区也分别因地制宜设计了主观测度的评估内容，尽管部分指标略有出入，但主要的原理和标准仍基本保持一致。如表 2.3 所示，将主要儿童体力活动主观测度调查问卷和量表作一汇总，其中 PAQ-C、IPAQ、ACTS-MG、ASAQ、EBBS 等标"*"项的内容尤具代表性和启发性，为实际开展"评估"测度工作提供了经典模板。

表 2.3　主要儿童体力活动主观测度调查问卷与量表一览[①]

问卷	简称	地区	时间	内容概要
International Physical Activity Questionnaire	IPAQ*	国际	2003	广泛应用，报告过去 7 天的体力活动时间，是各类问卷的母体原型（未划分年龄）
Global Physical Activity Questionnaire	GPAQ	国际	2010	报告通常工作、交通、娱乐方面的体力活动和久坐行为（未划分年龄）
Exercise Benefits/Barriers Scale	EBBS*	美国	1987	考察运动效益和障碍自我认知情况
Activity Support Scale for Multiple Groups	ACTS ACTS-MG*	美国	2003 2014	儿童自主评估父母对其体力活动行为的支持和限制情况
Fels Physical Activity Questionnaire for Children	Fels PAQ	美国	2005	儿童自主粗略报告过去一年和通常状态下参与体力活动的情况
Children's Physical Activity Questionnaire	CPAQ	英国	2009	英国儿童体力活动问卷
Adolescent Sedentary Activity Questionnaire	ASAQ*	澳大利亚	2007	由儿童自主报告屏幕、教育、交通、社交等方面的久坐行为时间
Physical Acitivity Questionnaires for Children	PAQ-C*	加拿大	2004	儿童自主报告过去 7 天参与体力活动的频率
School Health Action, Planning and Evaluation System physical activity questionnaire	SHAPES	加拿大	2006	重点关注校园，为校园健康规划和评估行动的下属问卷
Arab Teens Lifestyle Study	ATLS	沙特	2011	阿拉伯地区青少年生活习惯调研

[①]　参考资料：郭强，2016。

我国当前还尚未形成官方"评估"方法，仅在"指南"中指出可使用 RPE 量表进行表观测度（张云婷 等，2017），因此在体育学领域研究中多沿用上述国外体力活动调查问卷，或尝试使用加速度计进行辅助测度，但仍基本限于对体力活动强度和时间的描述统计，结合地理空间信息的深入机制探讨明显不足。

除上述对儿童个体体力活动水平的评估外，以活力健康儿童全球联盟[①]为首的各成员国也开展了国家总体性儿童体力活动水平评估工作。这一工作最初起源于加拿大活力健康儿童组织[②]对本国儿童总体体力活动水平及其外部环境影响情况的评估，后续则逐渐推广至北美乃至全球，每两年一评估，从而形成了国际横向比较的平台。2018 年的评估已有 49 个国家和地区参与、2020 年的评估已有 57 个国家和地区参与，并已细化至 10 项评估指标。各项评估指标均以达成预设目标的儿童人数百分比的形式呈现，以数值的高低划分为 A（包括 A+/-，≥80%）、B（包括 B+/-，60%~79%）、C（包括 C+/-，40%~59%）、D（包括 D+/-，20%~39%）、F（0~19%）几档。以其中的"体力活动总量"一项为例，即指达到"指南"所呼吁的科学体力活动水平的儿童人数占全国儿童人数的百分比。在此统一指标体系架构下，AHKGA 各成员国采集和统计本国相关数据进行详细评估，譬如，美国根据学校运动参与调研、家庭交通出行调研、社区公园调研等综合完成评估，我国则由上海市学生体质健康研究中心牵头对各省市中小学生进行大样本调研。

表 2.4 列举了其中 6 个代表性国家的最新 3 轮评估结果，总体来看各国的整体儿童体力活动水平均较为令人担忧，体力活动总量和久坐行为的评估结果大多处于 D 等上下。其中，日本在积极交通方式的实现方面具有显著优势，而美国和加拿大儿童交通出行方式则最为消极；澳大利亚和加拿大在通过社区和建成环境营造而促进儿童体力活动的方面所开展的工作较多，创造了良好的儿童体力活动外部条件。相比之下，中国儿童体力活动水平整体不佳，体力活动总量、有组织的体育锻炼、久坐行为等方面的达标情况多年处于最低级别，玩耍和交通方式达标情况略有改进，但整体上仍明显不足；特别是家庭同伴、学校和社区建成环境、政策制定等方面的达标情况较之于其他国家具有明显劣势，

---

① 译自 Active Healthy Kids Global Alliance，简称 AHKGA。
② 译自 Active Healthy Kids Canada，简称 AHKC。

亟待予以关注和改善。值得注意的是，国家层面总体性"评估"覆盖面过于宏大，仅能反映面上概要情况，模糊了国家内部各地区之间的特征分异，在数据的代表性方面有待商榷，需要与个体"评估"相结合。

表 2.4　AHKGA 代表性国家儿童体力活动水平及外部环境影响评估结果[①]

评估时间	2016						2018						2022					
国家	美国	加拿大	澳大利亚	英国	日本	中国	美国	加拿大	澳大利亚	英国	日本	中国	美国	加拿大	澳大利亚	英国	日本	中国
体力活动总量	D-	D-	D-	D-	—	F	D-	D+	D-	C-	—	F	B-	D	D-	C-	B-	C
有组织的体育锻炼	C-	B	B	D	C	F	C	B+	B-	D+	B-	D-	C	C+	B-	D	B-	F
积极玩耍	—	D+	—	—	—	D-	—	D	—	—	—	D+	—	D-	—	—	—	C-
积极交通方式	F	D	C-	C-	B	C-	D-	D-	D+	C-	A-	C+	D-	C-	D+	C+	A-	C
久坐行为	D-	F	D-	—	C	F	D	D+	D-	D+	C-	F	D	F	D-	D+	C-	D+
身体素质							C-	D	D+	C-	A	D	C-		D+		B	
家庭同伴	—	C+	C+	—	D	B	—	C+	C+	–	C-	D+	—	C	C+	—	C-	C-
学校	D+	B	B-	B+	B	B+	D-	B	B+	B+	D-	D	D-	B-	C	B+	B+	D
社区和建成环境	B-	A-	A-	B	D	D+	C	B+	A-	C	B-	C	C	B	A-	C	B	D-
政府战略与投资	—	B-	D	—	B	D	—	C+	D	—	B	F	—	C	D	—	B	D
平均值							D	C-	C-	C-	B-	D-	D	C-	C-	D	B-	D+

从以上对个体层面和国家总体层面的"评估"中，可以再归纳出儿童体力活动行为的两个特征。其一是儿童开展体力活动行为本身不仅由本体决定，在很大程度上更需要考虑到监护人对其产生的正面或负面影响，特别是低龄儿童体力活动开展的同时往往有监护人的陪伴，因此以调查问卷和量表等形式为代表的"评估"工作的开展也可以以父母等监护人为中介。其二是外部环境对儿

---

① 参考资料：Global Matrix 2.0/3.0/4.0 官网。受新冠肺炎疫情影响，其中最新评估发布于 2022 年，评估结果准确性或受疫情影响。

童体力活动的影响不容小觑，一方面中高强度体力活动的开展尤为需要基本外部条件的保障，另一方面儿童体力活动普遍涉及学校、社区环境和交通出行过程，外在建成环境要素的营造情况也将对体力活动的开展产生潜在积极或消极影响，这一特征在国际比较中也更加鲜明，呼吁深入关注。

小结：

本章内容聚焦于核心问题概念图示中"儿童"与"健康"两环的交集，从理论溯源分析到详细特征辨析，为儿童健康导向研究的开展提供了三条逻辑线索。

其一，研究整体上应当从儿童疾病和儿童保健双重视角探讨。中西医儿科学的学科发展与相应的思想文化内涵和哲学精神层面上"儿童的发现"过程紧密关联，而基于中西医儿科学发展脉络的梳理，又可归纳得出儿童疾病和儿童保健为儿童健康议题的两项基本内容。因此，从儿童疾病和儿童保健双重视角开展儿童健康导向研究具有一定的普适性。

其二，儿童疾病角度的探讨应当由儿童常见疾病机理予以反推。基于儿童疾病特征的分析，儿童主要病因病理、常见疾病类型和程度均与成年人存在较大差别。因此，从儿童疾病角度开展儿童健康导向研究应当结合实地情况，特别着眼于儿童常见疾病类型，通过致病病因病理反推外部要素构成。

其三，儿童保健角度的探讨应当由儿童体力活动评估予以论证。基于儿童保健特征的分析，儿童体力活动情况是其中的重点聚焦议题。特别是在我国儿童体力活动水平整体较低、社区建成环境内儿童体力活动长期不足的背景下，开展实地评估尤为关键。因此，从儿童保健角度开展儿童健康导向研究应当结合儿童体力活动"强度-时间"情况的个体化测度和评估结果，验证补充其作用机理体系。

第 3 章

儿童活动空间的诉求、尺度与类型

在明晰儿童作为研究主体所具有的能动性基础上，由于儿童本体特征必然将触发与其相关的各项要素的特征，本章将进一步聚焦于核心问题概念图示中"儿童"与"空间"两环的交集，结合儿童友好视角下的空间诉求，深度分析和归纳儿童对应活动空间的尺度和类型特征，并将其置于本书关注的城市社区尺度下加以针对性探讨，从理论层面明确核心问题的具体研究范畴。

下面将首先从儿童友好视角论述空间发展诉求。

3.1　儿童友好视角下的空间诉求

正如前文所述，国际范围内对儿童福祉的关注和研究历经波折沉浮，儿童逐渐被认为不仅仅是以成人为主导的社会与文化的消费者，同时也是社会建构的参与者（Corsaro，2014）。儿童发展不仅是生理和心理的过程，更是一个社会和文化的过程，并在过程中受到诸多方面因素的影响。儿童群体涉及的利益主体更加丰富，除本体特质影响外，更多取决于监护人、教育机构、所在社区等；同时，儿童福祉涉及的内涵也较为广阔，与之相关的看护、医疗、教育、陪伴等多方面行为均被囊括其中，研究问题颇具多元性（Lau et al.，2011）。在此背景下，联合国儿童基金会提出"儿童友好"概念，旨在关注儿童福祉，致力于推进全世界每个儿童权利的实现。由此与相关学科交叉即衍生出包含儿童友好型教育、儿童友好型学校、儿童友好型社会、儿童友好型社区、儿童友好型城市等概念以及相对应的行动计划。

其中，"儿童友好型城市"（child friendly city，CFC）涉及城市发展与儿童权利相关的方方面面，也是儿童友好理念的集大成者，正式提出于 1996 年联合国第二届人居环境大会。国际范围内儿童友好型城市的计划与导则主要有两项：

1968 年联合国教科文组织发起的"在城市中成长"（growing up in cities，GUIC）和 1992 年联合国儿童基金会发布的"儿童友好型城市项目"（child friendly cities initiative，CFCI）。在这两个计划的推动下，国内外学者分别从法治建设（王世洲，2013）、社会资本（Vyncke et al.，2013）、空间规划（Kinoshita et al.，1999）、景观设计（谭玛丽 等，2008）等不同角度分别予以探索，进一步强调了儿童友好型城市有别于普遍意义城市的特别研究模式及其研究的必要性，其本质即在于从儿童友好视角下提出的特征性空间诉求。

总体来看，儿童权利与儿童特质是建构儿童友好型城市基本要求的两大出发点，而建成环境则是厘清儿童权利与儿童特质所面临困境的关键突破口。

3.1.1　儿童权利的角度

自 20 世纪初期至今近一个世纪的时间内，国际组织对于儿童福祉的关注衍生为一系列儿童保护运动与儿童权利标准（表 3.1），儿童权利逐渐被人权保护纳入视野，其内涵也经历了持续的丰富和深化，并且在总体性质以及专项性质的文件和标准[①]中予以全面补充。

表 3.1　儿童权利发展简史[②]

时间	事件
1924	国际联盟通过 Eglantyne Jebb 起草的《儿童权利宣言》：提供儿童成长的途径；在必要时提供特殊帮助；优先救济儿童；为儿童提供经济自由，使其免受剥削；以及培养儿童的社会意识和责任感
1946	联合国儿童基金会成立
1959	联合国大会通过《儿童权利宣言》，提出儿童除其他权利[③]外，还享有受教育、玩耍、生活在良好环境以及卫生保健服务的权利
1978	联合国人权委员会提出《儿童权利公约》草案供审议
1989	联合国大会通过《儿童权利公约》，承认儿童在社会、经济、政治、公民和文化等领域的作用，堪称人权事业的里程碑，承诺并全面设立了保护儿童权利的最低标准

---

① 总体性质文件标准如《世界人权宣言》；专项性质文件标准如《经济、社会和文化权利国际公约》《在非常状态和武装冲突中保护妇女和儿童宣言》《联合国少年司法最低限度标准规则》《最恶劣形式的童工劳动公约》《少年司法指标衡量手册》等。

② 资料来源：联合国儿童基金会网站

③ 此处"其他权利"指 1948 年联合国大会通过的《世界人权宣言》中的内容。

续表

时间	事件
1994	世界自然基金会发布《儿童宣言》，文件由儿童直接创造形成
1995	儿童权利国际网络（CRIN）成立
2002	联合国儿童问题特别会议中儿童代表首次出席，通过了"适合儿童生活的世界"议程，概述了在未来十年改善儿童问题的具体目标
2015	《儿童权利公约》成为获得最广泛批准的国际文书

近几十年来，随着《儿童权利公约》、《儿童宣言》、《千年发展目标》（MDG）及《可持续发展目标》（SDGs）等一系列行动纲领的颁布，对儿童福祉的再度关注已经成为时代要求和可持续发展导向性目标环节，而维护和保障"儿童权利"也是一切儿童福祉议题的基本立场。下面试以其中《儿童宣言》和《儿童权利公约》的主旨内容为例解读对应的空间诉求。

《儿童宣言》发布于1994年世界自然基金会（WWF）在博洛尼举办的"让我们赢得我们的城市"（Let's win back our cities）大会，其可贵之处在于这是一份由儿童直接创造形成的文件[①]。以儿童为第一视角发声，《儿童宣言》中强调了儿童群体的核心需求："需要能与自然互动的聚会场所、自由漫游、信任、拥有不同的体验、决定如何度过自由时间"。映射至建成环境空间，则分别从城市、绿色空间和交通三个角度发声（表3.2），充分体现了儿童思考维度的天马行空和百花齐放，也为理解"儿童友好"真实对应的空间需求提供了质朴而全面的参考依据。

表 3.2　《儿童宣言》中对建成环境空间的倡议阐述 [②]

类别	城市	绿色空间	交通
内容	应包含以下空间要素：在家附近有玩耍空间、车速缓慢的街道、社区管理的开放空间、可被改变的空间、体育设施、儿童剧院、聚会空间、交流空间、会见不同群体的空间、可以独处和与他人在一起的空间	在每个社区中：需要自然元素，如树木、灌木、高草丛、果树；不需要游戏设施；有草坪；可以建设小屋、有容易到达并被集体使用的空间、没有交通危险；有水、小径和斜坡	能够在所有时间安全出行：街道设自行车道、禁止汽车通行的人行道、安静的无交通区域；有自行车公园、斜坡；有可达的公共交通、便于理解的街道标识系统

---

① 资料来源：《中国儿童友好社区建设规范》编制说明。

② 根据 1994 年博洛尼《儿童宣言》内容整理。

《儿童权利公约》是国际范围内探讨儿童相关议题公认的基本出发点，提出儿童有权利生活在卫生、安全等方面的基本需求得到保障的环境中，有权利自由玩耍和休闲（UNICEF，1992），儿童福祉和生活质量也被认为是城市可持续发展的重要目标（UNICEF，1992，1997）。根据《儿童权利公约》要求，生存权、发展权、参与权、受保护权是儿童四项基本权利，其建立在四项基本原则之上：非歧视性原则、儿童利益最大化原则、确保儿童生命生存和发展权利完整原则、尊重儿童意见原则。相应地，"儿童友好"则具有三方面基本要求：其一，要承认儿童的权利主体地位，尊重儿童感受；其二，要关注儿童生活环境，保证其有利于儿童福祉；其三，要注重儿童与成年人、家庭、同龄人之间的交流。

"儿童友好型城市"正是基于《儿童权利公约》规定的儿童四项基本权利而建立的概念（林瑛 等，2014），定义为儿童需求能够得到表达和重视的城市体系（沈瑶，2018）。在《人类居住议程 II》的前言中，表达为儿童需求应当在城市、城镇、社区建设过程中得到充分重视和积极响应的构想（UNCHS，1996）。为落实《儿童权利公约》儿童利益最大化原则，在城市空间中保障儿童的"独立活动性"被认为是衡量城市儿童友好的重要参考（威兹曼，2008），儿童友好的城市空间不应仅限于儿童必须被成人带去的游戏区，儿童应按照其需求自由成长（Gill，2007）、可以自由以慢行交通的方式前往任何地方（Kingston et al.，2007），如此方可从生理、心理等方面全方位保证儿童的健康成长。

早在 CFCI 最初的界定中，建构儿童友好型城市就已要求各地方政府在实施中保证以下内容的落实（格里森 等，2014）：

（1）儿童对于城市发展具有影响力；

（2）儿童能够自由发表关于城市的意见；

（3）儿童可以参与家庭、社区和社会生活事务；

（4）儿童平等享有社会基础公共服务设施；

（5）儿童拥有安全的饮用水和卫生健康的生活环境；

（6）儿童免于剥削、暴力和虐待；

（7）儿童能够安全地单独在街道上行走；

（8）儿童具有与朋友见面、玩耍的自由；

（9）儿童享有充满动植物的自然空间；

（10）儿童生活在无污染的环境；

（11）儿童能够参与文化和社会性的事务；

（12）各种族、宗教、收入、性别和身体状况的儿童都能平等享有公共设施。

联合国儿童基金会于 2018 年首次发布的《儿童友好型城市规划手册：为孩子营造美好城市》[①]（以下简称《手册》）则进一步细化要求，在建成环境方面提出了十项儿童权利和城市规划原则，并以"健康、安全、公民权、环境和繁荣"五大利益框架定义儿童友好型城市发展倡议，是儿童权利角度空间诉求的集大成者，当前在国际范围内广为认可。

3.1.2　儿童特质的角度

在关注儿童权利之外，建构儿童友好型城市还体现了对儿童特质的深度聚焦。在本书第 2 章中已就儿童健康问题的特征进行了阐述，同理，儿童友好视角同样强调了儿童不同于其他群体的特质。譬如，实现在 CFCI 的界定中所特别提及的十二项要点内容对于成年人群体而言或并非难事、或全然不必上升至城市营造的总体理念中，但对于儿童群体而言却具有重要意义。再如，《手册》中阐释聚焦儿童群体的必要性时，在申明儿童权利之外也先后从儿童对城市未来的意义、儿童在建成环境中的脆弱性以及儿童的社会生态三个角度展开了探讨。显然，此三者便在一定程度上表征了儿童不同于其他群体的主要特征，并且对应于特定的空间诉求。

从面向未来的角度来看，推动儿童友好的城市化关乎城市环境空间整体的有序发展。

从脆弱性的角度来看，儿童作为城市弱势群体的重要组成部分，往往存在着由于建成环境空间为服务于成年人而建设所导致的适配性缺失问题，如图 3.1 所示。

从一般社会生态的角度来看，儿童具有与其他群体截然不同的空间尺度与活动需求，在基本的公共服务和公共空间类型与距离差异之上，更是呈现出以系统性的城市整体资源架构与日常认知复杂交互的模式（联合国儿童基金会，2019）。

[①]　《儿童友好型城市规划手册》英文版本于 2018 年 8 月首次发布，官方中译版于 2019 年 7 月发布，本书使用的表述方式与图片均摘自官方中译版。

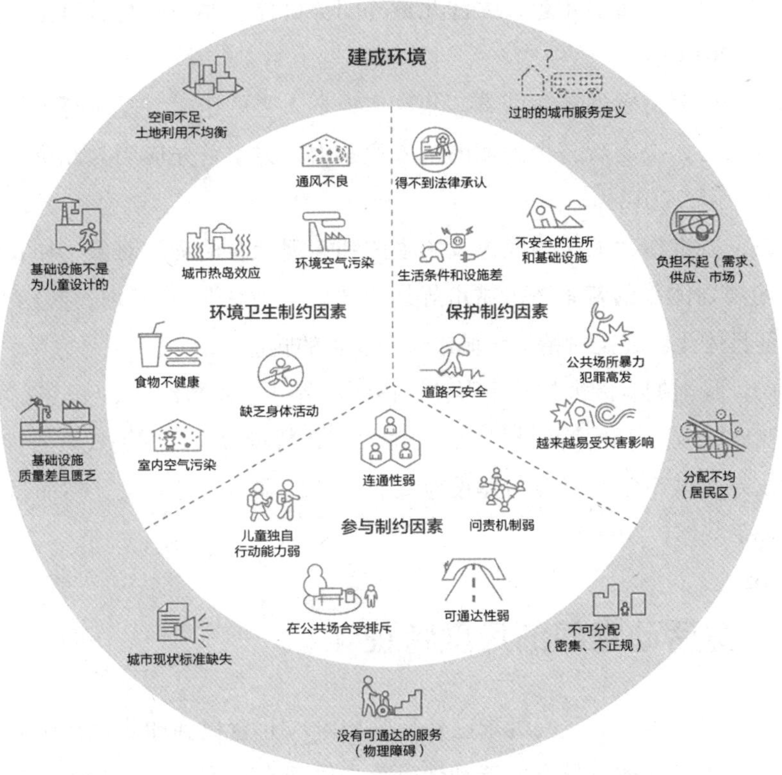

图 3.1　与建成环境有关的儿童脆弱性

以《手册》中最具代表性的儿童特质探讨，即儿童在建成环境中的脆弱性归类为例，共有四类归因被认为是为支持儿童行使其权利所务必攻克的困境：其中三类脆弱性表现为儿童无法按需获得的城市服务，包括"健康（环境卫生）""保护"和"参与"，第四类则指向建成环境与三类无法获得的城市服务之间的相关性（图 3.1）。在这四类归因中所涉及的问题内，"儿童独自行动能力弱"等问题直接体现了儿童在空间中开展活动的特质；而部分问题则虽普遍与一般人群均有关，但对于儿童而言影响更为深远，如"空气污染"等。正是基于对儿童群体所独有的脆弱性特质的如此全面、细致考量，方能推出儿童友好型城市建构的原则与框架。

目前，我国还尚未有城市加入到 CFCI 的行列之中，长远来看，在我国当代城市规划中积极从儿童特质的角度关注空间诉求极富必要性，并且颇具典型性。

第一，从正义的城市发展伦理来看，儿童是城市正义的起点，而城市规划扮演着利益分配等重要角色，关注儿童等弱势群体利益是践行城市正义的基石（刘磊 等，2018）。

第二，从可持续发展角度看，儿童作为全人类的未来，是所有可持续发展的基础和核心，决定着整个国家的未来竞争力，城市首先应当为儿童这一群体而建（于一丁，2013）。

第三，城市作为人居环境建设的主体和实现社会治理的对象，在我国建立国家空间规划体系的背景下，城市规划应"做精做细"（武廷海，2018），结合人群特征具体化研究是对精细化城市规划要求的响应。

第四，我国拥有庞大的儿童群体，占到世界儿童总数的 12.7%，62.9% 的儿童居住在城镇地区（国家统计局 等，2023），在数量型人口红利式微的背景下我国儿童友好型城市空间研究与建设应具有代表性和示范性意义，然而目前还较为欠缺（张庭伟，2013）。

3.2　儿童活动空间的尺度特征

儿童友好视角下的空间诉求已然反映出响应儿童权利和儿童特质的系列特征，对应于儿童本体所具有的能动性，首先体现在尺度方面。诚然，在多空间尺度下开展儿童主体研究对应的主要议题各有千秋，因此确定儿童活动空间最为典型且关键的尺度也是针对性开展研究的重要之举。而通过梳理儿童成长阶段与空间尺度的对应关系，有助于明确这一关键尺度的聚焦方向。

3.2.1　儿童成长阶段与空间尺度的对应关系

"人居三"期间，由联合国儿童基金会发布的儿童青少年"对人居的看法"调查结果表明了儿童群体对建成环境的理解和需求，对应提出了在健康、保护和教育方面的公共服务设施配置问题，在公园、街道等住区外公共空间中的安全问题，城市整体环境防治污染和应对自然灾害不力等若干在城市建成环境建设中所关心的问题，并且将儿童群体的需求进行了优先级排序，排列在前几名的内容包括就医（80%）、就学（70%）、安全（65%）和住所邻近家人朋友（55%）（联合国儿童基金会，2019），这些充分反映出在城市空间的多重尺度下儿童群体所生发出的多元呼声。

诚然,事实上处于任何年龄区段的人群对应于城市空间的多重尺度均存在多元需求。譬如,在城市整体层面往往对应于区域协同、空间结构、职住平衡等问题;而在社区街道层面则对应于微空间更新、社区参与、公共服务设施配置等问题。在儿童友好视角下,以儿童为主体的城市空间研究应当是关注于儿童群体权利与特质的研究,显然在基本研究议题之外还指向了更加特殊和具体的内容。

在儿童成长的过程中,随着日常活动行为的成熟化和身心状态全方位的社会化,其对应至城市空间中的活动形式和范围也在逐渐丰富和扩增。根据联合国儿童基金会的研究,6 岁和 12 岁为儿童群体出行方式及其对应城市空间尺度发生转变的两个重要的里程碑式节点(图 3.2)。

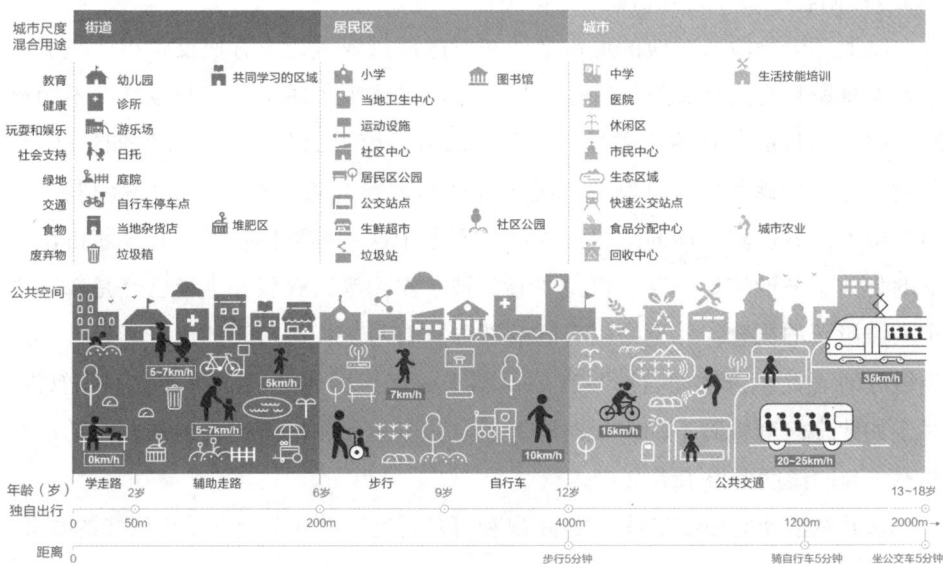

图 3.2 儿童成长过程与空间尺度的对应关系(联合国儿童基金会,2019)

6 岁以下,儿童主要的出行方式限于学习走路或在监护人照料下辅助走路,独自出行半径约为 200m,对应于街道尺度。在这一尺度下,与儿童相关的空间与设施较为精细,包括:幼儿园、学习区(教育类);诊所(健康类);小型游乐场(玩耍娱乐类);日托中心(社会支持类);庭院空间(绿地类);自行车停车点(交通类);杂货店(食物类);垃圾箱(废弃物类)等。

6~12 岁,步行已成为儿童最普遍和基本的出行方式,其中 9 岁之后陆续习得自行车出行技能，此时独自出行半径逐渐扩增至 400m，对应至居民区 [①] 尺度。在这一尺度下，与儿童相关的空间与设施范围有所扩大，包括：小学、图书馆（教育类）；卫生中心（健康类）；运动设施（玩耍娱乐类）；社区中心（社会支持类）；居民区公园、社区公园（绿地类）；公交站点（交通类）；生鲜超市（食物类）；垃圾站（废弃物类）等。

12 岁至成人前，公共交通被纳入儿童出行方式，独自出行半径已扩增至 1km、2km，因而已基本可对应于城市尺度。在这一尺度下，与儿童相关的空间与设施所涵盖的范围已基本与成年人相近，包括：中学、生活技能培训设施（教育类）；医院（健康类）；休闲区（玩耍娱乐类）；市民中心（社会支持类）；生态区域（绿地类）；快速公交站点（交通类）；食品分配中心、城市农园（食物类）；回收中心（废弃物类）等。

以上三个阶段所对应的城市空间与设施层层递进，一方面反映出儿童成长过程本身所具有的动态发展特征，另一方面也体现了城市空间与设施在不同尺度下服务人群的构成重心差异。例如，街道尺度下的公共服务设施如幼儿园、杂货小卖店、诊所等，其服务半径本身即与低龄儿童出行半径有较高契合度，但其中大部分设施所面向的服务人群并不限于这一类群体；而上升至城市尺度下的公共服务设施如医院、市民中心、城市农园等，其服务半径已经是普通成年人语境下的概念，儿童中仅有高龄部分具有与之相对接近的出行半径，但此类设施对于儿童群体而言所具有的不同于成年人群体的功能和意义不容忽视。对于如此多尺度视野下的多元对应关系，儿童发展领域研究主要从儿童活动和儿童参与的角度觅得了缘由。

从儿童活动的角度来看，"近距离和可步行性"是儿童建立城市认知的基础。由于手推车、步行、自行车等慢行交通是儿童的主要出行交通方式，因此建立在车行道路交通系统基础上的城市空间本质上更接近于"成年人之城"，与儿童的实际生活感知具有较大差距。因此，对于与儿童相关的空间和设施进行研究势必要从符合儿童属性的高度、距离出发，保障儿童真实感知的城市空间得到契合需求的优化治理。伯纳德·范·里尔基金会（Bernard van Leer Foundation）（2018）发起的"城市 95 计划"即为从 95cm 的儿童代表性视高进行的深度探

---

① 此处"居民区"为直接引用《手册》译法，英文原版为"neighbourhood"，对应至我国语境下与街道、生活圈住区概念相近，下同。

索，我国长沙、深圳等城市近年来先后发起的"从一米的高度"看城市、规划建设城市的项目也是从儿童特有尺度出发进行的典型探索，此类工作从"95 厘米"和"一米"的儿童代表性视高开始重新认识城市空间，也是对于微观层面即居民区短距离步行可达范围内空间所开展的深度研究。而在宏观层面的整体城市尺度下，与儿童活动所关联的研究内容往往表现为系统性的城市服务和资源，显然不及微观尺度下儿童本体感知程度之深、方式之直接，因此相应研究关注议题的结构性程度较强而精细化程度则较弱。

从儿童参与的角度来看，符合年龄特质的"日常关联性"是儿童表达城市认知和建议的必要条件。联合国儿童基金会研究表明，儿童参与决策过程的体验将会决定其公民信任感的形成，在理想状态下伴随其成长过程也将在潜移默化中逐渐改变参与角色、拓展参与领域（图 3.3）。由于与日常生活的关联性决定了儿童参与决策建议的积极性，随着儿童日常生活所涉及城市空间范围的扩大，其所能够参与决策的内容也将同步得到丰富；同时，儿童在参与决策中发挥的作用取决于其年龄和发展水平，要求心智和认知尚未成熟的低龄儿童面对宏观尺度语境下的城市问题着实唐突；此外，适当地参与角色、协同对象和方式也将提高儿童参与的有效性，在较高年龄阶段下的参与角色更加偏向于领导者，也将纳入更多专业性、联盟性的协同对象。因此，从婴儿时期至青少年时期，儿童主要参与表达城市认知和建议的空间尺度由庭院先后扩大至街区、居民区、城市；由庭院向街区过渡对应于婴儿和学步时期，此时儿童的主要参与角色是咨询者，协同对象是其父母和监护人，儿童所关注和感兴趣的内容基本源于亲历的微观环境并以若干疑问的形式抛出并得到反馈；由街区向居民区过渡对应于幼年时期，此时儿童的主要参与角色是协同合作者，协同对象是保育人员和老师；由居民区向城市过渡对应于青少年时期，此时儿童的主要参与角色逐步上升至领导者，对应的参与行为逐渐体现导向性和公民意识，相应的协同对象也逐渐复杂化和专业化，先后加入朋友和社会工作者、青年指导员、社区联盟等协同对象，其中少年时期主要仍体现为居民区尺度社会工作者指导下的儿童导向参与，青年时期则偏向于通过加入专业性的联盟团体在城市尺度发挥参与效力。究其根源，在儿童友好视角下也强调了儿童参与的权利，其中街区和居民区尺度作为幼年时期和少年时期儿童参与的集合体，相比其他尺度而言也更具研究代表性。与此相契合，近年来，我国各地开展的儿童友好型城市

空间优化实践探索也主要基于街区和居民区尺度，如北京市海淀区紫竹院街道
"北外附小魏公村校区绿地改造"规划设计项目、深圳园岭街道红荔社区"社区
儿童议事会"项目等。

空间尺度	庭院	街区		居民区		城市
童年阶段	婴儿	学步儿	幼年		青少年	
儿童参与度	咨询	协同参与		儿童导向参与		公民参与与信任
协同对象	父母/监护人	+保育人员/老师		+朋友/社区工作者	+辅导员	+社区

图 3.3　不同空间尺度对应儿童成长阶段与参与情况（笔者改绘）[①]

　　综合来看，儿童本身对于空间尺度的概念尚无清晰认识，并仍然处于不断
加深认知的过程中。特别是对于低龄儿童而言，他们认知中的"城市"大多事
实上仅仅覆盖窗外的视野和居住地周边范围的空间，因而将宏观城市范围的研
究议题强加于儿童群体以体现其参与度并非明智之举。儿童主体研究的主要议
题随儿童年龄的增长而发生变化，一方面源于出行活动范围的扩大，另一方面
则出于决策参与度的变化，而此二者之间本身也存在内生相关性（图 3.4）。随
着年龄和独自出行距离的同步增长，儿童日常出行活动及其公民意识逐步向成
年人靠拢，所对应的研究议题也由特殊化趋向一般化，而由于这一成长过程呈
平滑过渡态势，因此并不存在由儿童向成年人的突变转折。相对而言，12 岁以
上至成人之前的青少年时期所对应的活动空间与公共服务设施已基本上升至城
市视野，面临多元群体视角下更加复杂的社会生态结构，儿童群体本身在这一
尺度下的活动和需求也逐渐与成年人趋同；而 12 岁以下的时期所对应的活动空
间与公共服务设施则尚具有鲜明的儿童群体特征，这一成长阶段对应的空间尺
度，即街道与居民区尺度，相比宏观城市尺度而言应当予以更高的研究关注度。

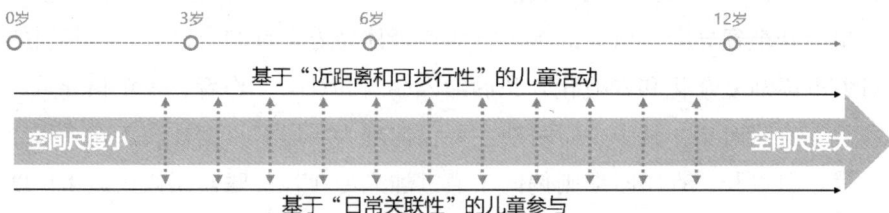

图 3.4　儿童活动和儿童参与的共同作用与空间尺度变化的关系

---

① 资料来源：联合国儿童基金会《儿童友好型城市规划手册》。

3.2.2 儿童友好视角下空间的多尺度协同

基于上述儿童成长阶段与空间尺度的对应关系，当前儿童友好理念关注议题与应用方法存在多尺度异同，相应地在理念落实上则具有多尺度协同特征。

1. 儿童友好理念关注议题与应用方法的多尺度异同

首先，就关注议题而言，对标联合国可持续发展目标（SDGs）要求，儿童友好型城市相关研究与实践的基本议题主要可归为空间、系统和网络，分别从健康卫生、安全、公民权、可持续、生活水准等方面予以考查和发展（表 3.3）。总体来看，儿童友好型城市相关研究与实践的关注议题广泛、多尺度差异明确，在街区与居民区尺度的创新性和多样性较强，相关规范标准和设计项目内容精细、以问题导向为主；在城市尺度的普适性和推广性较强，相关战略规划和管理机制结构清晰、以目标导向为主。在此基础上，部分案例特别关注儿童特殊人体尺度规律，主要体现在公共服务设施（ARUP，2017）和交通系统（王侠等，2018）议题中。在公共服务设施议题下，街区与居民区尺度指向以儿童为核心的设施单体与周边微观环境的精细化营造，如"城市 95 计划"（Bernard van Leer Foundation，2018）；城市尺度指向以儿童为核心的设施与服务宏观管理机制，如伦敦"健康早年"计划通过市域范围设施职能主题"精细化"和奖励体系构建"标准化"保障儿童服务设施统一管理（裴昱 等，2020）、美国卡布平台推出"可玩性"城市认证（卞一之 等，2019）、英国实行儿童游戏立法和政策规范化管理儿童游戏场地设计实施程序（董慰 等，2020）等。在交通系统议题下，欧美地区的"步行巴士"（格里森 等，2014）、"安全上学路计划"（焦健，2019）等均为在交叉口、人行道等实地通学路径微观尺度下的具体性工作，旨在保障儿童通学路径符合安全性和"独立活动性"要求。

表 3.3 儿童友好型城市研究与实践基本议题及其对应案例归纳

议题		街区与居民区尺度	城市尺度
空间	住房；公共服务设施；公共空间	在地性的居住区、公共服务设施详细技术规范和公共空间设计指南编制： ■ 纽约阿尔博住房项目； ■ 布鲁塞尔弗莱格广场	基于可用性、可达性的市域范围土地利用规划战略制定，以及相应管理机制的构建： ■ 多伦多市域垂直社区规划：专项性探索儿童社区居住体验优化模式； ■ 巴塞罗那超级街区项目：以降低道路等级方式增加绿地空间

	议题	街区与居民区尺度	城市尺度
系统	交通系统；基础设施系统；食物系统	节点性设施规范标准、项目设计与影响评估的实施： ■ 波哥大－麦德林 107 大道：以基础设施投资实现街道包容性和活力提升； ■ 布鲁塞尔卡尔特罕食品市场：以城市农场和移动厨房综合体模式提供社区服务	以儿童为中心的可持续综合性用地规范、发展战略和成本效益协调政策的制定： ■ 巴西圣保罗市域道路安全保护规划：基于立法和创新街道设计； ■ 墨西哥城雨水收集循环系统项目：兼顾城市韧性和儿童饮用水质量
网络	能源网络；信息网络	网络"节点性"的绿色建筑规范、智慧设施与社区建设： ■ 布宜诺斯艾利斯：通过邻里街景影响数据支撑儿童公共服务和民众决策	网络"结构性"的应对气候变化的能源规划、智慧城市框架建构： ■ 迪拜零排放校车计划； ■ 联合国儿童基金会为采集儿童诉求所开发的儿童通信工具"U-报告"

其次，就应用方法而言，不同空间尺度下的儿童友好型城市规划、设计和管理工具构成亦各有侧重。典型儿童友好理念应用方法主要包括通用化设计和参与式研究。面向儿童友好的通用化设计旨在提高儿童在多尺度空间中的参与度和归属感（Helen L et al., 2020），强调人本、公平与可持续，针对不同年龄阶段儿童的身心特征而发展创新。街区与居民区尺度的通用化设计更贴近于儿童日常生活，注重通过"共情"提出针对性的设计解决方案（袁姝，2017），如满足"独立活动性"的微空间营造（孟雪 等，2019）等；城市尺度的通用化设计则更关注于以纲领性设计理念体现整体环境的包容和可持续（Bates C et al., 2017），从注重微观儿童"个人"本身转向宏观儿童"人文"关怀（Ceschin et al., 2016；袁姝 等，2020）。参与式研究则指向儿童作为主体参与城市空间研究与决策，儿童在参与决策中发挥的作用取决于其年龄和发展水平，参与决策过程的体验将决定其公民信任感的形成，适当的参与角色、协同对象和方式也将提高儿童参与的有效性。鉴于儿童成长过程与空间的对应关系，伴随空间尺度的升格，参与协同的主体逐渐增多、儿童主观能动性的体现逐渐增强。

2. 儿童友好理念落实的多尺度协同路径

根据国际范围儿童友好型城市典型案例梳理，儿童友好理念落实的多尺度协同路径包括三种模式。

1）自上而下：以宏观驱动微观

第一种模式为自上而下，即由宏观城市乃至区域尺度下达至微观街区与居住区尺度。遵循这一协同路径的儿童友好型城市建设指向性明确，有助于针对性解决城市面临的困境。

例如，面临快速城市化所致儿童发展挑战的越南胡志明市，其儿童友好理念的多尺度协同路径即体现为政策标准、指标体系、活动组织的向下传导。胡志明市以联合国儿童基金会所提出的儿童友好型城市建设标准为出发点，首先发布了宏观性《儿童行动纲领（2013—2020 年）》《促进儿童参与（2016—2020 年）》等政策文件作为统一指南，并由此明确下达了在不同空间尺度下的细化指标体系和参与式活动组织要求，确保多尺度间的工作内容保持高度匹配（张会平，2021）。

再如，面临"少子化"问题的日本流山市，其儿童友好理念的多尺度协同路径即体现为管理政策、设计标准、服务模式的向下传导。流山市针对"少子化"背景，首先专项制定了《流山市利于育儿的城市规划条例》等系列育儿政策文件作为儿童友好型城市建设的总体纲领，并先后就总体规划、居住区规划分别制定了多空间尺度下的规划制度，对于各项儿童服务设施设计标准予以统一规范，确保多尺度间"育儿友好"主题和方针的承接与有效实施（沈瑶 等，2020）。以流山市首创的"保育园接送站"服务为例，流山市政府首先在市域层面划定了幼儿接送站点和路线体系，进而引导基层保育园和家庭接入体系中享受幼儿接送服务，如此宏观驱动微观，便同时保障了幼儿通学、父母通勤和保育园生源。

2）自下而上：以微观组构宏观

第二种模式为自下而上，即由微观街区与居住区尺度上传至宏观城市乃至区域尺度。遵循这一协同路径的儿童友好型城市建设落地性充分，能够最直观响应儿童特殊人体尺度规律、最大化体现城市本身的能动性。

例如，荷兰鹿特丹即在欧洲儿童友好型城市建设的宏观背景下，创新性地提出重视地方政府和个体居住区的作用、从微观街区和居住区尺度开展工作，以"鹿特丹儿童友好结构模块"这一微观解构工具细分性地衡量和评估儿童友好程度（Youth，Education & Society Department of the City of Rotterdam，2010）。在住房模块，围绕儿童的特殊人体尺度规律提出公寓住宅的详细设计条件，包括建筑面积不小于 85m², 四层以上公寓楼内设公共活动区、私人室外活动区面积至少可容纳一张桌子等；在公共空间模块，针对儿童年龄适宜性活动特征提出种植季节性变化且可供攀爬的植物、避免种植多刺灌木，人行道设为 3~5m 宽并有阳光照射、便于儿童玩耍等。同理，结构模块的四个组成部分及其下设的部分儿童友好条件，皆呈小尺度、精细化特点（表 3.4）。如此，各类结构模块在微观街区和居住区尺度的落地实施结果将共同组构达成鹿特丹宏观市域尺度儿童友好目标，即微观实施组构为宏观成果、宏观成果亦通过微观实施评估，从而实现整体儿童友好理念的纵贯。

表 3.4　鹿特丹儿童友好结构模块

模块序号	模块一	模块二	模块三	模块四
模块类别	住房	公共空间	设施	安全交通路径
儿童友好条件举例	以公寓为例： ■ 四层以上公寓楼内设公共活动区； ■ 适合不同年龄段的户外活动交往区； ……	以绿地为例： ■ 种植季节性变化树木； ■ 种植可供攀爬的树木而非多刺灌木； ……	以学校为例： ■ 安全的校园布局； ■ 铺装面积：绿化面积=2∶1； ……	■ 设有减速措施和禁止通行区域； ■ 每条街道设置宽度至少 3 米的人行道； ……

3）双向传导：宏观与微观并行

第三种模式为双向传导，即由微观和宏观尺度分别上传下达。遵循这一协同路径的儿童友好型城市建设实践效率较高，儿童友好理念具体落实的覆盖性也较为全面。

蒂姆·吉尔（Tim Gill）等学者基于对大量儿童友好型城市案例的考察，总结提出的"中心辐射"解释模型（图 3.5），即与这一双向传导路径相符。其核心为自宏观至微观的政策和法律框架支持，而与此同时包括儿童参与、空间和出行投资等在内的微观尺度五项要素工作结果亦向上传导反馈政策（Gill，

2019）。举例说明，英国伦敦在宏观城市尺度制定和推行"大伦敦儿童和青年战略"的同时，由行动委员会组织形式丰富的社区尺度儿童参与活动，并由此再反馈至宏观城市尺度实现政策框架的更新，宏观战略和微观活动保持联动关系（National Institute of Urban Affairs, 2017）；美国波特兰珍珠区在宏观尺度公共政策和微观尺度行动计划双管齐下（韩雪原 等, 2016），《珍珠区发展规划》《珍珠区北部片区规划》从宏观尺度表达对儿童权益的关注、对下级尺度提出了"完整社区"等规划概念要求，同时社区尺度住房、基础设施、开放空间等各类行动计划的实施也为上级尺度相关政策文件的持续制定提供实践基础，如围绕儿童亲自然兴趣、游戏体验和安全要求建设的系列社区邻里公园、口袋公园和开放绿地即从微观尺度响应宏观儿童友好理念要求，并作为重要组成部分融入到宏观尺度城市开放空间系统中，正与"中心辐射"解释模型相契合。

图 3.5　儿童友好型城市"中心辐射"解释模型图示

3.2.3　城市社区尺度与儿童主体研究的适配性

基于儿童成长阶段与空间尺度的对应关系分析，受儿童活动和儿童参与两个角度影响而形成的"尺度－年龄"相关性有助于在研究中把握关键聚焦尺度。其中，12 岁以下年龄群体对应的主要活动空间尺度主要为街区和居民区，同时这也是幼年时期和少年时期儿童参与决策的核心尺度，相比其他尺度而言更具儿童代表性。从面上判断，本书所关注的城市社区尺度所指向的空间范围基本与街区和居民区相吻合，并且能够保证其范围内儿童活动的"近距离和可步行性"以及儿童参与的"日常关联性"在各年龄段的儿童群体中均可达到最高值：对于12岁以下的儿童群体而言，其活动和认知的空间范围本身便主要对应居住区、街道、庭院等微观层面的尺度，均包含于社区范围内；而即使对于12岁以上的青少年群体而言，尽管其所认知的空间范围已拓展至城市尺度，但显然社区在他们的整体活动中仍然占据着绝对比例。

1. 研究时序的角度

与儿童友好理念关注议题与应用方法的多尺度异同相契合，根据《手册》建议，以儿童为主体开展的研究工作应当从技术上实现模块化，空间尺度由小至大、稳步推进，其中的首要步骤即为关注建筑与社区尺度下的规划、设计与管理。

如表3.5所示，城市尺度以及多层次综合性尺度方面的工作具有政策性偏向，如制度框架、韧性规划、财政策略等工具作为儿童群体健康成长的背景性支撑和服务系统着实不可或缺，但其纲领性特征导致其具体性不足的问题，而脱离微观层面针对性的规划研究和实施将仅仅是"空中楼阁"。相比之下，较小的尺度本身能够更有效地评估城市空间对于儿童是否具有安全、健康的保障作用和归属感，能够以具体性、落地性项目的形式开展，从理论到实践全程均可直接获得儿童与社区的监督和支持，换言之，也符合"复杂问题有限求解"的方法论，因此相应地其规划成效也更为直观可感。

表3.5　不同空间尺度下的儿童友好型城市规划、设计和管理工具 [①]

步骤	步骤一		步骤二	步骤三	
	建筑与基础设施法规	城市设计与场地规划	土地利用规划	城市发展规划	城市规划政策
尺度	建筑尺度	社区尺度	城市尺度	城市尺度	多层次尺度

---

① 资料来源：联合国儿童基金会《儿童友好型城市规划手册》。

	步骤一		步骤二		步骤三
规划工具	儿童友好的规范和标准（安全、便利、健康）	儿童友好的社区行动发展计划	儿童友好的土地利用标准（可用性、便利性、邻近性）	综合性城市发展战略	立法和制度框架
设计工具	儿童友好的设计指引（功能、舒适、创造机会）	儿童和社区城市设计研讨（多功能性、战略性、通用设计原则）	儿童友好的土地利用规划（分区规划、路线规划、保护规划）	城市韧性规划（自然、气候、其他风险）	土地使用和财产登记（建筑权、土地价值和税收）
管理工具	儿童友好的影响评估	基础设施项目和社区行动倡议（共同设计、共同行动、维护）	儿童友好的建设许可法规（普适性和专项性城市规章）	执行策略（财政、跨部门协作）	城市数据观察站（开放数据、GIS）
偏向	项目 ↔ 政策				

在建筑尺度和社区尺度下，基于通用设计原则的规划、设计和管理工具紧密围绕儿童友好理念生成，相对于较大尺度而言可以更加纯粹地聚焦于空间要素的探讨：建筑尺度儿童友好的规范、标准、设计导则以及影响评估是精准保障儿童安全、便利和健康的工具，着眼于高精度、定量化的儿童实际需要，以确保儿童利益最大化和负面影响最小化；社区尺度儿童导向的发展计划、设计研讨和行动倡议关注范畴有所扩大，在保障基本的儿童福祉外更注重发挥儿童的导向性作用，强调儿童在社区空间规划设计中的参与权和优先权；而城市社区生活圈范围与前文所列举之街区和居民区相吻合，研究内容也正是建筑尺度与社区尺度的集合。从实践过程来讲，城市社区尺度相对于较大的城市空间尺度而言，不仅涉及公共机构和专家的参与，也是私营机构和民间团体等社群力量的用武之地。同时，根据联合国儿童基金会（2019）对于营造儿童友好型城市的方法论的系统总结，也同样指向了社区尺度先行的工作思路，即通过在专业性的私营机构和民间团体与儿童之间建立联盟的方式，将儿童参与置于规划利益相关方之首，由社区入手而后期推演至城市、由临时性到结构性，并基于数据支持研究的方式开展空间状况分析、监测和评估、建立问责机制。足以见得，在研究时序的角度，城市社区作为儿童友好型城市空间研究的关键尺度已得到广泛认证。

2. 研究精准性的角度

具体分析城市社区尺度与儿童主体研究的适配性，对比社区生活圈模型
（图1.4）与儿童成长空间尺度 [①] 中主要涉及的建成环境场所与设施，如图3.6
所示。

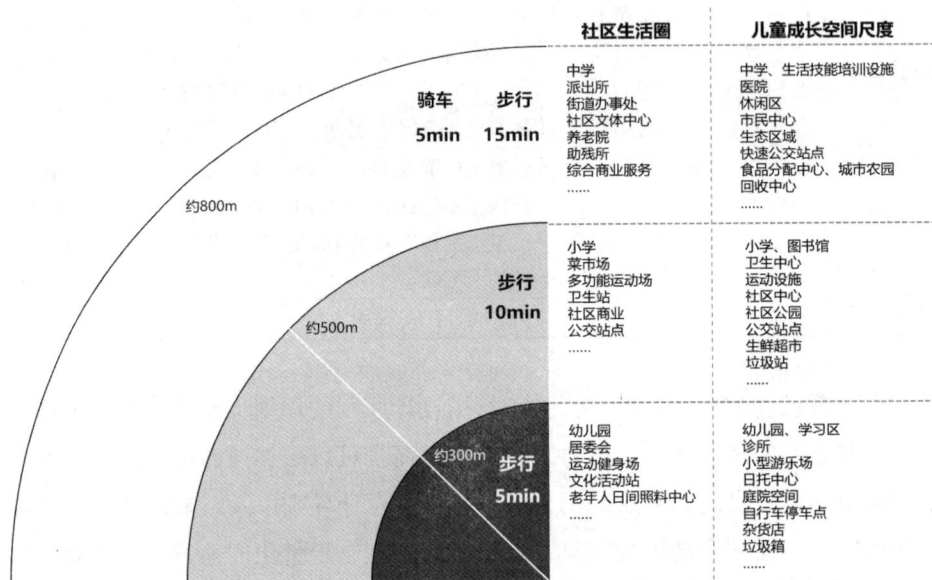

图3.6 社区生活圈模型与儿童成长空间尺度的对应关系

值得关注的是，这一儿童成长空间尺度的估算是建立在儿童独自出行范围
大致等同于5min "等时圈"的假设之上的，即随着儿童成长和出行方式的升级，
5min所对应的出行半径也逐渐由约300m上升至约800m，大龄儿童骑行速度下
的 "5min" 则与通常意义下人群步行速度的 "15min" 相吻合。因此，这一圈层
尺度的划分方式也与社区生活圈模型依据300m、500m和800m出行半径划分的
总体圈层尺度相契合，相应地，在不同圈层下主要涉及的建成环境场所与设施
也具有高度重合性。而这种基于儿童5min "等时圈" 形成的尺度范围也被写入
《儿童友好社区建设规范》（中国社区发展协会，2020）中，作为儿童友好视角

---

① 此处儿童成长空间尺度整体上参考《手册》形成，由于其中对儿童步行、骑行速度的估计值偏
　高且对应的出行距离基本为西方国家城市语境下的尺度，故在概念横向比较中进行了适当的本
　土化类比处理。

下对 15min 社区生活圈的补充，同样指明了着眼城市社区尺度开展儿童主体研究的科学性、可行性和必要性。

　　然而在这一尺度下开展探索前，尚有一项关乎研究成立与否的根本性问题值得缜密审视。牛津大学项飙教授一针见血地提出了"附近的消失"这一概念[①]，认为当今社会技术日新月异的高速发展加之资本力量的驱使，将会导致交易时间的摩擦大幅缩短、人们对于邻里周边环境的概念和感知逐渐消退，因此肉体意义上的"附近"将消失蜕变为数据化的"附近"。通俗来讲，传统的街坊商贩已逐渐被花样繁多的网络电商取代，隔着屏幕的几次敲击即可实现食物和货物外卖上门，感兴趣的信息和外出的目的地往往处于几十千米以外甚至地球的另一面……这些现象都是"附近的消失"最生动可感的体现。这里的"附近"意为"neighboring"，如字面意义所示即与邻里关系、社区等相绑定，换言之，社区生活圈的建构基础正是"附近"，在"附近的消失"这一发展态势甚至现状之下，实体环境中的"生活圈"还是否能够继续成立？问题提出以后，一时间引起一片哗然，包括项飙本人在内也认为重构"附近"的难度系数颇高。诚然，在这一问题的背后不仅仅是大城市病、社区规划缺失等城市空间格局方面的沉疴，更多的是在技术革新的时代背景下社会整体难以避免的解构，因此显然非借城乡规划学科一家之言即可破解。在 2019 年新冠肺炎疫情冲击之下，"居家隔离"成为世界范围内全民参与、阻断病毒传播的必要手段，这一突发性大型公共卫生事件深入影响了每一位世界公民的生活，特别是使得人们认识到"附近"对于维护公共健康所具有的重要潜在意义。疫情之下较长时间内，人们的生活圈被动限制在社区范围中，在一定程度上推动了疫情期间以及后疫情时期"附近的回归"，其中特别是中青年群体的社区生活参与度有所抬升，相比于一般状态下随居民年龄增长而呈现的社区生活参与度"微笑曲线"（李萌，2017）在可预见的较高概率下发生拉高变形、趋于平衡（图 3.7）。然而受限于疫情防控常态化之下保持社交距离的要求，全年龄段人群社区生活参与方式的"隔绝感"整体增强、对应参与度难免轻度下滑，因此在双重作用力下"附近的回归"程度显然较弱，并且依然存在着极强的不稳定性。

---

① 　参考资料：许知远对话项飙，《十三邀》，2019 年 11 月 27 日。

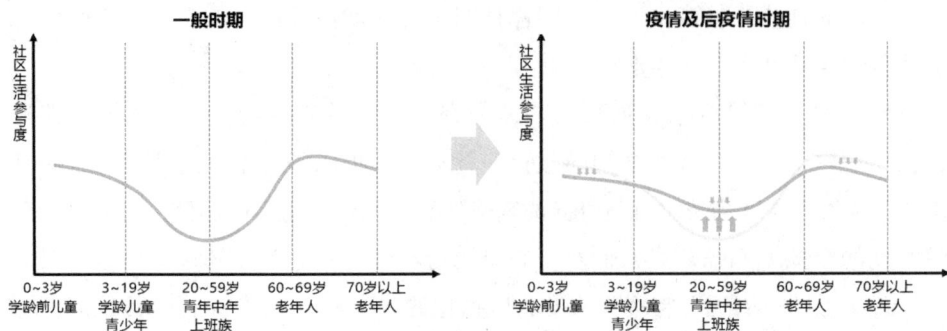

图 3.7　疫情及后疫情时期社区生活参与度"微笑曲线"的变形

对于儿童群体而言，上述关于"附近"的假说和论断事实上存在着截然不同的表征结果。正如"微笑曲线"所示，在一般时期状态下，儿童和老年人是社区生活参与度较高的群体，也是社区空间与设施的主要使用者。以上海市"15分钟社区生活圈"调研统计为例，儿童群体主要使用的社区空间与设施基本稳固于社区体育设施、社区文化设施、公园、小区绿地、学校与早教机构等范围内，其中 0~3 岁学龄前儿童使用频率较高的空间与设施为公园和小区绿地，3 岁以上学龄儿童①使用频率较高的空间与设施则为学校与早教机构（李萌，2017），这一结果也与前文所述成长规律主导下的儿童活动和儿童参与特征吻合。相比于其他年龄段而言，儿童群体的社区生活参与方式较为固定和纯粹，并且由于尚未如中青年群体一般频繁接触智能设备、网络消费活动等，其生活圈仍然大比例等同于实体环境下的感知范围，因而儿童群体的"附近"依旧存在，这也是整体性非可控"附近的消失"局面下难得的"留存"。而在疫情及后疫情时期状态下，一方面，包括儿童在内的人群出行与日常活动范围受限，部分公园与文化、体育设施未正常开放，在一定程度上对整体人群的社区生活参与度造成了可见的负面冲击；另一方面，疫情期间学龄儿童长时间内未能返校复课，其在社区生活圈范围内使用频率较高的空间与设施也由学校向小区内部发生了偏移，尽管长远来看学校必然仍将长期作为学龄儿童主要的活动空间存在，但在疫情期间的惯性积累下可以预见后疫情时期居住区空间在学龄儿童的日常活动

---

① 此处"学龄儿童"包括 3~5 岁学段的幼儿园儿童，为直接引用原文中为区别儿童是否有使用教育机构而采用的统计和表述方式，与本书定义（6 岁为界）不同，特此说明。

中将居于较高位置。整合而言，疫情影响下儿童群体的社区生活圈范围向居住区收缩，因保持社交距离的需要调整活动参与形式，社区生活参与度整体有所下降，但仍持续作为社区空间与设施使用者的主体。因此可以判断，普遍意义上"附近"的"消失与回归"过程尚未波及儿童群体，对儿童群体而言以"附近"为基础建构的社区生活圈仍然成立，因而也明确和夯实了在城市社区尺度下精准开展儿童主体研究的根基。

综合上述论证，城市社区尺度是儿童主体研究的适配尺度。

其一，从研究时序角度来看，以《手册》为代表的大量研究结论已表明以社区作为营造儿童友好型城市实践的"首发阵地"兼具科学性和可行性，不但与儿童日常生活范围高度重合，即符合儿童活动的"近距离和可步行性"和儿童参与的"日常关联性"特征，而且便于融入社群力量、开展更加聚焦性和定量化的工作，由这一尺度切入相比较大尺度而言其规划成效也将较为直观可感。

其二，从研究精准性角度来看，社区生活圈模型与儿童成长规律对应空间尺度各圈层下涉及的建成环境空间与设施高度重合、密切相关，充分表明儿童主体研究内容与社区生活圈营造在理念上的一致性；并且从根本上看，儿童群体甚至突破了技术革新与资本力量影响下在普适人群中广泛存在的"附近的消失"问题，无论在一般时期、疫情期间还是后疫情时期均将持续作为社区生活参与度的主要贡献者。本书中的"儿童"概念以"3~12 岁"作为年龄范围边界，并以 6 岁为界区分适学年龄，符合上述与城市社区尺度适配性的评述。

3.3 儿童活动空间的类型归纳

在明晰儿童活动空间的尺度特征基础上，需要进一步对儿童活动空间的类型进行归纳。进入 21 世纪以来，"空间性"已逐渐成为社会学领域开展儿童研究的崭新视角（Holloway et al.，2000），儿童的活动被认为始终与具体空间所关联（Jenks，2005），换言之是始终伴随着规训的空间禁忌而存在。因而本部分将首先从儿童的空间禁忌切入，从面上归纳其活动空间类型，进而聚焦城市社区这一关键尺度，探究其中儿童活动空间的具体内涵和结构特征。

3.3.1 基于空间禁忌的儿童活动空间类型梳理

空间禁忌的本质便是以空间为主体对其中的若干个体所产生的干预和监视等规训，是一种区隔分配空间的手段，用以营造社会组织纪律所需要的封闭围场（福柯，1999）。同样对于儿童群体而言，在漫长的"儿童的发现"过程中更是伴随着复杂的空间纪律性意义和分配问题。

基于这一理论演绎，当代儿童活动空间本质上可解释为归因于现代性驱动的空间禁忌变革所形成的特征斑块，并且这一解释在中西方语境下均可成立。在汉语语境下，简要基于"机械团结"的传统礼俗社会和"有机团结"的现代法理社会而可划分出现代性驱动的前后两个社会阶段（费孝通，2006），对于其中的儿童活动空间而言，在由传统社会向现代社会迈进的过程中所产生的现代性诉求也对应形成了场所禁忌和活动禁忌之特征的变与不变。在这种空间禁忌内涵变迁的背景下，不同社会时期所对应的儿童活动空间类型也历经转变，对当代儿童活动空间类型的把握一方面应当着眼于现代社会中的儿童空间禁忌，另一方面也应当追溯和对比传统社会中的儿童空间禁忌（王友缘，2011），如此方可综合性明确儿童活动空间的概念（表3.6）。

表 3.6　中国传统社会与现代社会中的儿童空间禁忌

社会阶段		传统社会	现代社会
空间禁忌构成	基于目的划分的空间禁忌	▪ 庇佑平安目的：水火禁忌、屋内禁忌（不打伞、不站门槛、不先上桌等）、屋外禁忌（不对日月方便）、灶间禁忌（不嬉戏）、神异活动禁忌（不参加）等； ▪ 期许学业发展目的：习字、入学行路等活动中的禁忌； ▪ 道德行为塑造目的：去动趋静、衣食住行礼仪等	▪ 安全目的：水火电、攀高、利器、机动车等安全隐患因素引申的厨房禁忌、家具禁忌、楼梯禁忌、马路禁忌等； ▪ 道德行为塑造以及秩序维系目的：不随意涂画、不翻动父母房间、在规定时间做规定活动、服从学校规定等
	基于空间类型划分的空间禁忌	▪ 私密空间：屋内禁忌、灶间禁忌、衣食住礼仪等； ▪ 公共空间：基本开放，神异性空间、政治性空间对儿童封闭；生产性空间对普通农户家庭儿童开放，对富庶家庭儿童封闭；教育性空间则相反	▪ 私密空间：家庭秩序禁忌等； ▪ 公共空间：有条件性开放，通学路径、户外活动空间中的独立活动禁忌；生产性空间普遍对儿童封闭；教育性空间普遍开放，设有座位表、时间表、活动区域等多项禁忌

续表

社会阶段		传统社会	现代社会
特征总结	场所禁忌	较少，在同质性高的熟人社会中除少数仕宦人家外，一般儿童活动较为自由，遍布街巷、院落、田地等	增多，在区隔性高的城市社会中普遍缺少互动，除具有保护性的专门性儿童活动场所外基本所有空间均满布禁忌
	活动禁忌	较为庞杂，主要表现为严格遵守宗族信仰和长幼尊卑秩序的衣食住行、待人接物等方面大量纯粹的身体禁忌	转为制度化，传统礼教身体禁忌基本不具效力，转为由家庭秩序和教育性空间秩序拟定的制度化活动禁忌
	变化特征	<ul><li>传统社会儿童空间禁忌表现出鲜明的阶级性差异和性别差异，现代社会性别差异基本消除、阶层差异残存（经济水平对应的活动空间种类和质量差异）；</li><li>传统社会儿童空间禁忌具有一定的宗族信仰色彩，现代社会中多被制度化禁忌取代，监护人和教育性空间的规训得到强化；</li><li>传统社会儿童空间禁忌很少与时间相关，现代社会中禁忌则往往呈制度化、规律性的时空联动</li></ul>		
	固定特征	<ul><li>基于安全、平安目的形成空间禁忌；</li><li>基于道德行为塑造和秩序维系形成空间禁忌</li></ul>		

现代性对儿童空间禁忌的驱动过程本质上与"儿童的发现"过程不谋而合，儿童群体成为社会意识的核心后显然被赋予了更加全面和理性的关注，因此现代意义上儿童观的形成便同步伴随着其附属的现代性空间禁忌的组构。中国传统社会属于同质性较高的熟人社会，其中具体的场所禁忌较少而有宗族信仰色彩的身体活动禁忌较多，尽管呈现出鲜明的阶级性和性别差异，但整体上儿童活动的时空范围仍保持较高的自由度，主要受社会秩序的规训。进入到现代社会后，在区隔性和异质性加强的背景下人群之间的互动交流普遍下降，对儿童群体而言的空间禁忌成因与涉及范畴更加广泛，尽管传统社会中宗族信仰礼教色彩和分层差异的影响不再居于主流，但在禁忌的制度化下儿童活动的时空范围自由度却近乎整体性消失，主要密切受到来自监护人和教育性空间的规训。与此同时，现代社会仍保持着部分传统社会的基于目的划分的儿童空间禁忌，主要基于安全、道德行为塑造和秩序维系而形成，尽管表现形式有所转变，但本质上始终占据着社会意识中对儿童群体所寄予的关怀中的前列地位。由此看来，当代儿童空间禁忌内容和形式更为复杂，从较为纯粹的身体禁忌和对广

义社会秩序的服从逐渐下放、细分、聚焦到以每个家庭和监护人的意志为转移；并且，现代社会空间禁忌的实践方式更具科学性，实现儿童平安健康成长这一基本目的不再通过传统礼节信仰而达成，而更多地体现为监护人和教育性空间所引导的健康教育和体力活动。因此，在空间禁忌的内容复杂性、秩序聚焦性和实践方式科学性的多重助推下，当代儿童活动空间呈"场所分离"，趋于稳定在特定类型之中。

事实上，无论中西语境，均存在儿童空间禁忌及其特定的儿童活动空间类型。20 世纪 30 年代，在现代意义儿童观初步形成的背景下，为使儿童得到充足的日晒和新鲜空气以保障体质健康，伦敦高层公寓普遍设有悬挂式"婴儿笼"，并以其作为儿童在白天的主要活动空间（图 3.8），尽管这一尝试着实笨拙和极端，但也体现了基于儿童平安健康成长目的的空间禁忌。同一时代起，西方学者开始关注儿童与城市环境的互动，本质上出于潜在的儿童空间禁忌考虑，而首先把视野聚焦于具有高度可研性的儿童游戏场地及游戏心理问题；20 世纪 50 年代，以凯文·林奇（Kevin Lynch）为首的学者开始试图通过对童年期城市记忆的研究进一步扩大空间范围，揭示儿童与环境的关系；然而 20 世纪 60 年代中期以后，以英国学者为代表开展的研究再度将视野聚焦于儿童游戏场地，基于大量经验方法细化和深入地剖析儿童游戏场地问题，并长期将儿童活动等同于儿童游戏、将儿童活动空间等同于儿童游戏场地，以城市空间和用地等对开展儿童游戏的影响情况作为主要的研究议题（格里森 等，2014）。20 世纪 70 年代起，以日本学者木下勇、大村虔一等为首的东方学者同样验证了空间禁忌内涵的变迁，亦开始关注儿童日常游戏场地以及冒险游戏场地，并且追溯和比较了祖辈世代、父辈世代、子世代的儿童游戏场地及其中的游戏组织方式，为当代儿童游戏场地的营造提供了策略性建议（木下勇，1999）。至此，学者们对于儿童空间禁忌以及儿童活动空间所具特定类型的认知已基本形成共识，甚至有"矫枉过正"之嫌，过分强调了游戏场地在其中的绝对地位和核心代表性。

儿童游戏空间固然属于在儿童空间禁忌之下形成的主要活动空间类型，但不可否认以游戏代表儿童活动全貌的片面性。在当代社会背景下，对于空间禁忌的考虑将持续作为梳理儿童活动空间类型的出发点，但不应"因噎废食"、过分局限研究视野。依据前文所梳理的儿童空间禁忌内容构成，如图 3.9 所示从私密空间、半公共空间、公共空间三个类别分类讨论：私密空间主要涉及家庭秩

图 3.8　伦敦"婴儿笼"①

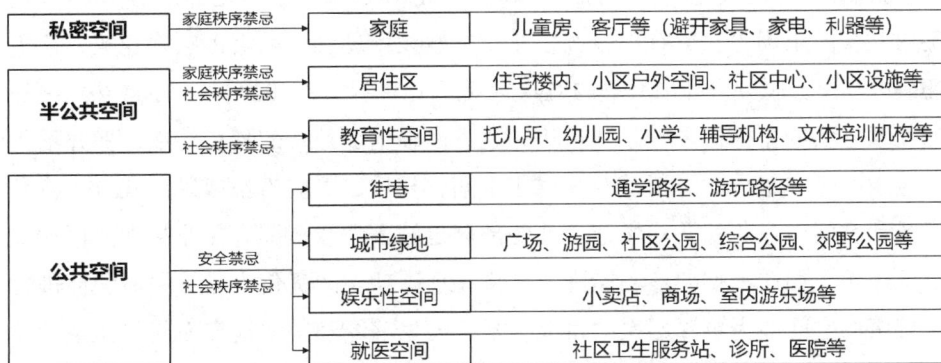

图 3.9　当代社会儿童空间禁忌下的城市儿童活动空间类型

序禁忌，即指向了家庭这一儿童活动空间类型，其中具体包括儿童房、客厅等房间，并且特别对低龄儿童群体而言在一般家庭秩序禁忌外还涉及基于安全目的的若干禁忌，因而也受到较密切的监护人陪伴看护；半公共空间已开始进入社会秩序禁忌范畴，一方面结合家庭秩序禁忌指向居住区这一儿童活动空间类型，根据居住区的形制和结构又具体包括住宅楼内部、户外空间、社区服务设施等空间，另一方面则针对性指向教育性空间这一儿童活动空间类型，包括托儿所、幼儿园、小学以及各类校外培训机构等，这些也是儿童率先直接接触的社会秩

---

① 图片来源：rarehistoricalphotos 网站

序制度化规训场所；公共空间涉及复杂多元的空间禁忌，以社会秩序禁忌和安全禁忌为代表，它也是使得儿童活动空间收缩至特定类型的决定性因素，主要指向街巷、城市绿地、娱乐性空间和就医空间四项儿童活动空间类型，其中街巷空间包括通学路径、游玩路径等，城市绿地包括广场、游园、社区公园、综合公园、郊野公园等[①]，娱乐性空间包括沿街小卖店、商场与餐厅、室内游乐场等，就医空间包括社区卫生服务站、诊所、医院等。儿童在以上私密空间、半公共空间和公共空间所指向的七类空间中的活动频率或因个体差异、禁忌差异、功能属性差异而有所差别，但这些空间均属于儿童活动空间的基本范畴。

根据以上梳理，儿童游戏场地显然仅仅是儿童活动空间中的冰山一角，且为从属于各类儿童活动空间整体中的一部分：譬如，部分居住区内设置的专门性儿童游戏区、教育性空间内的操场和活动室、城市绿地中的儿童游乐设施区域、室内儿童游乐场等，更有部分融合儿童友好设计理念的前沿性医院建筑、住宅建筑以及配套服务设施内开辟的儿童游戏区（裴昱 等，2020）。在游戏场地之外的儿童生活或显稀松平常，并且相比之下面临更加复杂的禁忌约束，但并不代表应当回避和忽视此类活动及其对应空间，相反，更应当拓展研究视野，将儿童活动空间中在儿童游戏场地之外的部分也纳入考量范围。在此基础上再加以目标优化，如在本书的核心期许下，将儿童活动空间优化为能够保障和促进儿童健康的空间即为更深层次的目标，基于理论演绎和实地探究而使得儿童活动空间向这一目标靠拢，如此便可实现儿童活动空间概念的三段进化（图3.10）。

图 3.10　儿童活动空间概念的三段进化

本书也正是立足于这一基本理念来具体刻画儿童活动空间、把握其特征，以服务核心问题。以下将详细聚焦本书关注的城市社区这一关键尺度，探究儿童活动空间在其中的具体表征结果。

---

① 此处对城市绿地的分类方法参考住房和城乡建设部 2017 年发布的《城市绿地分类标准》（CJJ/T 85—2017）。

3.3.2　城市社区尺度儿童活动空间类型构成

如开篇所界定，本书以"社区"为关注尺度，将其界定为"社区生活圈"范围，特别指向以居住区为核心的狭义生活圈。在我国已有的狭义社区生活圈研究中，多以类型学方法开展分析，既包括从整体上基于居住区区位、属性等对社区生活圈类型和模式的总结（许晓霞 等，2010；柴彦威 等，2015），也包括对社区生活圈内部结构及其识别划定方式的探讨（柴彦威 等，2019a；柴彦威 等，2019b）。就社区生活圈的整体模式而言，根据日常生活活动性质的差异，社区生活圈包含服务日常生活的基础生活圈、服务通勤出行活动的通勤生活圈、服务偶发活动的扩展生活圈和服务跨区域活动的协同生活圈，根据居住区区位的差异，再将上述四类生活圈加以变体和叠合，在中心城区、近郊区和远郊区形成各异的生活圈整体组织结构。就社区生活圈的内部结构而言，根据居民出行点位的核密度分析探讨社区空间的集中度和共享度归属，社区生活圈内部被划定为自足性空间、受制约性空间和共享性空间，其中共享性空间又分为若干密度等级层次。此外，当前我国诸多城市所编制的社区生活圈规划设计导则中也构想了社区生活圈的理想模式，但上述成果所共有的特点即在于研究的概要性，尚存在若干细节性问题有待补充讨论，其中，对人群年龄结构考量的缺失便是一项典型问题。

1. 社区生活圈中的"儿童群体子圈"

前文已论述在不同年龄群体中，儿童群体和老年人群体是社区生活参与度的主要贡献者，也是未受"附近的消失"现象波及的代表性群体，在社区生活圈的构成中必将呈现与其他年龄群体不同的特点。随着社会各界对社区生活圈关注度的加强，部分研究开始关注到这一问题，但基本限于对居住区中老年群体的考量，如探究老年群体视野下的社区生活圈结构特点及其与一般成年人群体视野下社区生活圈的差异（黄建中 等，2019）、居住区与老年群体生活圈的适配性等（张昕楠 等，2017）。然而相比之下，儿童群体在社区生活圈中对应的活动行为和活动空间特征则尚未被予以特别重视，在已有研究和导则中仅《上海市 15 分钟社区生活圈规划导则》对此有所涉及，初步提出了下属于社区公共服务设施圈层的"儿童日常设施圈"，与"老人日常设施圈"和"上班族周末设施圈"并置（图 3.11）。根据导则建议，"儿童日常设施圈"以各类学校（幼儿园、小学、中学）为核心展开，与儿童游乐场、校外培训机构等设施有高关联度，且与"老人日常设施圈"存在设施交叠。这一建议初步关注了儿童群体在社区生活圈中的生活需求，但是对于实际对应的儿童活动空间类型的探讨尚不全面，仅仅涉及部分公共服务设施的布局问题，并且过于遵从设施现状使用频率的高低而强调教育性空间在整体设施中的比重，有失对整体城市社区尺度儿童活动空间构成的代表性。

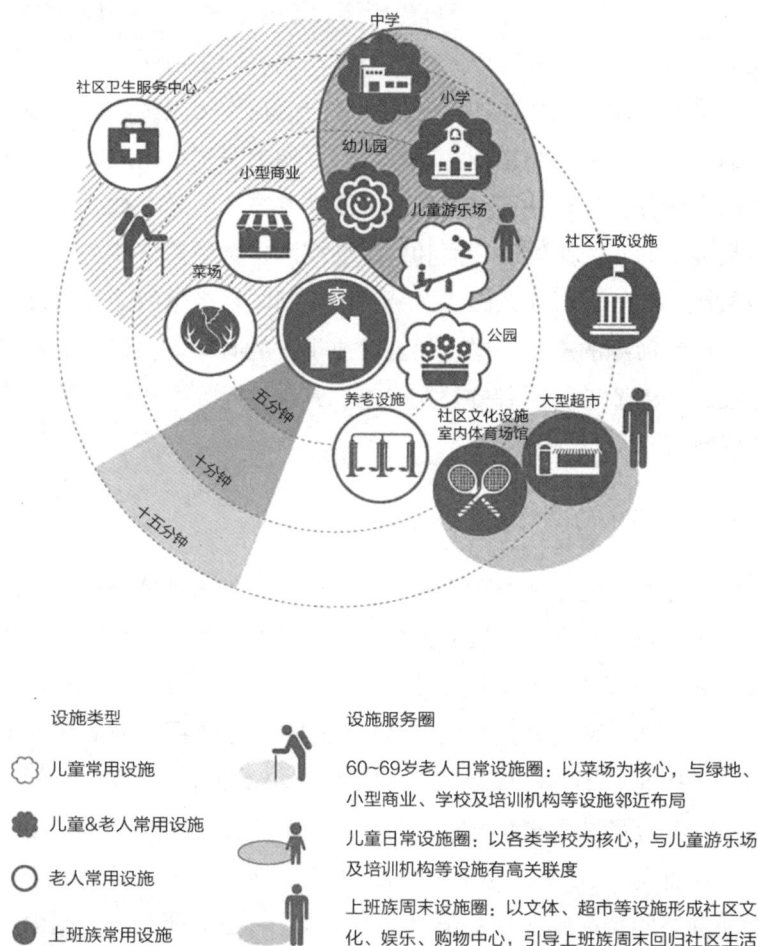

图 3.11 上海市 15min 社区生活圈规划中的公共服务设施圈层布局建议（李萌，2017）

因此，基于前文理论归纳得出的儿童群体本身及其活动空间的特征，本书在此提出社区生活圈中的"儿童群体子圈"研究概念，意在聚焦刻画儿童活动空间在整体城市社区尺度下的表征情况。与"儿童日常设施圈"相比，这一概念同样主要关注儿童日常生活状态，但涉及的范畴有所拓展，不再仅限于公共服务设施维度的探讨，同时也并不单一侧重于强调教育性空间的核心地位，而是为处于不同年龄阶段、不同生活环境等背景下的儿童综合考虑而提出的较为全面、多样化的活动空间类型体系。

"儿童群体子圈"本质上是儿童群体在城市社区尺度下所对应的各类空间禁忌综合叠加的结果，换言之也正是前文基于空间禁忌所归纳的儿童活动空间类型与城市社区尺度的交集。具体来看，结合 3.3.1 节中归纳的 7 类儿童活动空间类型以及 3.2.3 节中对城市社区尺度与儿童主体研究的适配性探讨，儿童活动空间类型在儿童 5min "等时圈"内依次表现为 3 个圈层，分别指向若干具体场所，如此即为"儿童群体子圈"的基本内容构成（表 3.7）。

表 3.7 "儿童群体子圈"的基本内容构成

等时圈	5min 步行 ◀————————————————————▶ 5min 骑车		
距离圈	300m	500m	800m
儿童活动空间类型举例	家庭； 居住区：住宅楼内、庭院空间、社区中心、小区设施； 教育性空间：幼儿园、学习区、日托中心； 街巷：通学路径、游玩路径、自行车停车点； 城市绿地：游园； 娱乐性空间：小卖店； 就医空间：诊所	居住区（大型）：社区中心、小区设施； 教育性空间：小学、社区图书馆； 街巷：通学路径、游玩路径、公交站点； 城市绿地：社区公园、广场； 娱乐性空间：小卖店、生鲜超市； 就医空间：社区卫生服务站	教育性空间：中学、校外培训机构； 街巷：通学路径、游玩路径、快速公交站点、自行车停车点； 城市绿地：广场、综合公园； 娱乐性空间：小卖店、商场、超市、室内游乐场； 就医空间：医院

如前文所述，随着儿童年龄增长而扩距的 5min "等时圈"约分别对应普遍意义步行尺度的 5min、10min 和 15min 社区生活圈，在这 3 个圈层下涉及的儿童空间禁忌由家庭秩序禁忌逐渐向社会秩序禁忌演变，安全禁忌则贯穿始终。

各圈层内儿童活动空间类型的内容由儿童空间禁忌推导而得出，亦可通过行为地图等方法予以验证和完善。相应地，300m 圈层部分的"儿童群体子圈"对应以家庭为核心的儿童活动空间类型，包括家庭空间、居住区内庭院空间和相关设施、幼儿园等教育性空间、邻家区段的通学游玩路径和自行车点、城市绿地中邻近居住区的小型游园、邻家的小卖店、诊所等；500m 圈层部分的"儿童群体子圈"对应"等时圈"的中间区段范围，儿童活动空间类型较为多元而均质，包括小学等教育性空间、通学游玩路径和公交站点、社区公园和广场等服务周边社区的城市绿地、沿途开设的小卖店和有一定规模的生鲜超市、社区卫生服务站等，若生活于大型居住区则还包括小区内部的部分远距离设施；800m 圈层部分的"儿童群体子圈"对应以教育性空间为主体的儿童活动空间类型，对儿童独立出行而言已属远途范畴，包括中学和校外培训机构、通学游玩路径和快速公交/自行车站点、广场和综合公园等服务较大空间范围的城市绿地、较具规模的商场超市和室内游乐场以及校园周边的小卖店、医院等。

"儿童群体子圈"是由上述 3 个圈层综合构成而成的，根据儿童的年龄区段、所属居住区的实际情况、所属城市空间的形态学与区位特点、家庭经济收入水平等而又有弹性偏移，各类儿童活动空间类型间使用频率的高低差异也将促使"儿童群体子圈"整体内部形成多元的结构模式。特别说明，部分城市内存在儿童跨学区就学或就读寄宿制学校的情况，少部分家庭还存在"私塾式"的教育方式，如此情况下，"儿童群体子圈"的 3 个圈层中以教育性空间为首的若干内容将发生明显的错动，暂不纳入本书的主要探讨范畴。

2."儿童群体子圈"的结构模式

当代儿童活动空间在现代社会制度化、规律性时空联动的禁忌之下趋于紧缩，因而在已梳理的"儿童群体子圈"的基本内容构成中也将由于这一普遍规律而形成结构性取舍和偏移。综合来看，这种普遍规律主要呈现两个特点。

其一是年龄差异性。学龄前儿童群体与学龄儿童群体对应的空间禁忌构成和在此影响下的活动空间类型存在较大差异，因而在两个群体各自对应的"儿童群体子圈"中将首先指向不同的构成要素，再者两个群体在各个构成要素之间的活动参与方式亦因其自身生理和心理特质而有所差异，从而也导向了要素结构重心等方面的差异。

　　其二是时间弹性。一方面"儿童群体子圈"中涉及的部分场所和设施如教育性空间、社区中心和卫生服务站等有开放或营业时间限制，客观约束了儿童在其中开展活动的时间范围；另一方面则由于儿童空间禁忌本身与时间联动，特别是需要顺应监护人要求而在适当时间、适当地点开展活动，如放学后按时回家、夜间宵禁等。

　　此外，与普适人群社区生活圈研究中所归纳的区位异质性类似，"儿童群体子圈"的空间范围、辐射架构等也与其所处的城市空间片区有关，在城市中心区等高密度肌理空间中所表征的结构模式与在城市郊区等低密度肌理空间中所表征的结构模式便存在着包括整体尺度、要素类型、要素间强弱关系等方面的差异。相比高密度空间而言，城市郊区中的儿童活动空间普遍更加松散，因而潜在延伸了"儿童群体子圈"的空间半径。综合来看，在年龄差异性和时间弹性的双重作用下，"儿童群体子圈"的结构模式可根据是否为学龄、是否为工作日、开展活动时间段等维度划分为若干种基本类型，并且结合相应的区位特征弹性调整结构铺展方向和程度。

　　以中国高密度城市空间为例，教育性空间是工作日白天儿童最主要活动空间，除幼儿园和小学外，大多儿童日均额外参加时长至少 80min 课外补习班和兴趣班（周金燕，2016）；节假日除教育性空间外其余空间中的活动时间均有增加，但大部分活动为静态（久坐）活动（梁亚军 等，2011）；居住区空间和家庭附近的城市绿地为儿童开展户外活动的主要场地，在所有场地中占比约 77.2%（翟宝昕 等，2018）。总体上，教育性空间、家庭与居住区、城市绿地共同为城市社区尺度下儿童活动空间的主要聚核。

　　为对已有研究结果进行必要的实际校核，笔者特别走访了北京市东城区前门幼儿园和史家小学，共邀请 3~5 岁儿童的家长 97 人和 6~12 岁儿童的家长 216 人参与半结构化访谈，协助回顾过去一周[①]孩子工作日和周末（节假日）分别在各类儿童活动空间中的活动时间。统计结果显示（图 3.12、图 3.13）：教育性空间是工作日白天时段（7:00am—7:00pm）承载儿童活动时间的主要空间类型，3~5 岁儿童平均有 6.5h 处于教育性空间，6~12 岁儿童平均有 8.1h 处于教育性空间；家庭、教育性空间、城市绿地、居住区是节假日白天时段承载儿童活动时

---

① 调研时间为 2019 年秋季。

间的主要空间类型，譬如其中 3~5 岁儿童平均有 1.6h 处于居住区空间开展活动，
6~12 岁儿童平均有 1.7h 处于城市绿地开展活动；夜晚时段（7:00pm—7:00am）
儿童活动空间则普遍集中于家庭空间，平均约有 10h。访谈结果与已有研究结论
基本一致。

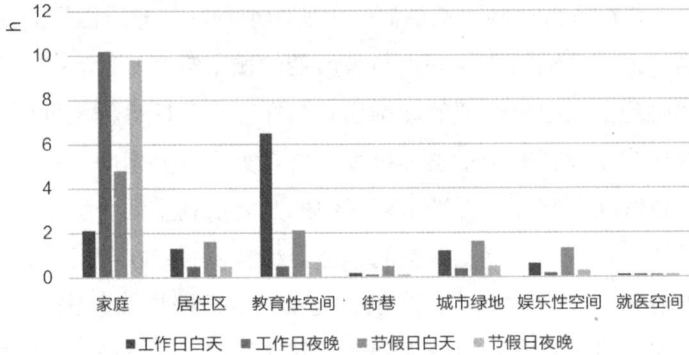

图 3.12　3~5 岁儿童活动时间统计（自绘）

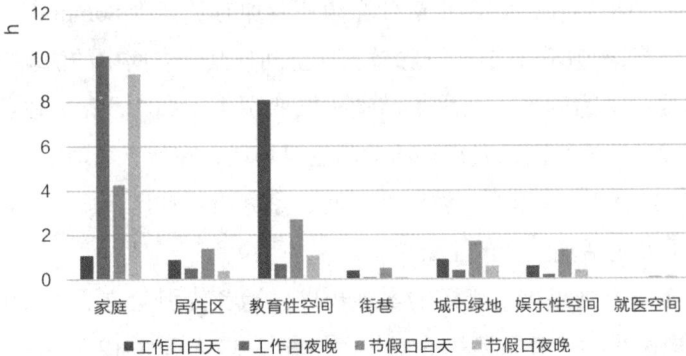

图 3.13　6~12 岁儿童活动时间统计（自绘）

　　综合上述研究和实际访谈情况，如表 3.8 所示，分别就 3~5 岁学龄前儿童群
体、6~12 岁学龄儿童群体在工作日和节假日的白天时段（7:00am—7:00pm）和
夜晚时段（7:00pm—7:00am）中对应的"儿童群体子圈"典型结构模式予以梳
理和直观比较。

表 3.8　中国高密度城市空间"儿童群体子圈"典型结构模式

年龄	白天时段 （7:00am—7:00pm）	夜晚时段 （7:00pm—7:00am）
工作日		
3～5岁		
6～12岁		
节假日		
3～5岁		

续表

年龄		白天时段 （7:00am—7:00pm）	夜晚时段 （7:00pm—7:00am）
节假日	6~12岁		

　　对于 3~5 岁学龄前儿童群体而言，在工作日白天时段内其主要活动空间基本集中于 300m 圈层内，涉及的活动空间类型在家庭之外主要指向幼儿园、日托中心等教育性空间，庭院空间、社区中心、小区设施等居住区空间，以及游园和小卖店等邻家游玩休闲空间，更是特别从家庭出发以幼儿园、庭院空间和游园共同组成了单一强核心活动组团，其他处于 500m 和 800m 圈层内的活动空间则使用频率较弱且均匀、未呈集聚态。在节假日白天时段内，儿童群体主要活动空间则发生了明显的局部迁移，300m 圈层内刨除幼儿园之外的家庭空间、庭院空间、游园等进一步构成内圈强核心活动组团，与此同时在 500m 和 800m 圈层内的城市绿地空间、娱乐性空间也形成了中外圈强核心活动组团，内外圈组团间的通学游玩路径也相应延伸。在夜晚时段，无论工作日或节假日，儿童群体主要活动空间已基本完全紧缩至家庭，此外仅有少部分城市绿地和机构等空间对应极弱的使用频率，其中 800m 圈层内的活动空间在节假日相比工作日在使用频率上略有加强，但整体上仍保持以家庭为单一强核心的结构模式。

　　对于 6~12 岁学龄儿童群体而言，在工作日白天时段内其主要活动空间面状铺展于 300m 和 500m 圈层，涉及的活动空间类型相比学龄前儿童而言更加丰富、使用频率也更高。具体来看，由家庭指向小学、社区图书馆等教育性空间，庭院空间、小区设施、社区中心等居住区空间，游园、广场、社区公园等城市绿地，其中庭院空间、游园、社区公园、广场和小学连同彼此间的通学游玩路径共同构成连片活动区域，相比之下 800m 圈层内的活动空间仍使用频率较弱且尚未接入连片活动区域内。在节假日白天时段内，儿童群体主要活动空间则整体拓展，一方面在工作日白天时段的连片活动区域基础上刨除小学，转而向外接入外圈的校外培训机构等教育性空间、综合公园等城市绿地、游乐场等娱乐性空间；另一方面则向内加强家庭和居住区空间的使用频率，更进一步拓展和延伸通勤游玩路径的方向和跨度，由此综合形成了在 3 个圈层间高度连片、更加广泛和满铺式的面状活动区域。而在夜晚时段，这种面状连片的结构模式已然消失，儿童群体主要活动空间同样基本紧缩至家庭，外圈部分教育性空间和中外圈部分城市绿地对应形成较弱的活动组团，并且在节假日更加鲜明，但整体上并未突破以家庭为单一强核心的结构模式。

小结：

本章内容聚焦于核心问题概念图示中"儿童"与"空间"两环的交集，从重要理论视角的解读，到重点聚焦尺度下具体空间类型的梳理，儿童活动空间这一主要研究对象的特征得到了较为完整的总结，同时也为本书的理论建构和实践应用空间选择提供了较为详细的逻辑线索。

第 4 章

城市社区尺度空间的儿童健康效应概念模型

通过前述章节的分析，已围绕核心问题初步建立起对儿童主体研究、儿童健康导向研究的理论认知。本章将就"儿童健康"与"儿童空间"协同一体开展作用机理探究，即基于前述章节在儿童及其健康问题的特征和儿童活动空间的特征两方面提供的逻辑线索，进一步探索和借鉴相关领域已有研究的理论基础，试建构城市社区尺度空间的儿童健康效应概念模型，并辅以案例评述。

下面将从相关领域已有研究经验中提炼模型建构的理论基础。

4.1 模型建构理论基础

以概念模型刻画社区尺度下空间与儿童健康的关系，需要综合运用"儿童健康"与"儿童空间"相联动的研究经验。其中与之最为契合且基础较为扎实的领域即为循证研究和健康城市研究，来自二者的经验对于模型的建构颇具建设性意义。

4.1.1 循证研究的延展：PICO 梳理

借鉴医学领域中的循证理论，试为建构城市社区尺度空间的儿童健康效应概念模型提供决策辅助性证据，其中 PICO（patients/population，interventions，comparisons，outcomes）为基于循证理论的信息格式化检索手段。本部分将详细阐述循证理论在本书中的具体延展，以及其对应的 PICO 检索梳理结果。

1. 循证理论综述

循证理论首先意味着基于现有的最佳证据进行决策（唐金陵 等，2011），最初起源于 20 世纪末的医学领域，意指在某一病症的治疗中将当前学界所能获得的最佳证据、医生技能以及病患意愿三者共同整合，从而进行治疗。因此在循证理论中，"证据"是最为关键的基础性内容，需要通过大量的检索和分析从数据库中提取有效证据，乃至筛选出最佳证据。在此过程中，一方面要求研究者、医者（实践者）和患者（被研究者）的观念达成一致，另一方面也对"证据"质量提出了划分多元等级的要求。

在医学领域，这种证据的多元等级划分方法按照研究设计、证据质量等原则形成了"九级金字塔"模式，由下至上依次为体外试管研究、动物研究、评论意见、病例报告、病例系列、病例对照研究、队列研究、随机双盲对照研究、系统评价 Meta 分析九类[①]。各类别下的证据均针对于同一研究问题，但其对应的因果关系则呈层层递进之势，即证据与研究的相关度逐层加强、可信度和精确度也逐层提高；但与此同时证据生成的难度也伴随着层次的上升而加大，因而相应地其数量也在逐层下降。具体来看，其等级序列逻辑不难解释，即由简至繁、由浅入深，最初级的体外试管实验和动物实验尚未涉及人体实践，随后专家意见的判断则为临床病例研究前奠定综合判断基础，继而由个例至系列考察病例中的干预情况，再通过对照和队列研究等进一步验证干预措施的作用，直至通过系统评价 Meta 分析得出综合性高精确度结果。各层级之间本质上便存在"源"与"流"的关系，也反映了最佳证据从无到有、从观察实验到批判性分析、质量从低到高的全流程逻辑链（图 4.1）。在此基础上，医学信息学领域学者则进一步将上述细分证据先后概括为"4S""5S"和"6S"证据资源金字塔系统以表征证据提供模式演进的过程。其中，"4S"包括"原始研究""系统评价""证据概要""证据系统"4 项内容[②]，"5S"是在"4S"之上的优化，即在"证据概要"和"证据系统"之间补充了"综合证据"，合计包括 5 项内容[③]（Haynes，2006）；

[①] "九级金字塔"的解构模式不尽相同，此处仅选取其中的代表性模式阐述，一说 Meta 分析事实上贯穿金字塔中证据的各个等级（来源：纽约州立大学州南部医学中心图书馆官网）。

[②] 4S 分别对应的项目英文表述为：Studies/Syntheses/Synopses/Systems。

[③] 5S 分别对应的项目英文表述为：Studies/Syntheses/Synopses/Summaries/Systems。

"6S"则是在"5S"之上的优化，即在"原始研究"和"综合证据"之间进行了再度划分，依次为"原始研究概要""原始研究的系统评价""系统评价概要"，合计包括 6 项内容[①]（Dicenso et al.，2009）（图 4.2）。

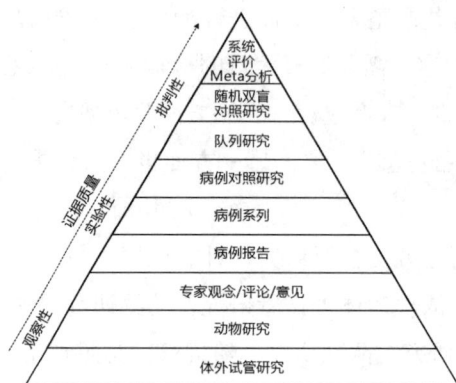

图 4.1 证据的"九级金字塔" 　　图 4.2 "6S"证据资源金字塔

如果说"九级金字塔"模式是循证理论中最佳证据形成的解释路径，那么"6S"证据资源金字塔系统则为循证理论的实际应用提供了清晰而直接的方法指南。从底端至顶端的 6 个层级代表了证据资源的先后演进顺序，即从工作量大、覆盖面广的原始研究资料逐层简化和整合形成工作量小、覆盖面小的综合信息，从而更高效地服务于决策；相应地，在决策过程中采用的证据检索顺序则为顶端逐层向下至底端，譬如若已在某一较高等级处获取可靠证据，则即可停止检索，开始临床实践。具体来看 6 个等级分别对应的数据库，第一项检索的证据系统类数据库属于信息较为综合和完备的计算机辅助决策系统，是将过往积累的循证证据库与医疗机构病历健康档案等整合一体而形成的高质量证据资源体系，能够辅助决策者快速检索得到其所关注的健康问题所对应的高质量信息，其中具有代表性的证据系统即为英国"医学地图"[②]、美国 ZynxCare、荷兰 Provation Medical（左红霞 等，2015）等。第二项检索的综合证据类数据库相比证据系统类数据库而言略显扁平和生硬，通常指向一般循证知识库和指南库，

---

① 6S 分别对应的项目英文表述为：Studies/Synopses of studies/Syntheses/Synopses of syntheses/Summaries/Systems。

② 医学地图译自"Map of Medicine"。

其特点在于"给出证据、不做决策",以结构化、体系性的形式清晰呈现证据内容,但并未涉及应用场景下的决策性探讨,其中代表性的综合证据有每 6 个月更新一次的英国 BMJ Clinical Evidence[①]、美国 National Guideline Clearinghouse[②]等。第三项检索的系统评价概要类数据库通常指向文摘库、期刊库等,是对系统评价和原始研究的总结、专家点评和推荐意见等,相比详尽的内容更注重结构性,同时又包含了在概要环节中特别加入的评述内容,从而便于检索者和使用者判断证据参考价值,其中最为典型的系统评价概要类数据库即为循证医学期刊,如《中国循证医学杂志》等。第四项检索的原始研究系统评价类数据库涉及的研究数量和范围已较大,作为第三项检索的基础而未经内容的提炼和质量的筛选,但相比原始研究本身及其概要而言已从系统评价层面将某些特定议题或侧重点予以初步归纳,是一种"粗加工"成果。第五项和第六项检索的原始研究及其概要是对研究问题的最初层面的探讨,数量和覆盖面最广,对应的质量也参差不齐,基本属于"未加工"成果,因而也居于检索顺序的最末。

循证理论发展水平在国际范围内不尽相同,目前中国临床决策中使用的检索数据库中,系统评价概要类及其以下数据库已发展较为成熟,但第一、第二项检索数据库还尚待完善,特别是当前部分证据系统类数据库实质上更接近于在综合证据类数据库基础上建立的检索平台,其直接的决策辅助功能则体现不足(姜盼 等,2013)。此外,证据数据库本身也呈动态发展模式,需要不断基于新研究的补充和地域性条件的附加而进行完善。尽管检索数据库质量和等级有别,但在循证实践中所贯彻的基本理念和方法保持共通,其中 PICO 便是基于循证理论的代表性信息格式化检索手段,如其名称中的字母缩写所指,分别面向了对象(患者)、干预手段、对照和预后四个部分,相当于在证据检索和综合分析时分别从上述四个部分入手将研究问题转化为清晰的格式化结构,进而通过获取最佳证据以证明干预手段的适用性。

诚然,循证理论及 PICO 方法的应用场景生成于医学语境,其涉及的数据库及关注的研究问题多为疾病、护理等。究其背后的逻辑,事实上也同样适用于更为广义的研究领域。在本书中,循证理论的应用将遵循儿童健康导向研究的

---

① 资料来源:BMJ Best Practice 官网
② 资料来源:美国临床指南库官网

基本逻辑，延展至涵盖前文所述儿童健康议题的两项基本内容，即儿童疾病和儿童保健，而并非仅限于对疾病问题的探讨。同样，本书对于 PICO 方法的应用场景也予以广义化，即探讨对象不仅限于儿童患者，而同样包含一般常态儿童；对干预手段的关注不仅限于临床医疗手段本身，而进一步拓展至与干预过程相关的城市社区尺度下的外部环境营造情况；预后结果不仅限于疾病治愈情况的探讨，而同样包括生理综合机能情况、免疫力水平提升情况等。

通过 PICO 梳理，将分类、综合梳理在儿童健康问题"预防—干预—预后"全流程中涉及的生理要素和外部环境要素情况，相当于为整体概念模型的建构提供侧重医学角度的理论基础。

2. PICO 梳理

鉴于本书第 2 章所述，儿童健康议题主要从儿童疾病和儿童保健两个基本内容展开，其中儿童常见疾病以儿童呼吸系统疾病、消化系统疾病和感染性疾病为代表，儿童保健以儿童体力活动为关键。因此，以下将对儿童呼吸系统疾病、消化系统疾病、感染性疾病进行 PICO 梳理（结果详见附录 B），并由其中的免疫力水平引申导出儿童体力活动涉及的生理要素和外部环境要素。

在呼吸系统疾病中，病毒感染和细菌、真菌感染等往往是最直接的病因，在临床治疗中通常采用抗病毒治疗（如急性上呼吸道感染）、抗菌药物治疗（如急性感染性喉炎）、糖皮质激素类药物治疗（如侵袭性肺部真菌感染）等干预手段，少部分涉及手术治疗；部分疾病症状较轻可不治自愈，或以支持性治疗为主，并且更注重干预期间的静养和护理环境的调适。就预后情况而言，大部分疾病可治愈，或因干预而有效缩短病程、明显缓解症状，甚至可因该疾病的治愈而延长生命。在从疾病预防、干预到预后的全流程中，所涉及的生理要素或因病毒、细菌、真菌具体感染部位的结构和功能损伤特点而有别，或因个体间过敏原具体构成差异而有别，但本质上大多均与儿童个体自身免疫力密切相关。部分疾病易感程度则与儿童体内血清钙水平（如急性感染性喉炎）、维生素水平（如反复呼吸道感染、急性支气管炎）、营养水平（如支原体肺炎）、铁代谢水平（如特发性肺含铁血黄素沉着症）等机体内部生理环境存在具体关联。而在此"预防—干预—预后"全流程中涉及的社区尺度下的外部环境要素也具有鲜明的聚类特征，基于证据系统和综合证据的充分论证，环境卫生、场所通风情况与儿童呼吸系统疾病高度相关，几乎在所有儿童常见呼吸系统类疾病中均有涉及，其中环境卫生指向建成环境中的基本卫生条件、固气水污染情况以及尘螨、花粉、霉菌等高致敏要素，场所通风指向建成环境中的风场情况、无烟条件满足与保持情况、避免飞沫传播的可能性等；由于部分呼吸系统疾病亦与消化系统功能有所关联，因而社区尺度建成环境中的食物卫生情况也是儿童呼吸系统疾病的重要相关要素，指向儿童在社区中的食物获取途径、食物摄入场所、食物摄入类型等；部分呼吸系统疾病与机体内部生理环境中的血清钙、维生素水平相关，因而也间接与社区尺度建成环境中的微气候如日照情况、温湿度情况相联动。

在消化系统疾病中，由摄入食物过程中触及病毒、细菌和真菌而引发口腔和肠胃感染往往是最直接的病因，在临床治疗中的干预手段根据疾病具体涉及感染源、机体部位、感染程度而有别：炎症性疾病通常需及时采用药物治疗，如鹅口疮等口腔真菌感染疾病多采用抗真菌药物治疗，疱疹性口炎等口腔病毒感染疾病多采用抗病毒治疗等，胃炎则根据其急性和慢性的不同而在药物治疗之外采用洗胃、Hp 治疗等手段；机体肠胃失调甚至脱水等疾病通常采用补液治疗，如腹泻、乳糖不耐受症等则需采取临床补液、补充水盐电解质以及制剂治疗等；部分生理结构缺陷疾病则需要采取手术治疗，如先天性肥厚性幽门狭窄、先天性肝外胆道闭锁等采用外科手术治疗相比内科治疗效果好且疗程短。就预后情况而言，大部分疾病预后良好或有所改善，但需持续保持良好生活习惯、定期监测以防止疾病反复，少部分疾病难以根治，甚至有产生并发症、癌变等风险。在"预防—干预—预后"全流程中涉及的生理要素半数以上指向了儿童自身免疫力，部分疾病涉及的生理要素主要指向机体消化系统生理结构缺陷（如先天性肥厚性幽门狭窄、先天性肝外胆道闭锁）、自身防御-修复机制受损（如消化性溃疡），部分疾病涉及的生理要素则指向机体内部生理环境菌群失调（如炎症性肠病）、消化酶缺失（如乳糖不耐受症）、维生素缺乏（如溃疡性口炎）等。儿童消化系统疾病"预防—干预—预后"全流程以及其涉及的生理要素也同样与具体的社区尺度外部环境要素联动，其中高度相关的要素为食物卫生和环境卫生：大多消化系统疾病均由摄入食品质量问题、膳食搭配不合理等演化而成，食品正是个体感染消化系统疾病最直接的外源，儿童在社区中的食物获取途径、食物摄入场所、食物摄入类型等将在一定程度上决定疾病感染情况；同理，建成环境的卫生若未能得到保障，将同样成为病毒、细菌等的载体而极可能在无意间经口腔进入儿童体内引起消化系统疾病。部分消化系统疾病的易感程度或理疗过程涉及建成环境微气候情况，如温湿度水平；此外还有部分疾病所涉及的外部环境要素尚未查明，但已有一定的推测依据表明外部因素不容忽视，有待进一步论证。

在感染性疾病中，已感染疾病的患者是重要传染源，在部分疾病中甚至是唯一传染源，儿童如在未加防护措施情况下密切接触患者或其血液等将有极大概率感染此类疾病。临床治疗中根据疾病的详细致病机理分别采取干预手段，以对症治疗为主，同时需要注重调理饮食营养、保障休息、做好皮肤和口腔清洁等支持性治疗。部分病毒性疾病采用抗病毒制剂和药物治疗、防病毒扩散等，如巨细胞病毒感染性疾病、丙型肝炎等；部分细菌或真菌感染疾病则采用抗菌治疗，如伤寒、细菌性痢疾等。就预后情况而言，大多疾病预后良好、可痊愈，或可在支持性治疗下几周内自愈，并获得持久免疫力、无后遗症；少部分疾病病毒难以被宿主完全清除（如巨细胞病毒感染性疾病），或迁移不愈（如慢性乙型肝炎）。在"预防—干预—预后"全流程中涉及的最关键的生理要素仍然为儿童自身免疫力情况，少数疾病或受基础疾病影响而衍生（如伤寒）、或因突发性黏膜或伤口感染（如狂犬病），本质上均为外感因素入侵体内、自身免疫系统功能不足而致。"预防—干预—预后"全流程中涉及的社区尺度外部环境要素则主要包括场所通风和环境卫生，由于大多感染性疾病传染源为患者，因此避免在不通风闭塞空间中与患者密切接触、及时对建成环境进行清洁消毒首先在预防环节便起到了关键的链路作用，而后在干预和预后阶段保持良好的通风情况和环境清洁也有助于疾病的有效康复，并且避免再度传播，其中保障场所通风条件主要为控制飞沫传播风险；此外，与呼吸系统疾病和消化系统疾病类似，部分疾病涉及社区建成环境中的食物卫生情况，以及微气候如日照情况、温湿度情况，证据系统和综合证据已充分论证此类要素在疾病"预防—干预—预后"全流程中始终作为重要的辅助性条件存在。由于感染性疾病具有高度传播性，因此在疾病的具体防治中更应当谨慎细致，注重要素间的链路关系。

综观上述三类儿童常见疾病的 PICO 详细梳理结果，总体上与前述章节所归纳儿童"三病因、二病理"特征相吻合。大部分疾病源于外界环境或摄入食物中的病毒、细菌或真菌感染，部分疾病受先天生理条件影响较大；如未能有效预防疾病，在患病后则需要立即采取干预手段控制疾病传变，而大多患儿在得到适当干预治疗后康复效果也较为良好。在上述疾病"预防—干预—预后"全流程中，儿童自身免疫力是最为核心的生理要素之一，多数疾病可通过提高儿童自身免疫力而得到有效预防，或实现病程缩短、康复提效。也正是由于儿童普遍存在免疫力较弱的生理特征，致使上述疾病特别是传染性疾病成为儿童群体相对其他年龄群体而言更易感、多发的疾病类型。

运动医学领域已有大量证据积累，充分论证了适当的体力活动水平有助于提高机体免疫力，定期进行中等强度体力活动有助于长效保持较高的机体免疫力水平，具体体现在体液免疫、细胞免疫、免疫系统调节机制等方面的增强，如在中等强度规律性运动情况下血清免疫球蛋白 IgA、IgM、IgG 含量显著提高，且可引起机体阿片肽、儿茶酚胺和皮质类固醇分泌水平改变从而调节免疫系统功能等（王耀光，1997）。应当注意的是，这种"体力活动-免疫力"关系的规律在医学研究中又被抽象概化为"J 型曲线"，即以久坐为主的自然免疫状态为对照，中等强度经常性体力活动可最大化提高机体免疫力，而随着体力活动强度和时间的逐渐增大，机体免疫力反将下降至低于自然免疫状态的水平，因此开展体力活动应当适度避免高强度所带来的免疫系统"开窗现象"。同时，这一规律也与年龄区段有关，正如前述国际范围内儿童体力活动"指南"与"评估"所普遍认同，对于儿童群体而言，保障其体力活动水平的科学性需要确保适合于其年龄段特征的"强度-时间"关系，并兼顾久坐行为的上限。除机体免疫力以外，由于体力活动还与骨骼肌肌力、机体心肺功能、骨量和骨密度、机体抗氧化水平等生理要素密切相关（Gunter et al.，2008；Ortega et al.，2015；楚英兰等，2016；任雯泽 等，2021），因而开展适度体力活动也将间接促进儿童体格成长发育水平、降低罹患多种疾病的风险。就体力活动的开展及其水平所直接涉及的外部环境要素而言，综合证据和系统评价概要主要指向了其对应场所的体力活动适宜程度，譬如场所安全程度、环境温湿度情况、场所地形条件、配备器具类型等（王哲，2013；张莹 等，2014；方飞，2020；应桃园，2016）。此外不容忽视的是，正如前文所述，儿童体力活动还兼而受到本人和监护人意志的影响，而这一特征也潜在影响了体力活动实际开展中对应外部环境要素的情况。因此，尚且需要进一步结合建成环境领域的研究经验深度剖析外部环境要素，建立统一的体系性、结构性关联体系将儿童体力活动相关要素加以整合。

总结来看，上述 PICO 梳理中涉及的社区尺度下的外部环境要素具有一定的聚类特征，如环境卫生、场所通风、食物卫生等即作为其中的高频要素而普遍对于大多儿童疾病防治全周期具有直接或间接影响；场所安全、环境温湿度、地形条件等则与儿童体力活动的实际开展和水平紧密关联。需要强调的是，上述 PICO 梳理中所探讨的生理要素和社区尺度下的外部环境要素是贯穿儿童健康问题"预防—干预—预后"全周期流程的内容，而并非仅单纯局限于疾病预防视角下的探讨。因此，综合上述对儿童常见疾病和体力活动的结构性循证，为建构城市社区尺度空间的儿童健康效应概念模型初步形成了生理要素类和外部环境要素类基础。

4.1.2　健康城市研究的经验：要素与模型

基于循证研究已初步形成的要素类基础，为完整建构城市社区尺度空间的儿童健康效应概念模型，需要进一步深入梳理其在空间角度的要素类表征情况。在此需求下，考虑到"健康城市"（healthy city）概念关注建成环境和健康的交叉关系，是一个"具有持续创新和改善城市中的物理和社会环境，同时能强化和扩展社区资源，让社区居民彼此互动、相互支持、实现所有生活功能，进而发挥彼此最大潜能的城市"（Hancock et al.，1986），从研究议题与学科关联度来看，结合其经验辅助铺垫理论基础颇为契合。

作为城市规划与公共卫生学科的结合，健康城市研究一度历经了交互瓶颈和逐步回归，在后续的快速发展和广泛关注中积累了大量理论和实践成果（杨瑞 等，2018），如图 4.3 所示。经梳理，当前国际范围内健康城市研究已基本形成结构性研究要素，并已具备模型探索经验。尽管其研究主体并非针对性地聚焦于儿童群体，但其共性结论和研究思路仍然具有一定的借鉴意义。

1. 健康城市研究要素

作为一项城市研究，健康城市的理论研究范式包括基础研究和评估研究，其中基础研究包括实证归纳研究与规范演绎研究两项。

从评估研究的角度看，自健康城市概念提出以来，国内外组织机构、地方政府和学者从不同视角构建了具有不同侧重方向的评估研究要素指标体系，并且根据实际发展要求不断更新。在国际范围内的评估指标体系主要以世界卫生

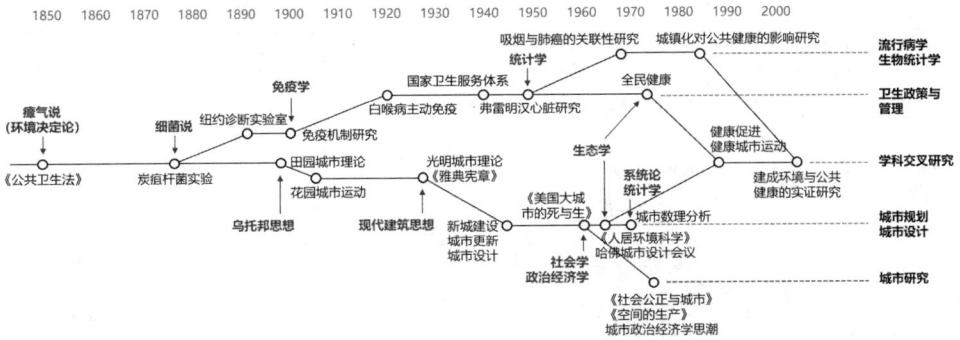

图 4.3 城市规划与公共卫生发展脉络图（笔者改绘）

组织（WHO）构建的指标体系作为评价健康城市的参考，基于 1996 年 WHO 提出建设健康城市的 10 项标准（陈钊娇 等，2013），逐步演化为 12 大类 338 项细分指标的可量化健康城市评估体系（谢剑峰，2005），并在世界卫生组织欧洲健康城市网络（WHO European Healthy Cities Network）主导下初步形成四大类 53 项指标的体系（Webster et al.，1996），为各国开展健康城市项目提供了基础参考。后续基于各国反馈，更改为健康人群、健康服务、健康环境和健康社会四个类别下的 32 项指标，使其更便于资料搜集、指标计算和评估检验（Webster et al.，2013），如表 4.1 所示，其中标识底色的指标涉及城市空间要素的营造。

表 4.1 WHO 健康城市评估指标体系

大类	中类
健康人群	总死亡率
	死因统计
	低出生体重比率
健康服务	现行卫生教育计划数量
	儿童完成预防接种的百分比
	每位基层的健康照料护理者所服务的居民数
	每位护理人员服务居民数
	健康保险的人口百分比
	基层健康照料护理提供非官方语言服务的便利性
	政府部门每年检视健康相关问题的数量

大类	中类
健康环境	空气质量
	水质
	污水处理率
	家庭废弃物收集质量
	家庭废弃物处理质量
	绿化覆盖率
	绿地可及性
	闲置的工业用地
	运动休闲设施
	人行空间
	自行车道分布
	公共交通每千人座位数
	公共交通服务范围
	生存空间（每位居民的房间数）
健康社会	居民居住在不合居住标准的房屋中的比例
	无业者数量
	失业率
	居民收入低于平均所得的比例
	托儿所比例
	小于 20 周、20~34 周、35 周以上活产儿的百分比
	堕胎率
	残障者就业率

资料来源：WHO 官网

从基础研究的角度看，规范演绎研究主要探讨健康城市规划建设中的社会组织与政策设计（毛其智，2003）、社会规划和应急规划（李丽萍，2003）、跨部门协调与社会参与产生的影响力（刘天媛 等，2015）、国家与区域政策、规划与设计法规（许从宝 等，2005）等非空间要素。考虑到本书模型建构主要聚焦来自空间要素的研究经验，因此以下将重点梳理基础研究中的实证归纳研究成果，具体包括空间要素类型和指标，以及其中存在的交叉关系（图 4.4）。

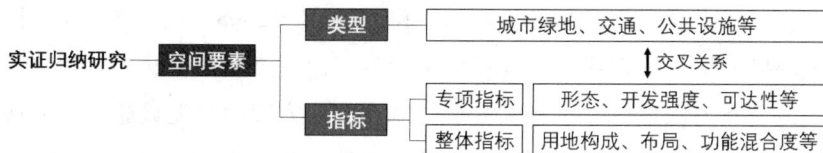

图 4.4　实证归纳研究要素框架

1）空间要素类型

在空间要素类型方面，主要从城市绿地、交通、公共设施等建设健康城市的空间要素出发，多就某一单项本身与人群健康的关系进行研究。

在城市绿地方面，Webster C 等（2015）通过回溯历史和现状实践，以定性研究的方式阐述了城市生态绿地系统对构建健康城市的重要作用；姚亚男等（2018）通过梳理中外绿色空间与公共健康的相关文献，总结提出绿色空间一方面通过自然要素提供生态支持，另一方面则能够促进开展有益健康的活动；Vries 等（2003）的研究指出，较高的城市公园绿地面积、河流水系占比和植被量可有效改善城市环境品质，从而提升公共健康水平。在交通方面，Levy 等（2010）研究发现不合理的路网结构和用地布局所引发的交通拥堵存在对居民身心健康产生影响等多种外部效应；林雄斌等（2016）梳理了公共交通和慢行交通对公众健康的重要作用，并从增加公共交通供给、改善慢行环境、重视出行公平性等三个方面出发，提出了交通系统建设的原则。在公共设施方面，研究表明公共设施如街道广场等空间要素可能成为激励居民开展户外健身活动、提升慢行交通出行比例等的因子，对改善居民生活习惯和出行行为起到良性作用，从而影响居民的健康水平和就医行为（Maas et al.，2006；Maas et al.，2008；Koohsari et al.，2015）。

2）空间要素指标

在空间要素指标方面，专项层面结合某一类型的空间要素进行指标的交叉研究；整体层面结合某一地块各项控制指标综合分析。此类专项和整体指标即对应于空间要素的具体规划设计维度。

专项指标包括形态、开发强度、可达性等。譬如形态方面，小尺度街坊在空间形式上具有高度的连续性和渗透性，往往对应形成步行友好且有活力的公共空间（Kent et al.，2014；余妙 等，2012）。开发强度方面，有学者通过实证研究表明建筑密度的高低会影响居民体力活动水平，可能与建筑密度影响娱乐空间大小和心理体验有关（Day，2016）；Kubota 等（2008）通过住宅街区阵列模型的风环境模拟，发现建筑密度过大将导致气流速度受限，从而将进一步不利于空气流通及污染稀释。可达性方面，既有的研究表明交通设施、公共服务设施等空间要素的可达性和便利度将直接影响居民的出行成本和出行意愿，在空间上体现为居民与要素之间的互动关系呈现基于要素空间位置的异质性分布（王丹，2014；沈晶 等，2019）。

整体指标包括用地构成、用地布局、功能混合度等。譬如用地构成方面，随林地比例增加，本地癌症致死率往往可能会下降（Li et al.，2008）；本地社会经济情况作用于土地利用模式，进而将在一定程度上间接作用于致癌概率乃至整体健康情况（Factor et al.，2013）。用地布局方面，在工业用地周边安排住宅，可能大幅提高居民呼吸系统疾病发生率，甚至致死率（Cambra et al.，2011）；总体城镇建设用地的增加往往导致污染物的聚集（迟妍妍 等，2013）。功能混合度方面，定量研究发现在土地混合利用度高的地区居住的人群有更高的步行活动水平，从而能够改善公共健康（Oliver et al.，2011），特别是对 65 岁以上的老年人群尤为有效（Lynott et al.，2009）。

尽管现有代表性健康城市研究要素的分析大多并非专项性针对儿童群体，也并未专项性设定于城市社区尺度情景，但亦可为本书模型建构提供基本的要素类借鉴方向：城市社区尺度空间的儿童健康效应概念模型中应当纳入的空间要素包括具体的空间类型，以及具体规划设计维度。

2. 健康城市研究模型

在大量健康城市研究要素的分析基础之上，近几十年来国内外学者对研究要素彼此之间的关系进行了多角度探索，在个体和城市健康方面分别已建构起综合性的概念模型。

在个体健康模型机制方面，主要包括 Taket 健康梯度模型（1988）、Anderson 卫生服务利用行为模型（王懿俏 等，2017）、Whitehead-Dahlgren 健康决定因素模型（1991）、Laughlin-Black 健康层级模型（WHO，1997）等。在城市健康模型机制方面则主要包括 Richardson B W 健康城市模型（1876）、Barton 人居环境健康圈层模型（2003）、健康城市研究路径模型（王兰 等，2016）以及田莉等（2016）提出的城乡健康模型等，如表 4.2 所示。

表 4.2　健康个体与城市模型梳理

类目	研究者	构想图	解释
个体模型 健康梯度模型	Taket	个体主动的预防行为　健康危险　环境中的健康危害　缺乏教育　营养不足　失业　恶劣的居住环境　贫困	身心健康问题由贫穷、恶劣的居住环境、失业、食物与营养不足、缺乏受教育机会、环境中的健康危害等健康危险因素导致，相比个体对身心健康有限的主动干预会起到更大的决定作用，形成了个体健康的艰难梯度（Taket，1988）
卫生服务利用行为模型	Anderson	环境因素　个人特征　健康行为　健康结果 卫生服务体系 卫生政策 社会结构 外部环境　倾向特征 人口学特征 社会结构 健康信念　能力资源 资源 组织→需要 认知 评价　个人卫生行为 医疗服务过程 医疗服务利用　认知健康状况 评估健康状况 服务满意度	第四阶段模型，环境因素和个人特征决定健康行为，从而决定健康结果；环境因素和个人特征直接影响居民健康结果；健康结果和行为反之影响个人特征（Anderson，1990）
健康决定因素模型	Whitehead and Dahlgren	整体社会经济、文化环境　生活与工作条件　工作环境　失业　社会与社区网络　水和卫生设施　教育　个人生活方式因素　年龄、性别和遗传因素　卫生保健服务　农副产品与食物供给　住房	认为健康决定因素总体分为五个层面，逐层向内产生影响，最终体现为个体健康情况；个体自身遗传条件虽无法改变，但所有外层因素却均可共同影响其后代的遗传状况（Whitehead and Dahlgren，1991）
健康层级模型	Laughlin and Black	良好的健康状况 疾病预防 健康的生活方式与医学预防 健康与社会关系 迅速精准的健康与社会服务 健康意识 对健康影响因素的认识与理解 生理需求 食物、遮护、温暖与安全 精神需求 社会与自我尊重	显示了一定范围内社会健康因素之间的具有层级特征的交互关系，即高层级需要依靠低层级支撑，才能达到顶级的良好健康状况。说明若需要改善健康状况必须同时囊括多个层级（WHO，1997）

续表

类目	研究者	构想图	解释
城市模型 · 健康城市模型	Benjamin Ward Richardson	（意象性模型，无构想图）	低密度土地开发、发达公共交通、充足公园绿地、良好饮用水供应和污水处理系统，居民健康意识强烈，社区配备健康中心（Richardson B W，1876）
城市模型 · 人居环境健康圈层模型	Hugh Barton and Grant Marcus		围绕"人"核心圈层的四个圈层中任一圈层的变化都会直接对相邻两个圈层产生作用力，由此联动成为互相影响、紧密结合的人居环境整体，共同决定人的健康和幸福（Barton et al.，2003）
城市模型 · 健康城市研究路径模型	王兰 等		四要素：土地使用、空间形态、道路交通、绿地和开放空间。两路径：减少空气污染及其对人体的影响；促进锻炼（王兰 等，2016）
城市模型 · 城乡健康模型	田莉 等		在区域、城市、社区不同层次结合公共卫生领域研究，选取相关社会经济环境指标，建立相应的研究框架（田莉 等，2016）

当前公共卫生领域个体健康模型机制已发展较为成熟，而城市健康模型还尚在探索中，其中 Barton 人居环境健康圈层模型即是在个体健康模型 Whitehead-Dahlgren 模型基础上统筹人类健康与整体环境的综合关系而构建的，其主要采用了生态学方法，体现了以人为本的思想。我国学者则基于文献研究，结合城乡二元结构和城镇化背景探讨契合中国城市健康发展的路径，目前尚处于起步阶段，并正在结合实证研究逐步验证。

综合来看以上模型，均表现出城市公共健康不仅与自然生态环境、医学公共卫生等领域紧密联动，而且也深受社会经济、建成环境等条件的影响。从具体机制来看，社会经济与建成环境因子在某些特定条件下将内化作用于群体自身，从而影响公共健康水平。值得关注的是，在各模型中，或以圈层结构组织各项要素，或以框架结构串接各项要素，但其本质均为对要素间关系的体系化处理。针对特定研究问题的概念模型还有待进一步结合国情、结合不同研究尺度、结合具体人群特征构建和完善。

本书拟建构的概念模型应当为上述个体健康模型和城市健康模型的结合体，一方面纳入个体角度"儿童健康"相关要素，另一方面纳入城市角度"儿童空间"相关要素，进而聚焦于城市社区尺度并将两方面加以对接。同时，依据儿童健康导向研究的逻辑线索，在建构综合性的概念模型之外，还应当从儿童疾病和儿童保健的角度分别建构具体化的概念模型，从而完整刻画城市社区尺度空间的儿童健康效应。

4.2　"四要素"概念模型建构

综合循证研究的延展和健康城市研究的经验，建构城市社区尺度空间的儿童健康效应概念模型应当从关键要素类着眼、组织要素类间的结构关系。

在循证理论延展的广义语境下，经过 PICO 梳理形成了儿童健康问题"预防—干预—预后"全流程中涉及的生理要素类和城市社区尺度下的外部环境要素类，这两项要素类及其二者之间的关系为整体概念模型的建构提供了侧重医学角度的理论基础，相当于以个体健康模型的形式参与对接。

在健康城市研究的经验指导下，评估研究和实证归纳研究结果表明，在整体概念模型的建构中应当纳入的空间要素类包括具体的空间类型，以及具体规划设计维度。这两项要素类及其二者之间的关系为整体概念模型的建构提供了侧重建成环境空间角度的理论基础，相当干以城市健康模型的形式参与对接。

由此，上述两方面理论基础共同导向了建构本概念模型的两大要点。

（1）模型由生理要素、外部环境要素、空间类型、具体规划设计维度四项要素构成。其中，生理要素、外部环境要素及其二者关系基于循证理论延展得出，构成模型的个体健康部分；具体规划设计维度及其与空间类型的关系基于健康城市研究经验导出，构成模型的城市健康部分。

（2）模型的个体健康部分与城市健康部分通过外部环境要素、空间类型两项要素进行对接。不同空间类型与外部环境要素情况的对应关系本身并未出离一般客观认知，并且在循证研究和健康城市研究中也均有所涉及，故可作为串接整合模型两部分的桥梁纽带。

基于以上要点，城市社区尺度空间的儿童健康效应即可以"四要素"概念模型予以概括（图 4.5）。

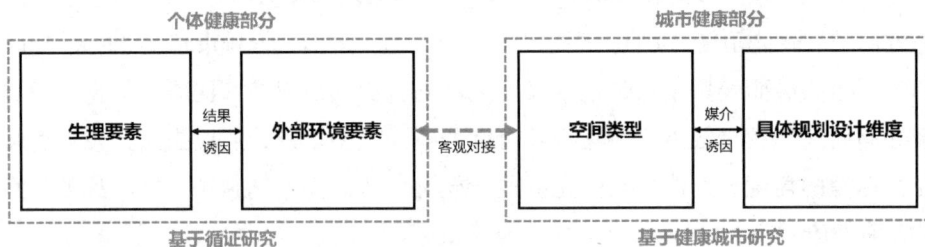

图 4.5　"四要素"概念模型总体图示

在本概念模型中，生理要素、外部环境要素、空间类型和具体规划设计维度四项要素之间存在成组的联动关系。

（1）在城市健康部分，空间类型是具体规划设计维度得以施行的媒介，同时各空间类型又以具体规划设计维度为诱因而作用于外部环境要素。二者之间的具体关联模式与城市健康模型相仿，即具体空间要素类型与空间要素指标所存在的交叉关系，主要基于健康城市实证归纳研究结果予以判断。

（2）在个体健康部分，外部环境要素是生理要素的重要诱因，同时生理要素又作为外部环境要素作用下的结果而存在。二者之间的具体关联模式与个体健康模型相仿，即或与实际致病机理紧密关联，或与个人特征、意识与行为选择环环相扣，主要基于循证研究结果予以判断。

（3）在个体健康与城市健康两部分之间，外部环境要素与空间类型两项要素存在客观对接关系，从而连带两部分模型串接为统一整体。举例说明，对于"场所通风"这一儿童疾病角度主要涉及的外部环境要素的探讨，显然即在客观上从属于包含家庭、居住区、教育性空间等在内的多重空间类型；而对于"地形条件"这一儿童保健角度主要涉及的外部环境要素的探讨，则在客观上仅覆盖及居住区、城市绿地等户外空间类型。

总体来看，本"四要素"概念模型的逻辑结构可概括为："空间"以各"具体规划设计维度"为诱因作用于"外部环境要素"，进而作用于儿童机体"生理要素"导出健康结果。对应于本书语境，则具体至城市社区尺度之下，其中的"空间类型"即特别指向了 3.3.2 节中所提出的"儿童群体子圈"范畴。同时，遵循儿童健康导向研究的第一条逻辑线索，需要分别从儿童疾病和儿童保健的角度对本概念模型加以具体化。

以下即首先从儿童疾病角度建构具体化的"四要素"概念模型。

4.2.1 儿童疾病角度的"四要素"概念模型

遵循儿童健康导向研究的第二条逻辑线索，从儿童疾病角度建构具体化的"四要素"概念模型应当由儿童常见疾病机理予以反推。因此，以下将具体着眼于前述 PICO 梳理中根据儿童常见疾病"预防—干预—预后"全流程中涉及的生理要素和外部环境要素情况，首先明确模型中的个体健康部分，进而由客观对接关系与"儿童群体子圈"各类儿童活动空间类型进行衔接，再结合健康城市研究经验列明具体规划设计维度，从而具体化城市健康部分。

1. 儿童疾病角度模型的总体表征

根据 PICO 梳理结果，儿童常见疾病"预防—干预—预后"全流程中主要涉及的生理要素包括儿童自身免疫力、局部生理结构病变、体内生理环境如微量元素缺乏和菌群失调等，其中有一定比例的要素与外部环境要素存在明确联动关系。以排在首位的代表性生理要素儿童自身免疫力为例，一方面，在自身免疫力水平低下的状态下，各类外部环境要素均为诱发儿童疾病的重要潜在隐患，如环境卫生的不洁净、微气候的不适宜，或将招致病毒、细菌的入侵风险；另一方面，城市社区尺度下的各类外部环境要素几乎均对其塑造具有辅助性作用：免疫力首先与体力活动互为影响，而各类外部环境要素的状态将对在其中开展体力活动的个体产生积极或消极影响，反映在免疫力水平方面则为提高或下降。再以具体的儿童常见疾病类型急性感染性喉炎为例，该疾病"预防—干预—预后"全流程中主要涉及的儿童机体生理要素包括喉部结构、自身免疫力、血清钙水平等，其中自身免疫力和血清钙水平亦与日照条件这一外部环境因素相关联。需要补充的是，大多生理要素与外部环境要素之间并非直接关联，也并非唯一绑定的因果关系，但二者之间的潜在关联形式并不影响概念模型的表征。以此类推，在本书 4.1.1 节中经 PICO 梳理而成的循证结果中，所涉及的各生理要素和外部环境要素之间本身即具有相互勾连的网络链接关系。总体归纳来看，外部环境要素类主要包括环境卫生、场所通风、日照条件、食物卫生、环境温度、环境湿度、器具卫生等。

鉴于本书对城市社区尺度的关注，因而对应的空间类型要素类也指向了本书 3.3 节中阐述的"儿童群体子圈"下属的 7 类儿童活动空间，即家庭、居住区、教育性空间、街巷、城市绿地、娱乐性空间和就医空间。将由 PICO 梳理归纳得到的外部环境要素与 7 类儿童活动空间统筹分析，在现实情境下，两项要素之间的客观对接关系如下。

（1）环境卫生、场所通风、日照条件和器具卫生情况对应的现实问题较为普遍，在各类儿童活动空间中均有涉及，室内空间和室外空间兼而有之。

（2）食物卫生情况一般在家庭、居住区、教育性空间、街巷和娱乐性空间中涉及，主要指向在此类空间中儿童对于食物的获取途径和方式，以及具体的营养卫生情况。

（3）环境温度和环境湿度情况在各类儿童活动空间中多有涉及，其中在家庭、教育性空间等空间类型中多指向室内体感温湿度的调控，在居住区、街巷、城市绿地等空间类型中则多指向室外温湿度状况。

通过上述客观对接关系的连通，便已实现了这一模型中个体健康部分向城市健康部分的引申。在此基础上进一步引申，再结合健康城市研究经验，即可对应各空间类型要素分别归纳列得具体规划设计维度的构成。从不同的客观引申思路出发，首先可列举普适性规划设计维度要素类。譬如，从空间所属位置角度出发而划分出的室内空间和室外空间，其中对于室内空间而言对应空间组织设计和家具设计，对于室外空间而言则对应包括建筑布局、道路交通、景观和设施等在内的多重维度；再如，从构成要件角度出发而划分出景观要件和设施要件，其中对于景观要件而言对应室内外铺装设计、软硬质搭配、植物景观规划、水体设计等，对于设施要件而言则对应大至道路等基础设施布局和公共服务设施布局、小至室内外家具设计；又如，从空间设计主导方向角度出发而划分出的功能主导型空间和形态主导型空间，其中功能主导型空间主要对应道路交通、公共服务设施布局等，形态主导型空间则主要对应室内外空间、景观与家具美学设计等，同时两类空间也存在交集。将上述多元引申思路分别形成的具体维度体系交叉聚类，即可整合形成一套整体性的规划设计维度要素类猜想体系。

进而，结合健康城市研究经验，明确具体规划设计维度要素类和空间类型之间的诱因和媒介关系。

已有研究表明，通过调整进风窗高度和开闭方式、降低内隔墙比例等室内空间设计手段改善住宅、教室、娱乐性建筑、医院病房等的通风和卫生环境，可以有效降低可吸入颗粒物等各类污染物对儿童健康造成的风险（刘炜，2017；刘鸣 等，2018；曾慧慧，2020）；居住区内建筑形态布局不合理、建筑高差过大、建筑密度过大将导致气流速度受限，从而不利于空气流通及污染稀释（Kubota et al.，2008），教育性空间、娱乐性空间和医疗建筑的绿色、生态、规范设计能够普适性地有助于人群的疾病预防（马明 等，2020；孙淼，2020；王梦蕊，2018；Figueiro et al.，2010）；低连通、低容量等不合理的街巷路网结构所引发的交通拥堵存在对居民身心健康的负面影响（Levy et al.，2010），且社区生活圈范围的街巷布局、居住区和城市绿地内的道路设计等与人群在户外的环境暴露风险密切相关（沈俊秀，2011）；教育性空间、城市绿地、娱乐性空间和就医空间本身也作为公共服务设施，其在社区中的密度和可达性等空间布局情况也间接影响了儿童受到的环境暴露风险（魏新哲，2020），居住区周边菜市场、社区农集等公共服务设施的数量提升也有助于从食物安全与卫生的角度促进社区居民生活的健康与公平（Ilieva，2016；严亚磊 等，2020）；此外，室外空间中无飞絮与滞尘性的植物景观规划设计、具象性和多样性的家具设计、趣味性和调蓄性的地面铺装软硬配比等对于儿童疾病的预防和康复均行之有效（季建乐 等，2019），较高的城市公园绿地面积、河流水系占比和植被量可有效改善城市环境品质，从而提升公共健康水平（Vries et al.，2003）。综合以上健康城市研究结论，即可初步建立空间类型与具体规划设计维度之间的媒介和诱因关系，明确两要素类之间的对接方式，完整表征模型中的城市健康部分。

由此，在城市社区尺度下，基于生理要素、外部环境要素、空间类型、具体规划设计维度四项要素的儿童疾病角度"四要素"概念模型即得到具体化建构。如图 4.6 所示，儿童常见疾病"预防—干预—预后"全流程中主要涉及的生理要素包括免疫力、局部生理结构、血清钙水平、过敏原构成、微量元素、维生素等；主要对应的外部环境要素有环境卫生、场所通风、日照条件、食物卫生、环境温度、环境湿度和器具卫生；与此客观对接的空间类型指向"儿童群体子圈"，包括家庭、居住区、教育性空间、街巷、城市绿地、娱乐性空间和就医空间七类；作为诱因的具体规划设计维度则包括室内空间与家具设计、建筑形态与布局、道路交通布局与断面设计、铺装设计与软硬质比例、植被覆盖情况与景观规划设计、室外家具设计、公共服务设施布局等。各要素类之间的关联情况亦通过要素间的连线予以表征，其中生理要素与外部环境要素之间的诱因与结果关系来自循证研究结论，大多生理要素与外部环境要素之间并非直接关联，也并非唯一绑定的因果关系，两项要素构成模型中的个体健康部分；空间类型与具体规划设计维度之间的诱因与载体关系来自健康城市研究经验，并已逐条根据文献结论加以筛选和确认，两项要素构成模型中的城市健康部分；外部环境要素与空间类型之间的客观对接关系则逐条依托现实情境直接推出，作为衔接模型两部分的纽带桥梁。

图 4.6　城市社区尺度下儿童疾病角度"四要素"模型的总体表征

　　从横向角度来看，儿童疾病角度的"四要素"概念模型呈现关联度特征。在外部环境要素、儿童活动空间类型和具体规划设计维度之间存在着较为复杂的链接关系。

　　首先，在外部环境要素和空间类型的客观关联方面，各类空间中通常均涉及环境卫生、场所通风、日照条件和器具卫生要素，彼此存在多对多的交互关系，共同组构而倍增形成交叉内容，如家庭居室日照情况、居住区空间场所通风情况、城市绿地环境卫生情况、娱乐性空间器具卫生情况等；家庭、居住区、教育性空间、街巷和娱乐性空间中通常涉及食物卫生要素，如家庭、教育性空间和娱乐性空间通常作为食物摄入场所，以及居住区和街巷等空间通常作为食物获取途径等；家庭、居住区、教育性空间、街巷、城市绿地、娱乐性空间和就医空间中通常涉及环境温湿度要素，主要指向室内外空间的温湿度适宜度和保持情况。

其次，在儿童主要活动空间类型与具体规划设计维度的对应关系方面，其中家庭空间相对聚焦而仅涉及室内空间设计和家具设计；居住区空间、教育性空间和就医空间涉及六重维度，维度覆盖面为最广，居住区主要涉及建筑形态与布局、道路交通布局与断面设计、铺装设计与软硬质比例、植被与景观规划设计、室外家具设计和公共服务设施布局，后二者在此基础上还涉及室内空间和家具设计，但与道路交通布局和断面设计方面关联度不强；街巷涉及五重维度，仅面向室外空间而主要涉及道路交通、铺装、景观、室外家具和公共服务设施等的设计；城市绿地涉及道路交通、铺装、景观和室外家具四重维度，娱乐性空间涉及室内空间设计、室内外家具设计、建筑形态与布局、公共服务设施布局四重维度。

从纵向角度来看，儿童疾病角度的"四要素"概念模型呈现复杂度特征。一方面表现为因各要素类本身的多元细分构成而形成了上述"四要素"总体之间的复杂链接关系，另一方面则表现为在各要素类内部的多元细分构成之间形成复杂链接的可能性。关于前者的复杂度特征在横向角度阐述中已多有涉及，在此主要分析后者的复杂度特征。

首先，聚焦外部环境要素，其中场所通风、日照条件和环境温湿度共同组成了场所微气候，尽管各有侧重，但彼此间也互相影响，譬如强日照条件下环境温度将保持在较高水平、强风场条件下场所保温保湿情况将较差等；环境卫生、食物卫生和器具卫生同样具有不同的侧重点，但均关注于清洁、无菌无毒等问题，同时在部分儿童活动中也存在共同作用的情境，譬如在"儿童放学途经小卖店购买零食并食用"这一活动中便同时涉及了小卖店、通学路径等场所的环境卫生情况和零食本身的食物卫生情况；此外，卫生类外部环境要素与微气候类外部环境要素之间也存在交互关系，譬如环境中存在的尘螨、花粉、霉菌、烟尘、飞沫等在人群高度集聚但通风不佳的场所中将增加疾病感染风险。

因此，多元外部环境要素之间存在高度内部相关性、存在共同作用的情境，并且彼此之间或具有互促机制。

其次，再聚焦具体规划设计维度，实践中诸多具体维度通常需要协同考量，这一点已在儿童活动空间类型与其规划设计具体维度的多重复合对应关系中得到了体现。在此基础上，不同具体维度之间也并非仅仅为单纯的并列关系，而是具有深入的交互共融关系。譬如，道路交通布局和断面设计首先与建筑的排布格局相关，即整体上共同构成实体空间与开放空间的图底关系，进而在细节上又与街道空间的软硬质比例、街道植物景观规划设计、街道家具设计等内容密切相关，此为多重具体规划设计维度在某一维度上的集成；此外，部分维度之间还具有互相影响的关系，如铺装设计与植被覆盖即水乳交融，在某一导向设计思维指导下此消彼长、达成平衡、实现最优解。因此，在具体规划设计维度之间也存在着集成、共通和联动关系。

鉴于儿童疾病角度"四要素"概念模型的总体表征结果仍存在复杂集成的特征，尚不利于专项性应用于检验研究和实践落地，因此，有必要提取其中的关键性空间类型，对"四要素"概念模型进一步加以具体化。在总体表征结果中，居住区空间、教育性空间和就医空间与六重规划设计维度关联，维度覆盖面为最广；而家庭、居住区空间、教育性空间、街巷和娱乐性空间又在客观上对接于最广范围的外部环境要素；此外，回顾"儿童群体子圈"的结构模式，教育性空间、家庭与居住区、城市绿地共同为城市社区尺度下儿童活动空间最主要的聚核。因此综合来看，居住区和教育性空间即为城市社区尺度下儿童疾病角度"四要素"模型进一步具体化的代表性空间类型。考虑到儿童在教育性空间中的活动和参与情况主要受到学校教育管理机制的影响，相比之下，居住区内的儿童活动和参与情况所受空间的作用更为纯粹，因此相应地，选择居住区作为儿童疾病角度"四要素"概念模型加以具体化的关键空间类型更具典型性和代表性。

2. 居住区空间类型下模型的具体表征

在城市社区尺度下儿童疾病角度"四要素"模型的总体表征基础上，居住区空间与七项外部环境要素均存在客观对接关系，且与六重具体规划设计维度关联。而六重具体规划设计维度以居住区空间为媒介作用于外部环境要素的详细逻辑链条，将结合健康城市研究经验，在居住区空间类型下的"四要素"模型中加以具体表征（图 4.7）。

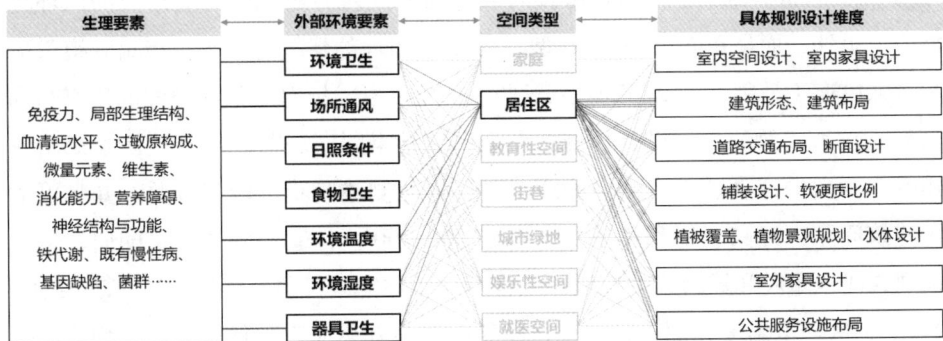

图 4.7　居住区空间类型下儿童疾病角度"四要素"概念模型的具体表征

为便于阐述各逻辑链条内容，依次将六重具体规划设计维度编号如下：（1）建筑形态、建筑布局；（2）道路交通布局、断面设计；（3）铺装设计、软硬质比例；（4）植被覆盖、植物景观规划、水体设计；（5）室外家具设计；（6）公共服务设施布局。对应于这一具体模型，以居住区空间为媒介，各具体规划设计维度与外部环境要素之间潜在关联情况的有无如表 4.3 所示。

表 4.3　居住区空间为媒介的具体规划设计维度与外部环境要素的关联情况

	环境卫生	场所通风	日照条件	食物卫生	环境温度	环境湿度	器具卫生
（1）	√	√	√	—	√	√	—
（2）	√	√	—	—	√	√	—
（3）	—	—	—	—	√	√	—
（4）	√	√	√	—	√	√	—
（5）	—	—	—	—	—	—	√
（6）	√	—	—	√	—	—	√

（1）在建筑形态与布局方面，以居住区空间为媒介，主要与环境卫生、场所通风、日照条件、环境温度、环境湿度形成逻辑链条。从环境卫生角度看，居住区内建筑形态与布局主要与空气污染情况关联，已有实证经验表明居住区内建筑物高度差异越大，污染物越不易扩散（Li et al.，2019）；居住区内建筑形态布局不合理、建筑密度过大将导致气流速度受限，从而不利于空气流通及

污染稀释（Kubota et al.，2008）。从场所通风角度看，居住区内建筑形态与布局将影响局部风场特征，如降低建筑高度、增加建筑数量可有助于形成良好的风环境（彭立 等，2017）；围合型排列或并列型排列的建筑群对应形成的风环境舒适度更佳，而呈正 Y 型、正 U 型、反 Y 型布局的建筑群会导致严重巷道效应和过强风速（马剑 等，2007）。从日照条件角度看，针对居住区空间的建筑布局已形成较为成熟的规划设计标准，实证研究结果同样表明北半球地区缩短南侧建筑东西向的宽度、扩大侧向间距，可使得北侧建筑获得较多日照，并且可缩短建筑间距，提高土地利用率（宋小冬 等，2009）；适当调整建筑朝向、采用错列式建筑布局和错台式建筑设计同样有助于住宅区日照环境优化（卢玫珺 等，2013）。从环境温度方面看，居住区建筑布局与其单体表皮材质的选择均将影响周边热环境，如基于 CTTC 模型的研究表明居住区建筑布局对热环境具有影响（林波荣 等，2002）；过小的建筑间距会增强建筑间辐射，使建筑周边温度过高（张宇娟，2015）。从环境湿度方面看，相关规律与场所通风和环境温度相契合，建筑布局松散、开敞则易于散热，相对湿度较高（吴园园，2019）。

（2）在道路交通布局与断面设计方面，以居住区空间为媒介，主要与环境卫生、场所通风、环境温度、环境湿度形成逻辑链条。从环境卫生角度看，道路交通是居住区空气污染的主要来源，实证研究表明中心城区居住区 PM2.5 浓度主要受到交通排放的影响，居住区内建筑间隙较大的道路一带污染物浓度高（金梦怡，彭仲仁，2019）；相比之下，步行街谷比常规街谷中污染物浓度随高度递减更快（肖正强 等，2021）。从场所通风角度看，不同布局与断面设计的居住区街谷将对应至不同形制的风场特征，相应地影响污染物扩散，如宽街谷形成的风场湍流模型有助于街谷中污染物的扩散（Chan et al.，2002）；风向平行于街谷时可形成狭管效应，使得街谷内风速加大，街谷走向与盛行风呈较小夹角时、上风向建筑高度较低时有利于街谷内污染物扩散（王宝民 等，2005）。从环境温度角度看，居住区道路断面的比例设计将影响其对应的热环境，长宽比小而高宽比大的道路、围合式道路易储热，长宽比大而高宽比小的道路易散热（吴园园 等，2019）。从环境湿度角度看，居住区道路断面的比例和植物搭配情况均与湿度相关，实证结果表明长宽比大而高宽比小的道路环境湿度较高；道路断面设计中增加灌木绿带、乔木行道树能够有效增湿（吴园园 等，2019）；并且，绿化相比其他因素而言对道路环境湿度影响更大（宋金帆 等，2019）。

（3）在铺装设计与软硬质比例方面，以居住区空间为媒介，主要与环境温度、环境湿度形成逻辑链条。从环境温度角度看，实证研究测算结果表明铺装材料的蓄热性由大到小为：沥青、混凝土、干土、草坪（董靓，1995）；由于居住区室外热岛强度与透水性地面铺装面积呈负相关，使用透水性地面铺装可有效缓解小区热岛效应（吴旭春 等，2021）。从环境湿度角度看，关于透水性铺装材料的研究表明，在降温作用的同时，透水性铺装材料能够在雨后持续蒸发水分，具有增加环境湿度的作用（陶贵俏 等，2020）。

（4）在植被覆盖、植物景观规划与水体设计方面，以居住区空间为媒介，主要与环境卫生、场所通风、日照条件、环境温度、环境湿度形成逻辑链条。从环境卫生角度看，植物类型的选择搭配与污染物浓度的治理密切相关，实证研究表明乔木较灌木和草本能够更有效降低大气颗粒物浓度，乔灌木绿地需达到一定规模后才能够有效降低污染物浓度（邵天一 等，2004；杨清 等，2018）；乔木数量较多且通风良好的绿地对居住区内污染物削减率较高（陈博 等，2018）。从场所通风角度看，总体上居住区内植被对风环境具有有利影响（武子斌，2009）；提升居住区内绿化率水平能提高舒适性，减小平均风速（曹嘉会 等，2017）；但植株密度过大形成郁闭空间将阻碍居住区内部空气流通，对污染物浓度的削减产生负效应（陈博 等，2018）。从日照条件角度看，植物景观规划设计将影响对应地段的光照情况，实证研究表明日间光照强度值最大时，居住区内不同植被覆盖情况的地段中实际光照强度由大到小依次为：硬质铺装、灌草、草坪、花灌草、乔草临水、乔灌草（程朝霞 等，2019）。从环境温度角度看，在居住区面积、建筑面积一定的情况下，实证研究表明增加绿化率可以明显改善居住区的热环境（陈玖玖 等，2004）；即提升居住区内绿化率能降低平均气温，提高体感舒适性（曹嘉会 等，2017）。从环境湿度角度看，绿化率水平被证明是住宅区内对平均相对湿度影响最大的建成环境因素（曹嘉会 等，2017）；灌木、乔木和屋顶绿化均对居住区降温增湿有效，其中乔木的增湿效果最为明显（王婷 等，2019）。

（5）在室外家具设计方面，以居住区空间为媒介，主要与器具卫生形成逻辑链条。具体体现在居住区内儿童高关联性场所环境存在不同类型胃肠道病毒的污染，具有发生胃肠道病毒感染的潜在风险（龙冬玲 等，2019）。其中，在部分城市已开展的环境样本采集实验中，室外儿童游戏设施如摇摇车等肠道病毒阳性率较高（龙遗芳 等，2020）。

（6）在公共服务设施布局方面，以居住区空间为媒介，主要与环境卫生、食物卫生和器具卫生形成逻辑链条。从环境卫生角度看，居住区内的设施卫生情况属于居民"高关注-低满意"的因子（郑童 等，2011）；邻里实体环境与社会情境对居民生活满意度的作用并非独立或并列存在，居民接触的污染暴露与公共服务设施的密度和可达性等相关，而公共服务设施和污染暴露分别会对社会交往提供机会或加以制约，间接影响居住区生活品质（杨婕 等，2021）。从食物卫生角度看，菜市场、社区农集等公共服务设施的合理布局有助于从食物安全与卫生的角度保障居民食物摄入的品质，促进社区居民生活的健康与公平（Ilieva，2016）。从器具卫生角度看，在部分城市开展的社区儿童游乐场所及托幼机构环境肠道病毒污染调研结果表明，居住区内公共服务设施器具普遍呈病毒阳性状态，其中室外儿童场所病毒阳性率远高于室内，需要定期开展消毒处理（龙遗芳 等，2020）。

综合上述基于健康城市实证研究结果的详细逻辑链条梳理，居住区空间类型下儿童疾病角度的"四要素"模型得到了具体表征。在六重具体规划设计维度中，建筑形态与布局、道路交通布局与断面设计、植物景观规划设计和公共服务设施布局这4项原因最具代表性，依托于居住区空间，密切作用于外部环境要素。需要说明的是，本模型中逻辑链条的证据来源多数并非直接针对儿童群体成立，而是具有一定的普适性。因此，还需要结合实际地段中具体的儿童疾病特征对模型的要素构成和结构关系加以检验。

4.2.2 儿童保健角度的"四要素"概念模型

遵循儿童健康导向研究的第三条逻辑线索，从儿童保健角度建构具体化的"四要素"概念模型应当由儿童体力活动评估予以论证。因此，以下将具体着眼于前述PICO梳理中由儿童免疫力水平引申导出的儿童体力活动所涉生理要素和外部环境要素情况，首先明确模型中的个体健康部分，进而由客观对接关系与"儿童群体子圈"各类儿童活动空间类型进行衔接，再结合健康城市研究经验列明具体规划设计维度，从而具体化城市健康部分。

1. 儿童保健角度模型的总体表征

基于 PICO 梳理中由免疫力水平引申导出的儿童体力活动所涉要素情况，以及运动医学领域的研究经验，与儿童体力活动相关联的生理要素主要包括免疫力水平、骨骼肌肌力、机体心肺功能、骨量和骨密度、机体抗氧化水平等（Gunter et al., 2010；Ortega et al., 2015）。其中，在骨骼肌方面还具体体现在肌纤维蛋白基因表达水平（即肌纤维蛋白合成能力），在骨骼生长发育方面还具体体现在其中的矿物质含量情况，在机体抗氧化水平方面还具体体现在体内脂质过氧化物和自由基水平。适度、有效的体力活动将促进儿童以上各项生理要素对应指标达到标准化水平。儿童体力活动的开展及其水平将影响上述生理要素的特征，而来自综合证据和系统评价概要的结论则表明外部环境要素将对儿童本人和监护人关于开展体力活动的意志认知和实际行为有所影响，进而再作用于儿童机体生理要素。譬如，儿童活动空间中的器具类型构成将在一定程度上引导儿童开展特定类型的体力活动；以攀爬网这一儿童游乐设施为例，儿童在该设施中开展一定时长的体力活动将有助于锻炼肌肉力量、促进心肺功能发育，即对应于前述多项生理要素指标。以此类推，与儿童体力活动相关的各生理要素和外部环境要素之间具有相互勾连的网络链接关系，二者所共同构成的模型个体健康部分的内部逻辑结构还将依托于儿童本人和监护人的意志，以及实际体力活动的"强度-时间"情况而明确。总体归纳来看，外部环境要素类主要包括场所安全、地形条件、可达程度、可玩程度、环境温度、环境湿度、器具类型。

同理，将上述外部环境要素与"儿童群体子圈"中的七类儿童活动空间统筹分析，在现实情境下，两项要素之间的客观对接关系如下。

（1）场所安全、可玩程度、环境温度、环境湿度和器具类型情况在各类儿童活动空间中均有涉及，主要指向儿童在空间内开展体力活动的普遍性需求，室内空间和室外空间兼而有之。

（2）地形条件情况一般在家庭、居住区、教育性空间、街巷、城市绿地和娱乐性空间中涉及，主要指向实体空间场所设计所承载的儿童开展体力活动的客观基础条件。

（3）可达程度情况则在教育性空间、街巷、城市绿地和娱乐性空间等空间类型的营造中涉及，主要指向儿童前往此类实体空间开展体力活动的路径体验。

　　通过上述客观对接关系的连通，便已实现了这一模型中个体健康部分向城市健康部分的引申。与儿童疾病角度具体化模型同理，首先从不同的客观引申思路出发列举普适性规划设计维度要素类，再将多元引申思路分别形成的具体维度体系交叉聚类，整合形成一套整体性的规划设计维度要素类猜想体系，其总体构成亦与儿童疾病角度具体化模型一致。

　　进而，结合健康城市研究经验，明确具体规划设计维度要素类和空间类型之间的诱因和媒介关系。

　　已有研究表明，通过对住宅、教室、娱乐性建筑、就医空间等室内空间进行以"主动设计"为代表的合理设计，有助于创造儿童体力活动的开展条件，如提高安全系数、适当设置器材设施、促进楼梯使用率等（田莉 等，2021；徐振 等，2021）；居住区、教育性空间和娱乐性空间的开发强度，如建筑密度等的高低将影响人群在其中开展体力活动的水平，或与建筑密度影响其中体力活动场地大小和心理体验有关（Day，2016）；道路交通布局和断面设计关乎空间的可步行性，居住区和城市绿地内小尺度、密路网设计在空间形式上具有高度的连续性和渗透性，往往对应形成步行友好且有活力的空间，助于提升人群体力活动水平（Kent et al.，2014；余妙 等，2012；徐磊青 等，2017）；街巷等道路交通设施、教育性和娱乐性空间等公共服务设施的可达性和便利度将直接影响居民的出行成本和出行意愿，在空间上体现为居民与要素之间的互动关系呈现出基于要素空间位置的异质性特征（王丹，2014；沈晶 等，2019），同时，设施功能混合度较高的居住区空间中居民也具有更高的步行活动水平（Oliver et al.，2011）；城市绿地、居住区等空间的户外组成部分所使用的地面铺装材料将影响空间中的主导体力活动类型和效果，如塑胶材质便于提高慢跑活动功效，木质材质助于提高步行活动功效等（王南 等，2021）；城市绿地等户外空间中的植物景观规划设计不仅将为儿童体力活动提供符合其兴趣认知的"工具"，同时也能够调动其多重感官，即提高体力活动自主性，促进体力活动输出（曲琛 等，2015；应桃园，2016；Akpinar et al.，2016）；此外，各类户外空间中的家具设计对人群体力活动情况也存在较大影响，如健身器材的数量即与锻炼活动情况显著正相关（张冉 等，2019）。综合以上健康城市研究结论，即可初步建立空间类型与具体规划设计维度之间的媒介和诱因关系，明确两要素类之间的对接方式，完整表征模型中的城市健康部分。

　　由此，在城市社区尺度下，基于生理要素、外部环境要素、空间类型、具体规划设计维度四项要素的儿童保健角度"四要素"概念模型即得到具体化建构。如图 4.8 所示，儿童体力活动的开展和水平主要涉及的生理要素包括免疫力水平、骨骼肌肌力、机体心肺功能、骨量和骨密度、机体抗氧化水平等；主要对应的外部环境要素有场所安全、地形条件、可达程度、可玩程度、环境温度、环境湿度和器具类型；与此客观对接的空间类型指向社区生活圈中的"儿童群体子圈"，包括家庭、居住区、教育性空间、街巷、城市绿地、娱乐性空间和就医空间七类；作为诱因的具体规划设计维度则包括室内空间与家具设计、建筑形态与布局、道路交通布局与断面设计、铺装设计与软硬质比例、植被覆盖情况与景观规划设计、室外家具设计、公共服务设施布局等。各要素类之间的关联情况亦通过要素间的连线予以表征，其中生理要素与外部环境要素之间的诱因与结果关系来自循证研究结论，生理要素与外部环境要素之间依托于儿童本人和监护人的意志，以及实际体力活动的"强度-时间"情况，共同构成模型中的个体健康部分；空间类型与具体规划设计维度之间的诱因与载体关系来自健康城市研究经验，并已逐条根据文献结论加以筛选和确认，两项要素共同构成模型中的城市健康部分；外部环境要素与空间类型之间的客观对接关系则逐条依托现实情境直接推出，作为衔接模型两部分的纽带桥梁。

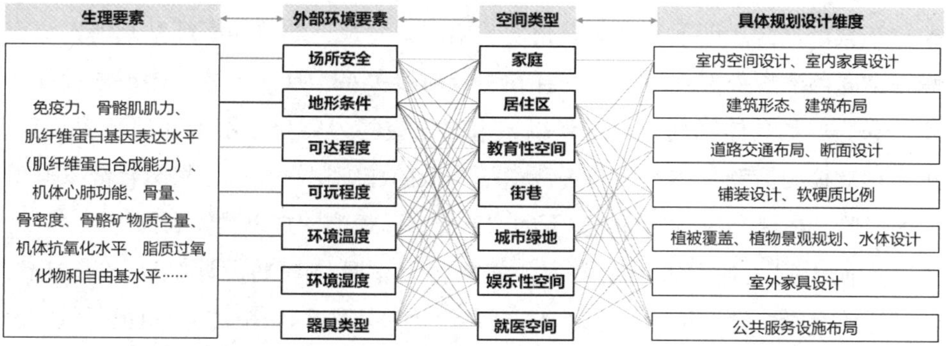

图 4.8　城市社区尺度下儿童保健角度"四要素"模型的总体表征

　　与儿童疾病角度"四要素"概念模型相一致，模型在横向角度呈现关联度特征，在纵向角度亦同样呈现复杂度特征，外部环境要素、儿童活动空间类型和具体规划设计维度内部本身及各要素类之间存在着较为复杂的链接关系，具体表现不再赘述。

鉴于儿童保健角度"四要素"概念模型的总体表征结果仍存在复杂集成的特征，尚不利于专项性应用于检验研究和实践落地，因此，同样有必要提取其中的关键性空间类型，对"四要素"概念模型进一步加以具体化。在总体表征结果中，居住区空间、教育性空间和城市绿地所关联的规划设计维度覆盖面最广；教育性空间、街巷、城市绿地和娱乐性空间又在客观上对接于最广范围的外部环境要素；此外，回顾"儿童群体子圈"的结构模式，教育性空间、家庭与居住区、城市绿地共同为城市社区尺度下儿童活动空间最主要的聚核。因此综合来看，城市绿地和教育性空间即为城市社区尺度下儿童保健角度"四要素"概念模型进一步具体化的代表性空间类型。与儿童疾病角度的考虑相仿，儿童在教育性空间中开展的体力活动情况主要受到学校教育管理机制的影响，如每周固定安排的体育课、课外活动时间、校园活动秩序规章等均以管理机制的方式对儿童在教育性空间内的体力活动产生决定性影响；而相比之下，城市绿地内的儿童体力活动情况所受空间的作用更为纯粹，因此相应地，选择城市绿地作为儿童疾病角度"四要素"概念模型加以具体化的关键空间类型更具典型性和代表性。

2. 城市绿地空间类型下模型的具体表征

在城市社区尺度下儿童保健角度"四要素"模型的总体表征基础上，城市绿地空间与七项外部环境要素均存在客观对接关系，且与五重具体规划设计维度关联。五重具体规划设计维度以城市绿地空间为媒介作用于外部环境要素、进而影响体力活动具体开展与否和水平高低的详细逻辑链条，将结合健康城市研究经验，在城市绿地空间类型下的"四要素"模型中加以具体表征（图4.9）。

为便于阐述各逻辑链条内容，依次将五重具体规划设计维度编号如下：
（1）道路交通布局、断面设计；（2）铺装设计、软硬质比例；（3）植被覆盖、植物景观规划、水体设计；（4）室外家具设计；（5）公共服务设施布局。对应于这一具体模型，以城市绿地空间为媒介，各具体规划设计维度与外部环境要素之间潜在关联情况的有无如表4.4所示。

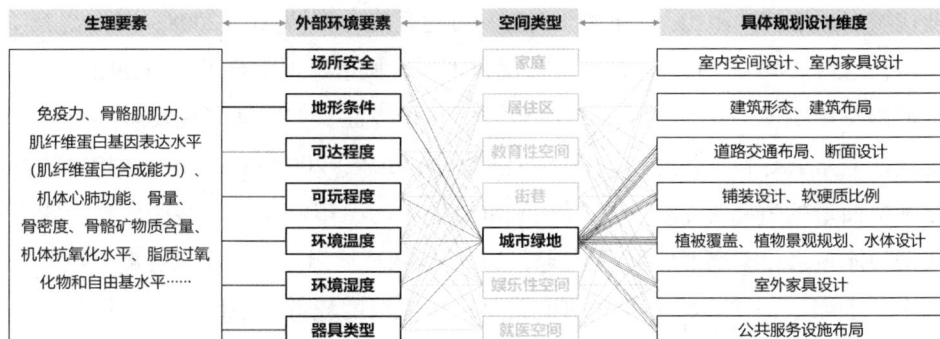

图 4.9　城市绿地空间类型下儿童保健角度"四要素"概念模型的具体表征

表 4.4　城市绿地为媒介的具体规划设计维度与外部环境要素的关联情况

	场所安全	地形条件	可达程度	可玩程度	环境温度	环境湿度	器具类型
（1）	√	√	√	√	√	√	—
（2）	√	√	—	√	√	√	—
（3）	√	√	—	√	√	√	—
（4）	√	—	—	√	—	—	√
（5）	√	—	√	√	—	—	—

（1）在道路交通布局与断面设计方面，以城市绿地空间为媒介，主要与场所安全、地形条件、可达程度、可玩程度、环境温度、环境湿度形成逻辑链条。从场所安全角度看，城市绿地内道路的布局与设计与包括儿童及其监护人在内的使用者安全感体验密切相关，如符合儿童体力活动特点的路宽设计、安全有效的路面高差处理、防滑的路面材料等的必要性即在实地统计中得以证明（应桃园，2016）；而城市绿地整体与社区生活圈范围内道路交通系统的关系则关乎前往城市绿地开展体力活动这一路径过程的安全性（李婧 等，2020；杨婕 等，2021）。从地形条件角度看，城市绿地内道路坡度、路面状况等对于体力活动的开展有所影响，实证研究表明路面情况好将对骑行行为产生显著良好影响（刘东宁 等，2014）；道路的长度、宽度、沿途绿量等地形指标亦与健步量具有量化关系（王南 等，2019）。从可达程度角度看，以城市绿地为整体，考虑其与社区生活圈范围内道路交通系统的关系，城市绿地接入步行网络的方式将影响其步行可达性，从而影响居民前往开展体力活动的意愿（张灵珠 等，2021），通过适度加密外部城市空间与城市绿地入口连接的步行道路等方法将有助于减小

前往城市绿地的"阻力"，针对性提高其可达程度（李博 等，2008；刘常富 等，2010；赵露莹 等，2021）。从可玩程度角度看，城市绿地中合理的道路路径规划和形制将影响体力活动体验，提高体力活动积极性，如实证研究发现环形道路比线形道路更有利于促进持续性步行活动（Rodiek，2008）；有目的地指向的道路和弯曲形的道路更加符合人群在城市绿地中的愿望路径，能够提高参与体力活动的体验感和满意度（赵警卫 等，2019）。从环境温度与湿度角度看，城市绿地中处于灌木、乔木较为茂密的道路小径环境温度较低、湿度较大，相对适于低强度体力活动，而不利于中高强度体力活动的开展（吴园园 等，2019；赵晓龙 等，2018）。

（2）在铺装设计与软硬质比例方面，以城市绿地空间为媒介，主要与场所安全、地形条件、可玩程度、环境温度、环境湿度形成逻辑链条。从场所安全角度看，"地面"和"植物"被儿童认为提供了城市绿地中最高被使用的可供性，铺地材质、纹理等亦与开展体力活动的安全体验相关（应桃园，2016；曲琛 等，2015）。从地形条件角度看，城市绿地中的铺装设计是营造适于儿童开展体力活动的地形条件的关键手段，平坦地面、缓坡设计和缓冲性铺装材质更利于保护儿童免受伤害（苗玉慧，2020），并且通过软硬质的区分也可潜在划分城市绿地内的不同空间分区（全利利 等，2014）。从可玩程度角度看，不同铺装材质被证明分别对应于适宜开展的不同体力活动类型，如塑胶材质便于提高慢跑活动功效，木质材质有助于提高步行活动功效等（王南 等，2021）；在软硬质铺装混合的场地中，儿童体力活动持续时间较长、能量消耗更大（王馨甜 等，2018）；此外，铺装设计采用鲜明色彩与活泼图案也有助于提升儿童体力活动的自发性（熊敏 等，2019）。从环境温湿度角度看，与居住区空间铺装特征相似，植被等透水性软质铺装相比不透水性硬质铺装的场地平均环境温度低、环境湿度高（杜杨 等，2020），通过合理的软硬质配比亦可营造季节适应性的场所微气候（冷红 等，2021）。

（3）在植被覆盖、植物景观规划与水体设计方面，以城市绿地空间为媒介，主要与场所安全、地形条件、可玩程度、环境温度、环境湿度形成逻辑链条。从场所安全角度看，实证研究表明植物和水体等亲自然要素能够较大程度促进人群体力活动的积极性，然而较广的林地、较深的水体则不利于保持安全体验，反而将抑制体力活动（Tsai et al.，2015）。从地形条件角度看，植物配置、叠山理水等是对城市绿地基本地形条件进行塑造的关键手段，利用天然地形基础适当起伏和变化将增强城市绿地空间的可探索性，契合儿童游玩兴趣（邹汝霞，2013），但同时也将限制骑行等体力活动的开展。从可玩程度角度看，植物等自然景观的构成丰富度将使体力活动视觉和心理体验更佳，如实证测度表明城市绿地中自然景观占视觉比例越高则体力活动持续时间也将越长（Brownson et al.，2001）；城市绿地中的植被质量越好，使用该空间进行体力活动的满意水平也将越高（Zhang et al.，2015）；同时，植物能够调动儿童多种感官，多方位提供体力活动可供性，提高空间的可玩程度（曲琛 等，2015）。从环境温湿度角度看，与居住区空间相关实证研究结论一致，城市绿地中的植被覆盖情况与地表温度呈显著负相关，灌木、乔木和水体的配置将使城市绿地空间降温增湿，其中最为主要的因素仍为乔木植物盖度（周立晨 等，2005）。

（4）在室外家具设计方面，以城市绿地空间为媒介，主要与场所安全、可玩程度、器具类型形成逻辑链条。从场所安全角度看，城市绿地内供儿童开展体力活动使用的器材首先同样需要具备基本的安全保障，需要符合儿童体力活动的能力和实际需要，并且予以定期的检修、设置清晰易懂的危险指示系统（蒋有为 等，2013；温宗勇 等，2017）。从可玩程度角度看，实证经验表明城市绿地中的器材设施设置与体力活动频率呈显著正相关（Akpinar et al.，2016；张冉，舒平，2019）；部分前沿性设计还特别针对儿童不同年龄阶段的喜好和体能分别设置器材设施，更加有效提升儿童的体力活动意愿（温宗勇 等，2017）。从器具类型角度看，关于儿童理想状态户外活动场所的调研结果表明运动设施、娱乐设施、多媒体设施等器材类型最符合儿童本身的体力活动预期（曲琛 等，2015）；而器材类型本身涉及儿童体力活动特征偏好，同时也对应于不同的强度水平，如我国城市绿地中普遍设置的组合儿童活动器材区域即往往对应短时间、高强度儿童体力活动（王馨甜 等，2018）。

（5）在公共服务设施布局方面，以城市绿地空间为媒介，主要与场所安全、可达程度、可玩程度形成逻辑链条。从场所安全角度看，城市绿地周边功能混合度较高的公共服务设施配置可增进地区内的安全性，增进社会邻里交往和信任度（杨婕 等，2021；Tao Y et al.，2019）。同理，从可玩程度角度看，城市绿地内部和周边地区公共服务设施配置的完备将带动城市绿地本身具有更加丰富的功能属性，也是儿童理想状态下可供性的重要承担者（曲琛 等，2015），能够提高空间对开展体力活动的吸引力。从可达程度角度看，城市绿地本身也作为公共设施的一部分，其在社区生活圈范围内的空间分布情况，包括城市社区尺度下城市绿地的数量、城市绿地距离居住区的远近、城市绿地与主要道路的关系等将影响其本身的可达程度，以与居住区距离的远近为例，实证研究已表明随该距离的增加，居民前往参与体力活动的频率也将显著降低（Akpinar，2016；Schipperijn et al.，2010；Coombes et al.，2010）。

综合上述基于健康城市实证研究结果的详细逻辑链条梳理，城市绿地空间类型下儿童保健角度的"四要素"模型即得到了具体表征。在五重具体规划设计维度中，道路交通布局与断面设计、铺装设计与软硬质比例和植物景观规划设计几项诱因最具代表性，依托于城市绿地空间，密切作用于外部环境要素。需要说明的是，本模型中逻辑链条的证据来源部分并非直接针对儿童群体成立，而是具有一定的普适性。因此，也同样需要结合实际地段中具体的儿童保健特征对模型的要素构成和结构关系加以检验。

4.3 "四要素"概念模型的案例评述

为进一步阐明"四要素"概念模型与在地实践的契合程度，本部分将选取具有代表性的国际案例城市波士顿，聚焦相同尺度范围，就儿童疾病角度进行评述。

4.3.1 波士顿儿童疾病角度健康问题的具体化

近年来在政府和社区非营利组织的引导和推动下，波士顿在城市健康和儿童友好方面进行了若干探索并实现数据公开，整体体现出较为积极的发展走向，值得进行持续关注，特别是其中聚焦社区尺度的细化研究，其前沿性颇为鲜明。波士顿市政府和公共卫生委员会以邻里社区[①]为统一的统计单元，全面而持续地跟进城市公共卫生及建成环境要素情况，一方面主要将波士顿儿童健康问题具体化至若干种典型的疾病类型，另一方面在罗列一般性建成环境要素的基础上

---

① 波士顿邻里社区是在邮政编号（ZIP Code）分区基础上的部分整合，共计有 15 个。与本书社区生活圈尺度范围基本一致。

也结合典型疾病对其中的关键维度予以探究。换言之，即通过对疾病问题的细化和要素构成的筛选，识别出空间治理管控效用较高的部分，在本质上与本书所关注的核心科学问题具有相通性。

在波士顿儿童疾病问题的具体化方面，波士顿儿童健康调查结果显示，2012 年波士顿未成年人哮喘病确诊率高达 12.6%[①]，哮喘病也被认为是波士顿儿童确诊率最高的慢性病之一。由于哮喘病的病理学成因主要包括生物性因素、理化因素、营养因素、遗传因素、先天性因素和免疫因素，符合一般性儿童疾病的病因病理特征，因而在各项疾病类型中具有高度典型性。譬如：在免疫因素方面，相关研究表明改善室内外环境、避免儿童接触屋尘螨等过敏原及刺激物、避免被动吸烟等对预防儿童哮喘有非常重要的意义（罗茂红 等，2002；Ulrik，et al.，1996；Yazicioğlu et al.，1998；Callén et al.，1997）；适度的规律性体育锻炼也有助于提高儿童机体免疫力以预防儿童哮喘病的威胁（付新，2007）。因此综合来看，儿童哮喘病病况对于波士顿当地儿童健康状况而言具有一定程度的代表性。

在具体测度方法方面，由于个体健康层面数据获取存在有限性，目前美国公共卫生领域范围内普遍认同的哮喘病病况指代指标为急诊就医率，因而在总体性研究报告中选取哮喘病急诊就医率（次 / 万儿童）[②]，即本社区儿童居民前往各所医院（以本社区医院为主）的哮喘病急诊就医情况，作为各邻里社区儿童健康指数的测度指标。此外，考虑到儿童群体学龄前后所涉建成环境要素的差异，以美国学龄线 5 岁作为分界点，对 3~5 岁学龄前儿童和 5~17 岁学龄儿童的健康情况分类讨论（图 4.10、图 4.11）[③]。

两组儿童群体哮喘病急诊就医率的空间分布特点具有较强的一致性。整体来看，波士顿偏东部社区儿童哮喘病急诊就医率居高，西部和西南部社区就医率则较低。河湾中央社区形成就医率低谷区，城市中部社区则形成就医率高峰地区。

与本书所归纳的儿童健康导向研究第二条逻辑线索相吻合，研究进一步对于作为影响因子的建成环境要素的探讨即由儿童哮喘疾病的致病机理予以反推。

---

① 数据来源：波士顿公共卫生委员会官网
② 数据来源：波士顿公共卫生委员会官网
③ 数据来源：波士顿公共卫生委员会官网

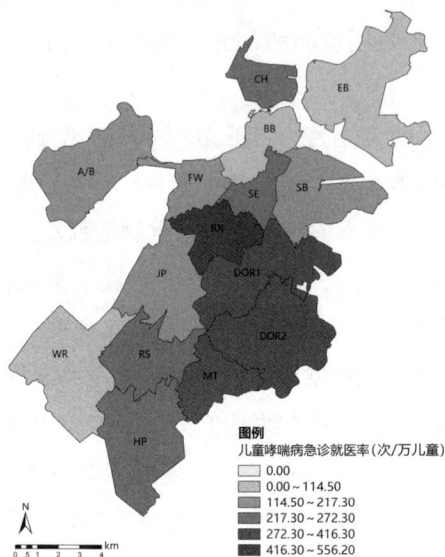

图 4.10　3~5 岁儿童哮喘病急诊就医率　　图 4.11　5~17 岁儿童哮喘病急诊就医率
　　　　　（自绘）　　　　　　　　　　　　　　　　（自绘）

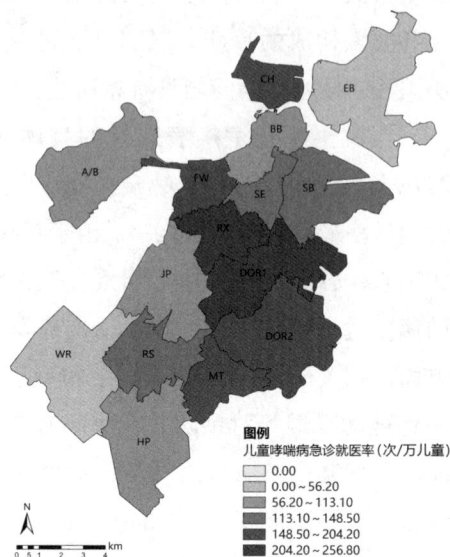

4.3.2　波士顿邻里社区关键规划设计维度的识别

　　与反推思路相一致，在关键规划设计维度的识别方面，波士顿案例的具体
实践先后经历了粗筛、分析、精筛的过程。由于城市发展有着多方位需要，波
士顿邻里社区建成环境数据库中罗列的建成环境要素包罗万象、复杂度极高，
因此首先基于循证经验初步归纳和引申得到儿童哮喘疾病所涉及的社区尺度建
成环境要素具体维度，包括儿童教育性空间规划、自然环境景观规划设计、场
所儿童可达性、儿童服务设施布局情况等。进而，采用量化空间数据指标刻画
上述维度，综合分析建成环境要素与健康问题之间的相关性。譬如，儿童教育
性空间规划维度，鉴于波士顿学龄儿童就学率普遍较高，可主要由学校服务覆
盖率（兼包含公立与私立两部分）这一空间指标反映；再如，自然环境景观规
划设计维度，主要通过由开放空间信息数据推算得到的公共可达开放空间[①]覆盖

---

① 符合公共性（public）、开放性（open）和可达性（accessible）条件的开放空间，即非私人所属、
公共可达性高的开放空间。

率和由树木空间位置数据推算得到的树木覆盖率等指标反映。如此，便可形成完整刻画建成环境要素情况的指标体系（表 4.5），并以邻里社区为统一的统计单元与儿童哮喘病病况综合分析。进而，以统一统计单元下的各项指标与哮喘病况为数据基础，通过构建多元线性回归模型评价各指标与儿童健康问题的相关性强弱（表 4.6、表 4.7），从而便可收窄波士顿邻里社区关键规划设计维度的构成范围。

表 4.5　波士顿邻里社区建成环境要素量化指标示例

表 4.6　3~5 岁学龄前儿童哮喘病急诊就医率多元线性回归模型系数表

模型	非标准化系数	标准误差	标准系数	t	Sig.
（常量）	1 138.000	312.447	—	3.642	0.007**
公共可达开放空间覆盖率	−1 498.127	509.356	−0.547	−2.941	0.019*
树木覆盖率	329.155	484.425	0.148	0.679	0.516
自行车线路密度	25.283	35.309	0.242	0.716	0.494
步行指数	−64.611	18.192	−0.719	−3.552	0.007**
医院覆盖率	207.379	64.754	0.450	3.203	0.013*

* sig.<0.05，** sig.<0.01

注：t 表示非标准化系数 / 标准误差，Sig. 表示显著性水平

表 4.7　5~17 岁学龄儿童哮喘病急诊就医率多元线性回归模型系数表

模型	非标准化系数	标准误差	标准系数	t	Sig.
（常量）	376.108	133.275	—	2.822	0.026*
公共可达开放空间覆盖率	−648.621	220.545	−0.501	−2.941	0.022*
树木覆盖率	223.406	202.404	0.212	1.104	0.306
自行车线路密度	15.494	14.662	0.313	1.057	0.326
步行指数	−26.330	7.550	−0.620	−3.488	0.010**
医院覆盖率	65.801	28.183	0.302	2.335	0.052
学校覆盖率	147.184	49.932	0.371	2.948	0.021*

* sig.<0.05，** sig.<0.01

注：t 表示非标准化系数 / 标准误差，Sig. 表示显著性水平

　　从结果来看，对于 3~5 岁学龄前儿童群体而言，剔除教育维度相关指标后，公共可达开放空间覆盖率、步行指数和医院覆盖率具有较好的显著性（sig.<0.05），树木覆盖率和自行车线路密度指标与学龄前儿童哮喘病急诊就医率的相关性不显著。基于标准系数绝对值判断，影响程度较大的指标为步行指数和公共可达开放空间覆盖率，标准系数分别为 −0.719 和 −0.547；医院覆盖率指标居其后，标准系数为 0.450。医院覆盖率指标标准系数为正值，佐证了邻里社区尺度层面学龄前儿童急诊就医频次相对受到地理空间的限制；此外结合其他维度分析，部分医院覆盖率较大的邻里社区在环境、儿童可达性等方面的品质对应较低，也说明就医环境本身及其路径的规划设计值得关注。步行指数和公共开放可达空间覆盖率的标准系数为负值，证明邻里社区尺度层面儿童可达

性维度和环境品质维度对学龄前儿童健康确实具有积极的影响效果，并且着重体现于邻里社区空间的步行友好性与公共性、开放性、可达性。

对于 5~17 岁学龄儿童群体而言，公共可达开放空间覆盖率、步行指数和学校覆盖率具有较好的显著性（sig.<0.05），树木覆盖率、自行车线路密度和医院覆盖率指标与学龄儿童哮喘病急诊就医率的相关性不显著。基于标准系数绝对值判断，影响程度较大的指标为步行指数和公共可达开放空间覆盖率，标准系数分别为 -0.620 和 -0.501；学校覆盖率指标居其后，标准系数为 0.371。学校覆盖率指标标准系数为正值，说明在邻里社区尺度层面学龄儿童在学活动空间和上下学路径空间与儿童健康密切相关，且存在若干健康隐患。生活在学校 500m 服务半径内的学龄儿童，日常活动更多在学校和上下学空间开展，这一类集聚或流动的空间如未在规划和卫生方面予以足够的关注，就会潜在增加儿童暴露在致病过敏原环境下的可能性。这一方面的影响甚至比教育在儿童健康意识提升方面的影响力度更明显。步行指数和公共可达开放空间覆盖率的标准系数为负值，说明社区尺度层面儿童可达性维度和环境品质维度对学龄儿童健康同样具有积极的影响效果。尽管学龄儿童与学龄前儿童相比，使用自行车等慢行交通工具的比例较高，但自行车线路密度指标与学龄儿童哮喘病急诊就医率并非显著相关，相比之下可见步行空间在慢行交通空间营造中仍需予以更高关注度。

经过上述对关键规划设计维度的粗筛、分析、精筛，相比于最初具有高复杂度的建成环境要素数据库，已经明确了邻里尺度下波士顿儿童哮喘问题所关联的关键规划设计维度，即为步行空间规划和公共可达开放空间营造。因此，为保障儿童健康，波士顿在邻里社区尺度建成环境营造中有的放矢，不拘泥于绿化率、道路密度等传统面上规划指标，而是致力于构建更加步行友好、公共可达的开放空间体系。此外，分年龄段分析结果表明，学龄前儿童活动范围相对有限，就医频次受医院服务范围地理空间限制程度更高；而学龄儿童的活动范围则与学校紧密相关，在学与上下学路径的空间环境对儿童健康产生极大影响。因而在规划设计实践中，对于就医环境、学校环境和上下学路径空间环境的设计更新也特别予以了具体关注和详细探索。综合来看，步行空间、公共可达开放空间及其所串接的就医、在学和上下学空间被作为波士顿建设儿童健康导向邻里社区的关键内容，是在研究和实践中对具体规划设计维度予以识别筛选的结果。

整体来看，波士顿邻里社区空间尺度下的儿童健康导向研究与实践，其工作逻辑和路径与本书建构的"四要素"概念模型相符。这一案例为"四要素"概念模型的实际应用提供了可行的参考，即在实际研究中根据具体健康问题类型及其循证研究经验专项性地评估和反推各具体规划设计维度的相关性和重要性，从而识别、管控其中的关键要素以改善现有健康问题或降低未来健康风险。

由此可见，"四要素"概念模型的总体逻辑结构已得到印证，但其在儿童疾病、儿童保健角度以及各空间类型下的具体化结果还需要结合各地段实际情况加以检验。譬如，波士顿代表性儿童疾病类型为儿童哮喘，而我国代表性儿童疾病类型情况则或有所不同；波士顿邻里社区尺度下的空间肌理多为开放型、小尺度街区，而我国城市社区尺度下的空间肌理则多并非如此。因此，"四要素"概念模型的具体下属内容还需要结合实际地段予以检验分析。

小结：

本章内容是基于前述章节对于儿童主体研究、儿童健康导向研究所建立的理论认知，就核心问题概念图示中"儿童健康"与"儿童空间"协同一体开展的作用机理探究。本章试建构"四要素"概念模型回应核心问题，并在逻辑结构上完成案例评述，其在儿童疾病、儿童保健角度特定空间类型下的具体化表征结果则将在后续章节进一步加以分析。

第 5 章

"四要素"概念模型检验：以北京市东城区为例

经过理论梳理，本书从儿童及其健康问题的特征和儿童活动空间的特征两方面归纳得出逻辑线索，并以此为基础建构"四要素"概念模型回应核心问题。其中，"四要素"概念模型的总体逻辑结构已完成案例评述，但其在儿童疾病、儿童保健角度以及各空间类型下的具体化结果还需要结合实际情况加以检验。北京地区正是颇具儿童健康导向研究典型性的区域，其中东城区居于北京地区之核心区位，其社区发展历程和结构模式、儿童群体主要健康问题对于整体北京地区而言又具有高度代表性，充分具备开展检验研究的基础条件和先锋意义。

本章将以北京市东城区为例，对"四要素"概念模型的具体化表征结果予以检验。下面将首先对地段现状问题和检验研究思路进行阐述。

5.1 检验研究基础：现状问题与研究思路

本书选取北京市东城区作为检验研究案例的空间范围。本部分将对这一空间范围的基本信息概况作一陈述，并阐释本书提出的"四要素"概念模型在实际地段内予以检验的研究思路。

5.1.1 北京地区研究的典型性

首先，就北京地区而言，在城市社区尺度下开展儿童健康导向的空间优化研究具有一定的典型性。以下将从北京地区儿童健康问题、城市社区生活圈及其"儿童群体子圈"的变迁两方面进行阐述。

1.北京地区儿童健康问题

从疾病角度来看，根据《北京市卫生与人群健康状况报告》（健康白皮书）[①]统计，北京市总体居民主要死亡原因和早死概率中排名前列的疾病为恶性肿瘤、心脑血管疾病等慢性非传染性疾病，与国际范围内的情况基本保持一致。公共卫生领域与疾病相关的统计指标主要包括主要死亡原因、早死原因等死亡率相关指标，以及各疾病本身的发病率情况。由北京地区近年来对上述指标的统计可得知，北京市儿童群体与成人群体面临的主要疾病症候存在较大差异。

如图 5.1 至图 5.4 所示，非传染性疾病发病率在北京市儿童群体中数值极小，基本在 20~30 岁之后才逐渐升高；相反，甲乙丙类传染性疾病发病率则主要在儿童群体中走高，特别是在 10 岁以下儿童群体内，其发病率明显居于高位。传染性疾病和非传染性疾病所对应的年龄别发病率结果的鲜明反差也充分表明了在北京市范围内，将不同年龄群体笼统统计和考虑的不准确性，更突出表明，在北京地区从儿童疾病角度开展儿童健康导向研究需要重点考虑传染性疾病类型。

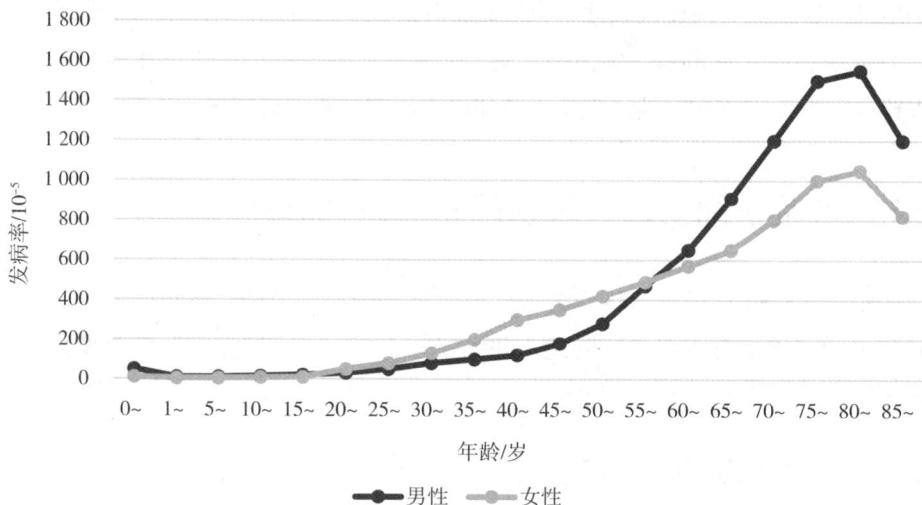

图 5.1 2016 年北京市户籍居民恶性肿瘤年龄别发病率（笔者改绘）

（资料来源：《北京市 2017 年度卫生与人群健康状况报告》）

---

① 本书主要参考截稿前最新两版报告，分别为 2018 年度和 2017 年度报告。

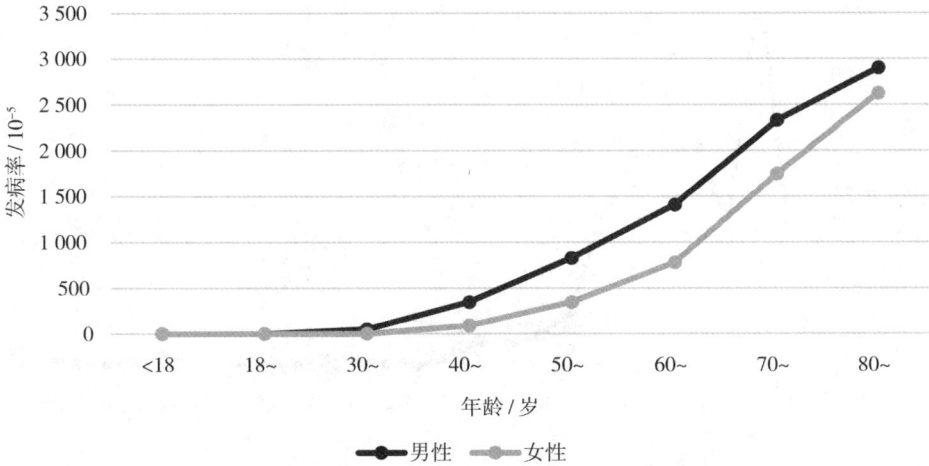

图 5.2　2016 年北京市户籍居民急性脑卒中年龄别发病率（笔者改绘）

（资料来源：《北京市 2017 年度卫生与人群健康状况报告》）

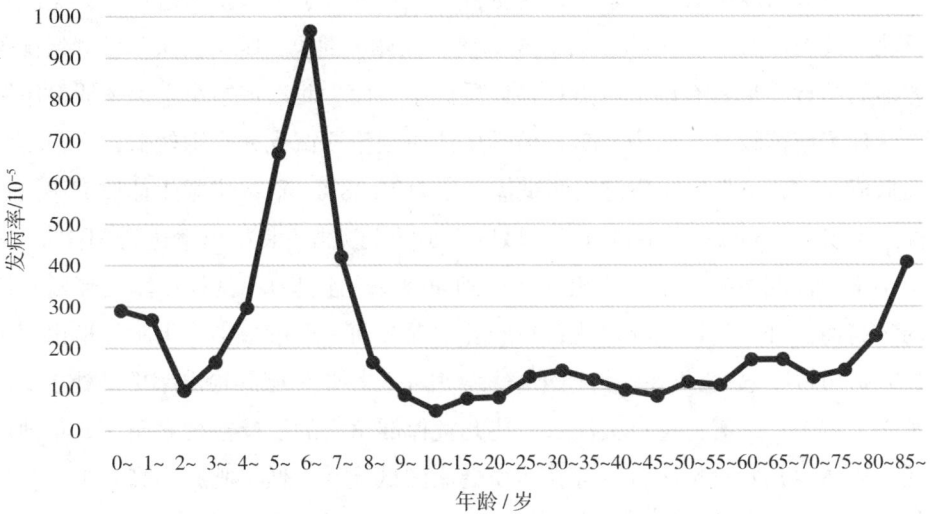

图 5.3　2018 年北京市户籍居民甲乙类传染病年龄别发病率

（资料来源：《北京市 2018 年度卫生与人群健康状况报告》）

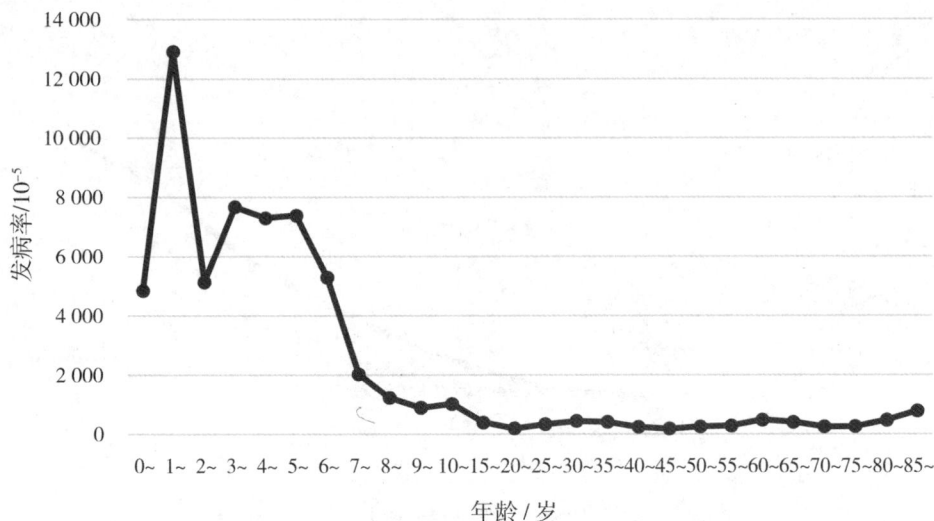

图 5.4　2018 年北京市户籍居民丙类传染病年龄别发病率
（资料来源：《北京市 2018 年度卫生与人群健康状况报告》）

　　从保健角度来看，北京地区儿童群体生长发育水平主要通过体检数据统计反映。其中，以 2017 年度统计数据为例，在体质健康、眼科健康和肥胖情况等方面的统计结果具有以下特点：在体质健康方面，北京市中小学生体质健康测试达标率整体较高，约为 93%，但学生体质健康测试优秀率则较低，且与学龄高低成反比，小学生体质健康测试优秀率为 12.38%，而高中学生体质健康测试优秀率仅为 5.33%；在眼科方面，城区中小学生视力不良检出率达到 61.3%，其中小学学段儿童视力不良检出率已达到 46.8%，且视力不良检出率还伴随年级的升高而上升，整体状况堪忧；在肥胖情况方面，全市中小学生肥胖检出率为 16.8%，且这一数值仍在保持连年增长，其中，小学生肥胖检出率更是处于最高水平（17.7%），值得重点关注。上述儿童保健角度的统计数据表明，北京地区儿童群体生长发育情况普遍存在体质健康测试优秀率低、肥胖率高、视力不良等问题，而其中的关键性因素即指向了儿童体力活动水平的普遍不足。在此背景下，2020 年《北京市儿童青少年肥胖防控实施方案》正式发布，进一步强调了儿童加强户外活动和运动锻炼的必要性和重要性，也对儿童体力活动视角下的深度研究提出了需求。

2. 北京城市社区生活圈及其"儿童群体子圈"的变迁

伴随着区域内人际关系和聚居形式的变迁，"社区"的发展整体上经历了由血缘型、地缘型向业缘型过渡的过程（叶南客，2001）。尽管"社区生活圈"的概念并非自始至终均围绕"社区"而存在，但根据其内涵而反推至旧时状态仍具可行性和可比性。正如本书第 2 章对"儿童的发现"过程的阐述，在古代和近代整体的社会背景下，人类对客观世界的认知在一定程度上限制了儿童活动类型和空间的范围，彼时中西方语境的差异也致使儿童空间禁忌的构成有所不同。北京地区的"社区生活圈"及"儿童群体子圈"的变迁即为中国城市的缩影。就中国语境而言，来自古典文献的记载和大量《婴戏图》的描绘均表现出古代明清以前儿童日常嬉戏活动的场景，涉及的空间既有厅堂屋舍、街巷集市等人文型空间，又有田间地头、树丛池塘等野趣型空间；活动类型则既有读书习字等静息活动，又有三五成群嬉戏追逐等中高强度体力活动。此为中国传统社会儿童活动及其对应空间类型整体上的情况，类比之下，彼时儿童活动空间类型的禁忌相对较少，在同质性高的熟人社会中除少数仕宦人家外一般儿童活动较为自由，由居住空间出发，遍布街巷、院落、田地等。

由于近代中国社会背景动荡，致使儿童群体特征有所泯灭，整体上亦不具有一般参考性，因而将继续从新中国成立以来的时段进行阐述。鉴于社区生活圈概念是以居住空间为核而立，以下将依据住房发展建设过程而探讨。

在新中国成立至改革开放以前的阶段，整体上处于住房紧缺状态。在国民经济中，居住空间建设地位后置，再加之配合国庆十年工程的住房外迁，一方面北京传统四合院转为大杂院，另一方面征用北京老城内外农田兴建配合基本工业生产的苏联模式街坊。在这一时期，就居住空间而言，人均住房面积极低[①]，多户共用厨卫，更是普遍有在楼内走廊空间生火做饭的情况，然而此类具有安全隐患的空间却属于儿童主要的室内活动空间；此外，由于交通方式的局限，居民普遍日常出行范围较小，相应地，儿童主要的室外活动空间也更多地处于住宅附近的院落、街坊中，少部分集体组织性活动在较大规模的少年宫中开展。整体上，"儿童群体子圈"主要接近于以家庭为"单核心"的结构模式。

---

① 此阶段内，借鉴苏联模式人均居住面积一度为 $4m^2$、$9m^2$，"文革"时期建工部提出户均居住面积不大于 $18m^2$，"文革"后期国家建委意见规定户均居住面积 $18\sim21m^2$（周燕珉 等，2020）。

　　自改革开放至20世纪90年代末，整体上处于探索住房结构优化阶段。北京住宅建设迅速发展，主推较高标准大规模居住区开发和旧城改造项目。高层住宅拔地而起，户型公私空间分离，空间利用率和通风采光情况有效提升，家用电器的普及更是提高了儿童在室内空间中开展活动的比重。同时，中国儿童少年活动中心等儿童校外教育机构、北京游乐园等若干大小规模户外儿童乐园开始兴建，远家端儿童活动空间类型有所丰富，但整体品质仍较低。整体上，"儿童群体子圈"主要接近于由通学游玩路径连接家庭和远家端空间的"哑铃式"结构模式。

　　自千禧年左右至今，福利分房制度取消，住宅走向商品化，房地产业逐渐成为支柱产业。奥运会前后，随着新一轮总体规划的编制，北京迎来包括经济适用房在内的大规模住宅拆建和维护更新，以"嘉园"为代表的多户塔楼住宅层出不穷，普遍存在采光和通风不佳的问题，而后自2016年以来，北京居住空间建设逐渐向减量发展转型。在这样的背景下，当代北京地区儿童空间禁忌也具有了不同的内涵，如交通和配套设施的逐步完善使得儿童活动空间类型在原有基础上进一步得到均匀扩充；而伴随着科技进步，儿童活动中对电子设备的使用频率飞速上升。相应地，"儿童群体子圈"的表征结果与前文所述中国高密度城市空间对应的典型结构模式相吻合。

　　综合来看，北京地区在"儿童健康"方面存在的现状问题亟待深入研究，在"儿童空间"方面则对中国高密度城市空间具有代表性。以北京地区为背景，将"儿童健康"与"儿童空间"协同一体开展"四要素"概念模型的检验研究颇具典型性。

5.1.2　北京市东城区特征

　　承接于上述现状背景，近年来，北京市政府积极推进健康城市建设，为开展儿童健康导向研究创造了基础，而其中东城区是中国健康城市建设的第一批试点之一[①]，更具有作为先行示范地段的意义；同时，东城区作为北京市首都功能核心区的主要组成部分，在实践上具有健康城市规划建设改革的标杆性作用；

---

① 1994年全国爱卫办与世界卫生组织合作，确立北京市东城区、上海市嘉定区为中国第一批健康城市项目试点地区。

此外，东城区作为北京市常住人口密度第二大区 ①，在人本研究中也具有一定的代表性。

综合以上三方面因素，本书选择北京市东城区为检验研究范围，以下将对北京市东城区的基本情况特征作一概述。

东城区位于北京市中心城区东部，面积 41.84km²，呈东西窄而南北长的空间形制，依据《北京城市总体规划（2016 年—2035 年）》，其与西城区共同组成首都功能核心区。2020 年 8 月正式批复的《首都功能核心区控制性详细规划（街区层面）（2018 年—2035 年）》成为东城区与西城区规划、建设、管理的基本依据。根据首都功能核心区的总体定位要求，东城区未来的规划发展当继续坚持严控增量和疏解存量相结合的路径，延续古都历史格局、塑造整体空间秩序：在空间结构上对应从"两轴"中的东长安街和中轴线、"一城"的东半城、"一环"的东半环予以响应；在空间管控方面涉及老城、历史文化街区、二环路特定风貌管控区、两轴特定风貌管控区、中轴线拟申报遗产点，以及长安街和二环路沿线的若干重要管控节点，并划分为 81 个街区落实具体工作。

东城区在资源条件和城市风貌等方面均颇具代表性，下辖 17 个街道 ②、177 个社区，另设有北京站地区管理委员会、王府井地区管理委员会和中关村科技园区东城园管理委员会 ③。

综合宏观财政与微观个体，东城区人民精神文化和健康生活需要的增长可见一斑，也是北京市的前瞻性缩影。近年来，北京市东城区围绕建设发展的多重目标，先后发起了若干创新性"行动计划"，如智慧城市建设方面的《"数字东城"行动计划》；生态环境保护方面的《东城区"留白增绿"专项行动方案》《东城区打赢蓝天保卫战三年行动计划》；教育服务方面的《学前教育行动计划》《智慧教育三年发展规划》等；无障碍环境建设方面的《东城区进一步促进无障碍环境建设行动方案》；金融服务方面的《金融业高质量发展三年行动计划》等。对接首都功能核心区建设发展要求，2020 年 9 月《东城区落实首都功能核心区

① 根据北京市统计年鉴，2019 年北京市东城区常住人口密度位列第二（18 968 人/km²），仅次于西城区（22 501 人/km²）。
② 具体为东华门、景山、交道口、安定门、北新桥、东四、朝阳门、建国门、东直门、和平里、前门、崇文门外、东花市、天坛、体育馆路、龙潭、永定门外街道。
③ 资料来源：北京市东城区人民政府官网

控制性详细规划三年行动计划（2020 年—2022 年）》正式通过，在此背景下，东城区持续作为典型代表落实先进规划理念、目标与精神。

值得强调的是，北京市东城区在儿童健康导向城市规划建设方面也颇具前瞻性。在健康城市建设方面，在 2020 年年初全国爱卫办关于全国健康城市评价结果的通报中，北京市东城区分别获得 2018 年度健康城市建设示范市第一名和各省份健康城市建设第一名。在儿童友好型城市建设方面，北京市东城区史家胡同博物馆是"儿童友好社区"概念在北京市落地开花的实践先锋地，北京市东城区龙潭街道左安浦园社区则为北京市唯一入选中国儿童友好社区首批试点的社区。整体上，东城区健康治理水平不断提升，儿童友好建设理念不断增进，系列阶段性成果不断产出，具有开展儿童健康导向研究的良好基础。

就东城区现有儿童健康问题而言，以 2017 年卫生统计数据为例，在北京市城六区中，东城区整体居民传染性疾病发病率和小学生肥胖检出率均与城六区平均水平最为接近（表 5.1），其中传染性疾病发病率为 549.45/10 万，城六区平均传染性疾病发病率为 552.86/10 万；小学生肥胖检出率为 16.3%，城六区平均小学生肥胖检出率为 16.2%。就此两项分属儿童疾病和儿童保健方面的主要指标而言，东城区现有儿童健康问题与北京地区总体情况的特征保持一致，特别是在中心城区中更是具有代表性。

表 5.1　2017 年北京市城六区传染性疾病发病率与小学生肥胖检出率

地区	传染性疾病发病率 /10^{-5}	小学生肥胖检出率 /%
东城区	549.45	16.3
西城区	583.10	14.6
朝阳区	664.73	14.8
海淀区	465.08	16.0
丰台区	632.13	18.8
石景山区	422.69	16.7
平均	552.86	16.2

资料来源：《北京市 2017 年度卫生与人群健康状况报告》

就东城区现状社区生活圈与"儿童群体子圈"而言，正如本书 3.3.2 节中的东城区前门幼儿园（3~5 岁儿童的家长 97 人）和史家小学（6~12 岁儿童的家长 216 人）实地调研结果所示，东城区"儿童群体子圈"代表了典型中国高密度城市空间中"儿童群体子圈"的结构模式，其中的学校、幼托机构等教育性空间是工作日白天时段（7:00am—7:00pm）承载儿童活动时间的主要空间类型，家庭、教育性空间、城市绿地、居住区是节假日白天时段承载儿童活动时间的主要空间类型，夜晚时段（7:00pm—7:00am）儿童活动空间则普遍集中于家庭空间。总体上，教育性空间、家庭与居住区、城市绿地共同为东城区社区尺度下儿童活动空间的主要聚核。

总体来看，东城区在基本情况特征、现有儿童健康问题特征和现有儿童活动空间特征等方面，均体现为北京地区的典型代表，即：东城区儿童典型疾病类型以传染性疾病为代表；儿童体力活动水平亟待提高；儿童活动空间聚类于教育性空间、家庭与居住区、城市绿地。以北京市东城区为例开展"四要素"概念模型检验研究充分具备基本条件，并具有一定的示范意义。以下将就具体研究思路予以详细设计。

5.1.3 "四要素"概念模型的检验思路

在本书模型建构章节中，首先从总体逻辑结构建立概念表达，而后即遵循儿童健康导向研究的逻辑线索，分别从儿童疾病和儿童保健两个角度予以具体化。其中，考虑到在两个角度下"四要素"概念模型的总体表征结果仍存在复杂集成的特征，尚不利于专项性应用于检验研究和实践落地，因此已经过多角度论证、特别提取其中的关键空间类型，对"四要素"概念模型进一步加以具体化：在儿童疾病角度，以居住区空间为典型代表；从儿童保健角度，以城市绿地空间为典型代表。

如图 5.5 所示，以北京市东城区为例开展"四要素"概念模型的检验研究，其本质即为以东城区实际情况对"四要素"概念模型在儿童疾病和儿童保健两个角度下、在关键空间类型中的具体表征结果予以检验。根据上述已梳理所得的东城区在基本情况、现有儿童健康问题和现有儿童活动空间等方面的特征，以及儿童健康导向研究的 3 条逻辑线索，在以下开展的检验研究中，对于儿童疾病角度、居住区空间类型下具体化的"四要素"模型而言，将从东城区传染性疾病情况及其致病机理着眼反推检验模型内容；对于儿童保健角度、城市绿地空间类型下具体化的"四要素"模型而言，将结合东城区儿童体力活动情况的个体化测度和评估结果验证和补充模型内容。

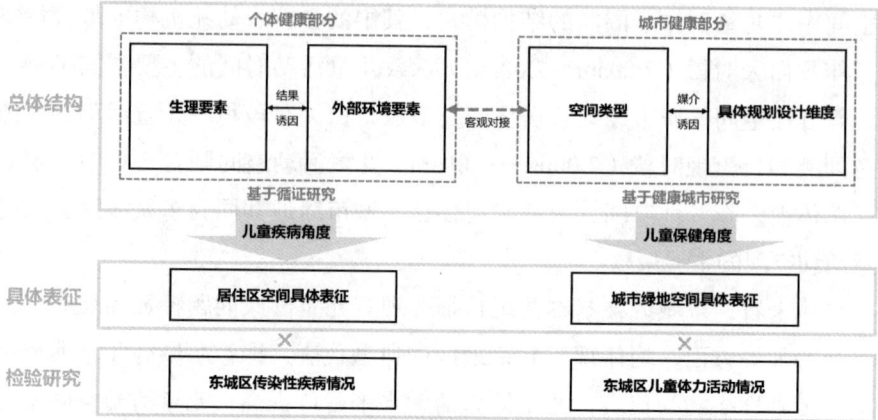

图 5.5　以东城区为例的"四要素"概念模型的检验思路图示

1. 儿童疾病角度的检验思路

遵循儿童健康导向研究的第 2 条逻辑线索，从儿童疾病角度的探讨应当结合实地情况，由儿童常见疾病类型对应机理予以反推。在本书 4.2.1 节中已从儿童疾病角度对"四要素"概念模型进行了具体化建构，并且特别提取居住区空间为研究的关键空间类型，对模型中的具体逻辑链条展开了详细的实证经验梳理。针对于北京市东城区儿童健康现有问题的特征，在检验研究中将重点关注传染性疾病这一儿童常见疾病类型，并由传染性疾病的传播机制切入模型，在东城区代表性居住区内开展具体规划设计维度的检验，完成对模型内容的证明或证伪，以及进行必要的补充（图 5.6）。

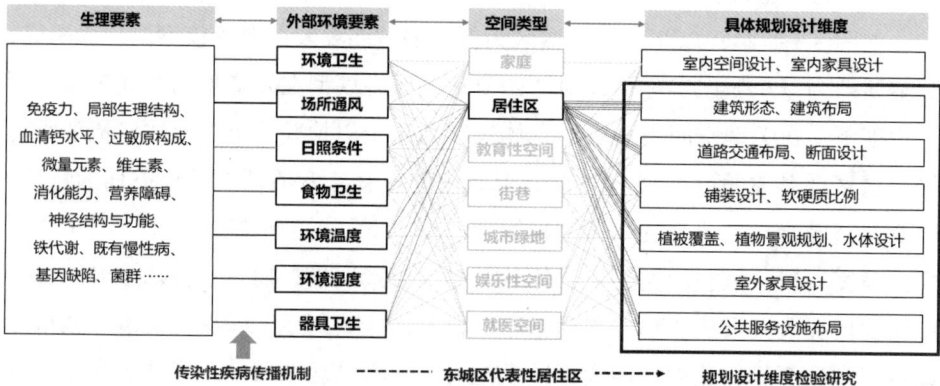

图 5.6　居住区空间类型下儿童疾病角度"四要素"概念模型检验思路

　　具体来看，第 1 步为测度东城区儿童传染性疾病情况。由于准确详细的医疗卫生病例数据涉及患者隐私，在遵守研究伦理学要求的前提下无法获取和使用此类数据。因此，为解决疾病数据系统性短缺的问题，相对准确地测度东城区儿童传染性疾病情况，本书设计了基于互联网时空数据的儿童就医人次测度方法[①]。普遍而言，儿童就医阈值低且多就近就医，根据北京市某三甲医院普通儿科门诊就诊情况的调查分析，患儿就诊原因中发热、咳嗽、腹泻等症状占比约 53.3%，患儿疾病诊断中传染性疾病占比约 73.2%（姚弥 等，2015），因而在准确详细病例数据短缺的情况下，以儿童就医人次的测度结果表征儿童传染性疾病情况不失为一种可行的思路。基于互联网时空数据，一方面可掌握前往就医的儿童人次数据，同时也可追溯患者来源地（以街道为统计尺度），由此即将儿童就医人次数据与街道尺度的居住地信息绑定，从而以街道为统计尺度对东城区儿童传染性疾病情况进行评估，同时也便于选取其中的代表性居住区开展详细分析。

　　第 2 步为根据传染性疾病传播机制提炼模型逻辑链条。传染性疾病传播机制的关键在于"传染源""传播途径""易感人群"3 个基本环节，因而针对于传染性疾病这一东城区儿童常见疾病类型开展研究，需要分别从这 3 个基本环节着眼，依据循证研究经验判断筛选所涉及的外部环境要素构成，从而提炼得到在这一实地情况下模型中需要着重加以检验的逻辑链条。在"传染源"环节和"传播途径"环节，根据具体传播特征而主要直接指向部分外部环境要素；在"易感人群"环节，显然指向了免疫力等儿童群体自身生理基础条件，而正如前文对循证结果的阐释，此类生理基础条件亦与部分外部环境要素存在潜在联动关系。由 3 个基本环节分别对模型逻辑链条予以提炼，即为规划设计维度的检验研究聚焦了工作方向。

　　第 3 步为具体规划设计维度检验。基于东城区儿童传染性疾病情况的测度结果，以及根据传染性疾病传播机制提炼得到的模型逻辑链条，进一步选取东城区代表性居住区空间，对具体规划设计维度的构成开展详细检验。鉴于对东城区儿童传染性疾病情况的评估是建立在街道这一统计尺度之上的，因而针对

[①] 研究依托百度地图慧眼探索了基于互联网时空数据的儿童健康水平测度方法，下文将对测度方法进行详细阐述。

具体居住区的研究将以在不同街道间对规划设计维度加以对比的方式展开，即根据街道尺度儿童传染性疾病情况的差异分布定位得出其中最为典型的两个极值街道，以二者之内的居住区空间为代表开展规划设计维度的对比分析。由于同属东城区，两街道的基本社会经济、教育环境等情况接近，因而已在较大程度上实现将变量控制在空间要素方面，可通过不同疾病情况下的居住区具体规划设计维度差异比较以检验模型逻辑链条。其中，在对居住区空间具体规划设计要素维度的刻画方面，研究将通过 Landsat8 遥感数据和 Open Street Map 等开源地理数据模拟东城区代表性居住区空间建成环境的实际情况，整合构建居住区建成环境要素的地理信息数据库，为对代表性居住区开展规划设计维度比较创造条件。

由此，通过上述 3 个步骤，先后明确东城区儿童传染性疾病情况、根据传染性疾病传播机制提炼需检验的模型逻辑链条、在代表性居住区空间中开展具体规划设计维度检验，即可完成儿童疾病角度"四要素"概念模型的检验研究。在具体检验研究工作中，由于受到疾病数据系统性短缺的限制，专项性设计了基于互联网时空数据的儿童就医人次测度方法，并且选择对代表性居住区空间进行规划设计维度比较研究的检验方法，皆为在现状背景下的探索，已在较大程度上保障了数据和方法的可靠。

2. 儿童保健角度的检验思路

遵循儿童健康导向研究的第 3 条逻辑线索，在儿童保健角度的探讨应当结合研究地段内的实际儿童体力活动的测度和评估结果，对作用机理体系予以验证和补充。在本书 4.2.2 节中已从儿童保健角度对"四要素"概念模型进行了具体化建构，并且特别提取城市绿地空间为研究的关键空间类型，对模型中的具体逻辑链条展开了详细的实证经验梳理。针对北京市东城区儿童体力活动水平普遍亟待提升的特征，在检验研究中将对东城区社区尺度下代表性城市绿地进行实地分析，实测各地段内儿童体力活动的开展及其水平，进而由其特征切入进行具体规划设计维度的检验，从而完成对模型内容的证明或证伪，以及进行必要的补充（图 5.7）。

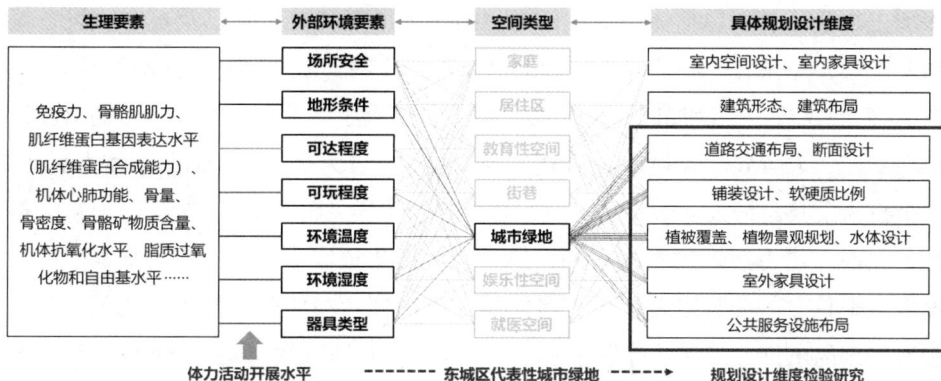

图 5.7　城市绿地空间类型下儿童保健角度"四要素"概念模型检验思路

在东城区社区尺度下代表性城市绿地的选择中，依据 CJJT 85—2017《城市绿地分类标准》，并结合城市社区生活圈中"儿童群体子圈"的基本内容构成（表 3.6）加以考量，研究涉及的城市绿地主要包括社区公园、游园、广场、综合公园四类。对应至北京市东城区地段实际情况具体加以细分，其一是从基本形制来看南北城游园有所差异，其二是从设计导向来看社区公园具有生活型和生态型之分。综合以上类别划分思路，检验研究分散选取了六处具有代表性的城市绿地：社区公园选取两处，其中东四奥林匹克社区公园为生活型社区公园的代表、安德城市森林公园为生态型社区公园的代表；游园选取两处，分别为北城的皇城根遗址公园北段、南城的磁器口大街游园；广场类城市绿地以环贸中心广场为代表；综合公园类城市绿地以中山公园为代表（表 5.2）。

表 5.2　儿童保健角度检验研究地段分类表

标准类别	社区公园		游园		广场	综合公园
细分类别	生活型	生态型	北城	南城	—	—
地段	东四奥林匹克社区公园	安德城市森林公园	皇城根遗址公园北段	磁器口大街游园	环贸中心广场	中山公园
编号	1	2	3	4	5	6

具体来看，第 1 步为测度东城区社区尺度下代表性城市绿地内的儿童体力活动情况。研究选取 2019 年秋季天气情况、空气质量情况均良好的日期为调研时段，且在同一地段分别于工作日和周末各进行一次调研。在调研中综合采用了

多项主客观工具，包括体力活动问卷、行为地图等传统工具以及可穿戴设备等新型工具，并在已有经验成果基础上加以本土化融合创新。体力活动问卷方面，在本书 2.2.3 节中所综述问卷成果的基础上，重点参考其中具有代表性的 IPAQ、PAQ-C、ACTS-MG、ASAQ、EBBS 5 项问卷，整合为全方位评估儿童体力活动、久坐行为及其监护人的影响情况的综合性问卷（详见附录 C）；为保障信息完整性，在面上体力活动的测度之外，问卷还包括儿童日常生活习惯、基本生理情况等一般信息，并且需要被调查者阐述或绘制到达和离开所处调研地段的路径及所采用的出行方式，共计发放问卷 1 108 份，收回有效问卷 1 059 份。行为地图方面，研究结合一般经验和地段实际情况，设计了能够表征性别、年龄和体力活动类型的符号体系，并在实地调研中分时段记录从早 7 时至晚 7 时的体力活动情况，共绘制行为地图 72 张（6 个地段、周中周末各选取 1 天、白天时段每两小时绘制 1 张）。可穿戴设备方面，研究使用内置有 GNSS 模块、光学心率传感器和时钟的运动健康监测手环，实际调研中以佩戴于儿童腕部后为起始时间点，待其离开地段前归还时为终止时间点，由此完成一次体力活动数据采集，以此类推即可完成各地段数据采集，共计采集有效体力活动数据 510 条。

第 2 步为根据儿童体力活动的开展及其水平特征提炼需检验的模型逻辑链条。儿童体力活动的开展与否、水平高低可依据儿童体力活动的时空特征刻画，并由此提炼关键逻辑链条。如本书 2.2.3 节中所述，参考符合儿童身体特征的 RPE 量表，根据体力活动类型和由可穿戴设备记录值推算的最大心率百分比综合评估体力活动强度等级，划分为极低（<50%）、低（50%~63%）、中等（63%~76%）和高（≥76%）4 类（张云婷 等，2017）。参考《中国儿童青少年身体活动指南》，最大心率百分比的计算方法如下：

$$最大心率百分比 = 负荷后即刻心率 / [220 - 年龄（岁）] \times 100\%$$

在实地测度中，由行为地图记录的体力活动信息包括具体空间位置和活动类型，由可穿戴设备采集的体力活动数据为记录有负荷后即刻心率信息及其对应时刻信息的系列空间坐标点。在行为地图和心率记录结果的基础上，根据上述计算和分级分类方法，对 6 处地段分别建立综合包含有生理数据和地理数据的电子化儿童体力活动信息库，并导入 ArcGIS 平台中完成儿童体力活动场所和儿童体力活动强度的时空分布的拟合、叠加分析。综合而言，由儿童体力活动场所的时空分布刻画开展与否的特征，由儿童体力活动强度的时空分布刻画水平高低的特征，综合两方面特征对模型逻辑链条予以提炼，即为规划设计维度的检验聚焦了工作方向。

第3步为具体规划设计维度检验。基于东城区社区尺度下代表性城市绿地内儿童体力活动情况的测度结果，以及根据儿童体力活动的开展及其水平特征提炼得到的模型逻辑链条，进一步就所选代表性城市绿地空间，对具体规划设计维度的构成开展详细检验。同理，尽管各公园绿地功能属性或有差异，但由于同属东城区，前往开展活动的人群的基本社会情况接近，因而已在较大程度上实现将变量控制在空间要素方面。具体检验研究将聚焦各城市绿地内儿童体力活动的开展及其水平特征，以及两方面特征的联动关系，并比较不同类型城市绿地内的异同，提炼儿童体力活动在城市绿地空间中的规律和诉求，详细分析需予以检验的模型逻辑链条中规划设计维度的实际表征情况。

由此，通过上述3个步骤，先后明确东城区社区尺度下代表性城市绿地内儿童体力活动情况、根据儿童体力活动的开展及其水平特征提炼需检验的模型逻辑链条、在代表性城市绿地空间中开展具体规划设计维度检验，即可完成儿童保健角度"四要素"概念模型的检验。在具体检验研究工作中，为获取儿童体力活动情况的一手信息，专项性设计了综合运用多项主客观工具的信息采集方法，并且选择了将体力活动信息叠置于代表性城市绿地内开展空间分析的规划设计维度检验方法，皆为在现状背景下的探索，已在较大程度上保障了数据和方法的可靠。

基于上述现状问题和检验研究思路，以下即分别从面向儿童疾病和面向儿童保健两方面分别予以"四要素"概念模型检验阐述。

5.2 面向儿童疾病：居住区空间"四要素"概念模型检验

本部分将对儿童疾病角度的"四要素"概念模型检验研究成果进行具体阐述，包括东城区儿童传染性疾病情况和代表性居住区选择、基于传染性疾病传播机制的"四要素"概念模型逻辑链条，以及具体规划设计维度检验。

以下首先对东城区儿童传染性疾病情况作一阐述。

5.2.1 东城区儿童传染性疾病情况

如前文所述，由于我国存在精细化人口医疗卫生数据系统化短缺的问题，无法获取直接性指代数据衡量东城区儿童传染性疾病情况，因此，本书依托百度地图慧眼探索了基于互联网时空数据的儿童就医人次测度方法，以该方法表征儿童传染性疾病情况的可行性已在检验研究思路中进行论证。百度地图慧眼的工作原理是基于百度地图开放平台的去隐私化定位数据，经过脱敏清洗处理，利用空间聚类算法对移动设备定位信息进行聚类。通过整合定位簇和 POI 属性等多源信息，利用深度学习技术，即可挖掘得到精度高、覆盖广、动态更新的设备常驻点信息，由此便基于人工智能算法挖掘得出具有高覆盖率的设备所有者居住和就医地信息（图 5.8）。其中，每个移动设备所指对象的个体特征将结合百度自有账户信息、百度搜索倾向综合识别，其准确率已在多项具体研究中得到检验[①]。

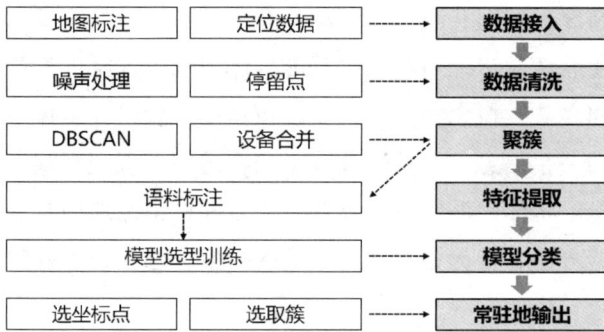

图 5.8 百度地图慧眼常驻地挖掘技术路线（笔者改绘）

基于百度慧眼深度挖掘的时空大数据，研究选取 2018 年春分、夏至、秋分和冬至邻近 3 日（含工作日与周末）作为统计的时间区间，分别提取了东城区各街道常住人口年龄分布、北京市主城区各医疗机构的就医人群年龄分布与居住地来源分布等数据，作为儿童就医人次测度指标间接换算的基础数据。出于对保护儿童居住地敏感信息的考虑，居住地溯源的测度尺度至多精细至街道尺度。

---

① 国务院发展研究中心、北京市统计局等单位已对百度地图慧眼数据测算方法有所运用和校核。

核查上述所获取基础数据，并选取其中代表性的 50 家医疗卫生机构作为居住地溯源测度的起点，分别测度东城区各街道、各季节的儿童就医情况。结合数据特征，此处采用的儿童健康水平（child health level，CHL）测度公式如下（计算单元为各街道）：

$$X_k = \left[\frac{\sum\limits_{i=1}^{n}(C_i \times A_i)}{\sum\limits_{i=1}^{n} A_i} \right]_k$$

$$X = \frac{\sum\limits_{k=1}^{4}\left[X_k \times \left(\sum\limits_{i=1}^{n} A_i\right) \right]_k}{\sum\limits_{k=1}^{4}\left(\sum\limits_{i=1}^{n} A_i\right)_k}$$

$$CHL = \frac{X}{R}$$

式中：n——东城区儿童就医代表性医疗卫生机构总数，$n=50$；

i——东城区儿童就医代表性医疗卫生机构计数编号；

k——四季，1/2/3/4 分别指代春 / 夏 / 秋 / 冬；

A_i——某街道赴 i 机构就医人群总数；

C_i——某街道赴 i 机构就医人群总数中儿童所占比例；

X——某街道就医人群总数中儿童所占比例；

R——某街道常住人口总数中儿童所占比例。

如上述公式所示，以某街道就医人群总数中儿童人数所占比例（X）与该街道常住人口总数中儿童人数所占比例（R）作一比值，即可表征该街道整体的儿童疾病角度健康水平；同时，通过这一相比计算也可消除基础原始数据的系统误差。由公式计算原则可知，在常态下，若儿童群体与成年人群体的患病就医概率基本持平，则这一比值将趋于 1；若儿童群体患病就医概率高于成年人群体，则这一比值将大于 1，意味着儿童在总体人群中的健康情况尤为堪忧。因而，由上述公式计算所得 CHL 数值结果大于 1 的街道所对应的儿童疾病角度健康水平相对较差，即对应儿童传染性疾病情况较严重，反之亦然。

根据推算公式，东城区各街道儿童疾病角度健康水平测度结果如表 5.3 所示，底色标为灰色的数据框 X 值高于 R 值，代表对应情况下的儿童疾病角度健康水平较差、儿童传染性疾病情况较严重。整体来看，在东城区的 17 个街道中，大多街道儿童群体与成年人群体的患病就医概率基本持平，其中永定门外街道等 7 个街道儿童疾病角度健康水平相对较差，东华门街道等 10 个街道儿童疾病角度健康水平相对较好。具体来看，儿童疾病角度健康水平具有明显的季节性，不同季度 X 结果也存在较大差异，各街道春夏季儿童疾病角度健康水平整体较差，符合一般儿童传染性疾病的季节特征。普遍而言，各街道不同季度的儿童疾病角度健康水平情况与全年整体性 CHL 结果的分布基本吻合，其中最为典型的两个极值街道为儿童疾病角度健康水平最优的东华门街道（CHL＝0.489）和最差的永定门外街道（CHL＝1.114）。

表 5.3　东城区各街道儿童传染性疾病情况测度结果表

街道名	R	X_1	X_2	X_3	X_4	X	CHL
东华门街道	0.076	0.038	0.040	0.036	0.034	0.037	**0.489**
建国门街道	0.041	0.038	0.039	0.036	0.036	0.037	0.914
和平里街道	0.041	0.039	0.040	0.038	0.037	0.039	0.944
永定门外街道	0.040	0.045	0.043	0.047	0.042	0.044	**1.114**
北新桥街道	0.040	0.039	0.042	0.037	0.037	0.039	0.979
东花市街道	0.035	0.038	0.041	0.036	0.036	0.038	1.092
东直门街道	0.038	0.040	0.041	0.042	0.038	0.040	1.055
崇文门外街道	0.036	0.038	0.040	0.036	0.036	0.038	1.054
天坛街道	0.036	0.039	0.040	0.039	0.036	0.039	1.075
安定门街道	0.043	0.044	0.044	0.041	0.039	0.042	0.973
东四街道	0.037	0.038	0.039	0.036	0.038	0.038	1.030
龙潭街道	0.039	0.037	0.040	0.037	0.034	0.037	0.957
朝阳门街道	0.040	0.038	0.041	0.038	0.036	0.038	0.958
景山街道	0.041	0.040	0.041	0.038	0.036	0.039	0.951
交道口街道	0.039	0.042	0.042	0.039	0.037	0.040	1.031
体育馆路街道	0.038	0.039	0.038	0.035	0.040	0.038	0.997
前门街道	0.038	0.037	0.042	0.032	0.034	0.036	0.968

由此，即可进一步下放尺度和对象，选择东华门街道和永定门外街道之内的居住区空间作为检验研究的代表性空间。如检验研究思路所述，以居住区为

基本研究单元，通过对比审视东华门街道与永定门外街道内居住区空间具体规划设计维度表征情况的差异，完成对居住区空间类型下儿童疾病角度"四要素"概念模型的检验，从而为居住区空间优化针对性地提供经验。具体研究对象包括东华门街道的 50 个居住区和永定门外街道的 33 个居住区（图 5.14、图 5.15）。

5.2.2 基于传染性疾病传播机制的居住区"四要素"概念模型逻辑链条

以上基于时空数据测度得到东城区儿童传染性疾病情况，尚需结合传染性疾病的致病机理综合深度分析，方可完成模型的检验。下面即根据传染性疾病传播机制的 3 个基本环节提炼对应具体化的"四要素"概念模型的逻辑链条。传染性疾病传播机制的关键在于"传染源""传播途径""易感人群" 3 个基本环节，只有当 3 个环节同时存在并相互联系，传染性疾病才得以传播和流行，相应地，在医学中往往采用消灭传染源、切断传播途径、保护易感人群 3 类手段破坏传染链以控制传染性疾病（易滨，2005）。因此，以下即分别从这 3 个基本环节着眼，依据循证研究经验判断筛选所涉及的外部环境要素构成，从而提炼得到在这一实地情况下模型中需要着重加以检验的逻辑链条。

在"传染源"环节，已有研究和数据统计表明城市中的污染源是病原体滋生的主要根源，据北京市环保局统计，近年来北京市大气污染源结构发生了较大变化，污染主体已经由大中型工业排放类污染源向移动源、生活源转变[1]，其中移动源占据了最高比例的 PM2.5 来源[2]。如图 5.9 所示，选取东城区行政边界范围内及邻近地区空气质量监测站点观察，2018 年北京夏季大气污染整体最为严重，春冬季次之，秋季空气质量最佳，整体态势与东城区儿童传染性疾病情况的整体季节分布特征高度一致。具体来看，前门、永定门和南三环 3 处交通污染控制点监测站周边相比东四和天坛两处城市环境评价点监测站周边而言，全年 AQI 值整体处于较高状态，即佐证了移动源对大气污染的较高贡献占比。相应地，上述污染源情况对应至居住区空间涉及的外部环境要素，即指向了其中的污染物暴露情况，主要包括环境卫生、食物卫生、器具卫生等。其中依据

---

[1] 资料来源：中国新闻网，2018.北京大气污染源结构发生变化 将突出精细化管理。

[2] 北京市环保局统计，2017 年北京市本地大气 PM2.5 来源中移动源占比最大，达 45%。

本书 4.2.1 节中的综述结果，以居住区空间为媒介，环境卫生情况方面主要与建筑形态与布局、道路交通布局与断面设计、植物景观规划设计和公共服务设施布局等具体规划设计维度相关联；食物卫生情况方面主要与公共服务设施布局这一具体规划设计维度相关联；而由于器具卫生情况主要关乎清洁、消毒工作，相比之下其污染物暴露情况亦较为微弱，暂不作为本检验研究的主要关注要素。

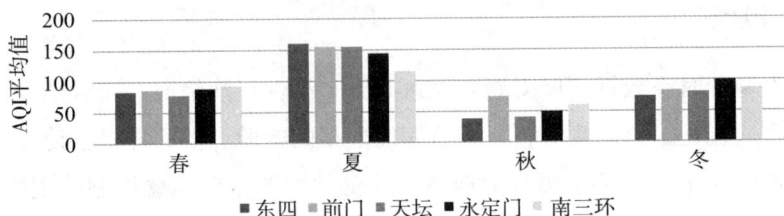

图 5.9　两街道附近空气质量监测站 2018 年四季 AQI 平均值 [①]

在"传播途径"环节，结合循证经验，空气是最主要的传染性疾病传播途径之一，同时大气污染也与同属一般儿童常见疾病的呼吸系统疾病有关，其中以颗粒物的影响尤甚（林子英 等，2015）。针对如何切断病毒的空气传播途径、弱化空气中可吸入颗粒物的影响，已有相关探索结论，基本可归纳为主动扩散、被动净化两类。在主动扩散方面，借助风力实现空气污染物的扩散是高度有效的空气净化方式，大量实证研究表明地块建筑密度（Kubota et al.，2008）、建筑形态排布（Moudon，1987；徐望悦 等，2018）影响微环境风场分布，从而可间接实现空气流通、有效疏导污染物扩散，这一方面对应至居住区空间涉及的外部环境要素，即指向了场所通风要素。在被动净化方面，研究表明植被对颗粒物具有沉降吸附作用，关注颗粒物从大气到叶片的迁移沉降过程和影响因素是提高城市植被滞尘功能的突破点（殷杉 等，2013）；绿化覆盖率较高的地区空气污染物浓度相对较低（孙淑萍 等，2004）；乔灌草多元合理搭配（李新宇 等，2013）、绿地规模的增加（王国玉 等，2014）等均对颗粒物浓度的降低有所裨益，这一方面对应至居住区空间涉及的外部环境要素，即指向了环境卫生要素。同样依据本书 4.2.1 节中的综述结果，以居住区空间为媒介，场所通风情况方面主要和建筑形态与布局、道路交通布局与断面设计、植物景观规划设计等具体规

[①]　数据来源：北京市环境保护监测中心官网

划设计维度相关联；环境卫生情况方面所关联的具体规划设计维度则与"传染源"环节阐述结果一致。

在"易感人群"环节，显然指向了免疫力等儿童群体自身生理基础条件，而正如前文对循证研究结果的阐释，此类生理基础条件亦与部分外部环境要素存在潜在联动关系。大量医学研究表明，儿童体力活动对自身免疫力的增进作用将间接在易感人群环节控制疾病感染风险，儿童体力活动不足会增加身体质量超标、肥胖尤其是向心性肥胖的危险，为罹患疾病造成巨大风险（朱红 等，2011）；相反，减少儿童静态活动时间、增加体力活动，则能够有效预防和降低其超重和肥胖的发生（黄贵民 等，2014），其中特别是增加户外运动时间更能够有助于提升儿童免疫力、减少呼吸系统疾病的发生（熊梅 等，2013）。而此类活动的开展又与建成环境要素相关联，如研究表明在以公共服务设施衡量所得土地混合利用度较高的地区，居民具有更高的步行活动水平（Oliver et al.，2011）；并且公共服务设施等建成环境要素可达性将直接影响居民的出行成本和出行意愿（王丹，2014）等。除体力活动外，科学饮食亦将对儿童本体形塑良好的生理基础有所帮助，在空间中儿童对于食物的获取途径和方式，以及食物实际的营养卫生情况均属于食物卫生对儿童本体生理基础条件的作用范畴，譬如，以菜市场、社区农集等食物空间为代表的公共服务设施的合理布局还能够有助于从食物安全与卫生的角度保障居民食物摄入的品质，促进社区居民生活的健康与公平（Ilieva，2016）；同时，居民接触的污染暴露亦与此类公共服务设施的密度和可达性等相关（杨婕 等，2021）。综合上述体力活动和科学饮食两个方面，对应至居住区空间涉及的外部环境要素，即主要指向了食物卫生要素，需要说明，此处的食物卫生要素为广义含义，即包含食物空间在内的各项公共服务设施也均考虑在内。同样依据本书 4.2.1 节中的综述结果，以居住区空间为媒介，食物卫生情况方面主要与公共服务设施布局这一具体规划设计维度相关联，分别体现在体力活动和环境暴露两方面。

综合来看，由以上传染性疾病传播机制的 3 个基本环节即可对应至部分外部环境要素，进而即提炼得出模型逻辑链条，为具体检验研究聚焦工作方向。如表 5.4 和图 5.10 所示，需予以检验的逻辑链条共八条，涉及的外部环境要素包括环境卫生、场所通风和食物卫生，具体规划设计维度包括建筑形态与布局、道路交通布局与断面设计、植物景观规划设计和公共服务设施布局。同一规划设计维度下对应的逻辑链条间也往往存在潜在联系，在检验中亦可一并考量。

表 5.4　基于传染性疾病传播机制的"四要素"概念模型逻辑链条表

	环境卫生	场所通风	日照条件	食物卫生	环境温度	环境湿度	器具卫生
（1）	√①	√②	√	—	√	√	—
（2）	√③	√④	—	—	√	√	—
（3）	—	—	—	√	√	√	—
（4）	√⑤	√⑥	—	—	√	√	—
（5）	—	—	—	—	—	—	√
（6）	√⑦	—	—	√⑧	—	—	√

图 5.10　基于传染性疾病传播机制的"四要素"概念模型逻辑链条图示

　　汇总以上提炼结果，基于传染性疾病传播机制，需予以检验的"四要素"概念模型逻辑链条包括以下 8 条。

　　逻辑链条①：建筑形态与布局以居住区空间为媒介作用于环境卫生，进而作用于儿童机体生理要素导出健康结果。

　　逻辑链条②：建筑形态与布局以居住区空间为媒介作用于场所通风，进而作用于儿童机体生理要素导出健康结果。

　　逻辑链条③：道路交通布局与断面设计以居住区空间为媒介作用于环境卫生，进而作用于儿童机体生理要素导出健康结果。

　　逻辑链条④：道路交通布局与断面设计以居住区空间为媒介作用于场所通风，进而作用于儿童机体生理要素导出健康结果。

　　逻辑链条⑤：植物景观规划设计以居住区空间为媒介作用于环境卫生，进而作用于儿童机体生理要素导出健康结果。

　　逻辑链条⑥：植物景观规划设计以居住区空间为媒介作用于场所通风，进而作用于儿童机体生理要素导出健康结果。

逻辑链条⑦：公共服务设施布局以居住区空间为媒介作用于环境卫生，进而作用于儿童机体生理要素导出健康结果。

逻辑链条⑧：公共服务设施布局以居住区空间为媒介作用于食物卫生，进而作用于儿童机体生理要素导出健康结果。

以下分别对上述逻辑链条予以检验。

5.2.3 居住区空间具体规划设计维度检验

在本书 4.2.1 节中根据已有研究结论对居住区空间类型下儿童疾病角度"四要素"概念模型中各逻辑链条的具体构成予以了猜想。对应至东城区代表性居住区空间，将逐一检验其逻辑链条猜想。由于同一规划设计维度下对应的逻辑链条间往往存在潜在联系，因而以下检验研究将由各具体规划设计维度出发，一并考量其关联的逻辑链条。如检验研究思路所述，将采用对比研究的方法，对已选取的东华门街道和永定门外街道内代表性居住区各项规划设计维度的表征情况展开对比。

1. 建筑形态与布局维度检验：逻辑链条①~②

在建筑形态与布局方面，需检验其与环境卫生和场所通风两项外部环境要素的关联情况。已有研究将建筑形态与布局具体化至建筑高度、建筑密度、建筑排布等角度，以下即针对东华门街道和永定门外街道内居住区空间展开这一维度下的比较。

整体来看，两街道均属于高密度城市空间，但具体建筑肌理有所差异，其中，东华门街道内居住区建设年代相对较早，以小尺度街坊为主，居住区建筑体量普遍较小、建筑高度普遍较低；永定门外街道内居住区建设年代相对较晚，以大尺度住宅小区为主，居住区建筑体量普遍较大、建筑高度差异较大，多有同居住区内高层塔楼与低层配套并存的形制。如图 5.11 所示，选取东华门街道和永定门外街道内典型居住区建筑形态予以同比例比较，东华门街道内居住区建筑形态整体低平，以传统风貌四合院和 3 层以下建筑为主，建筑体量较小，社区公共开敞空间以小尺度、围合式内院点缀其间；永定门外街道内居住区建筑以较大尺度的封闭式居住小区为主，其中以多层、中高层板楼居多，建筑体量较大、居住区内公共开敞空间多为条带状区域。

（a）　　　　　　　　　　　　　　（b）

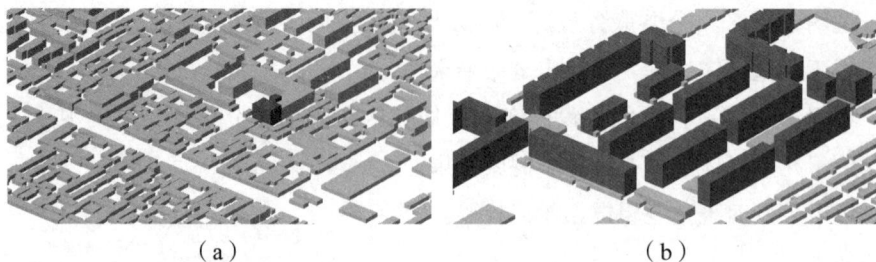

图 5.11　东华门街道（a）与永定门外街道（b）典型居住区建筑形态

进一步详细探究两街道居住区建筑形态排布特点与空气流通情况的关系，在东华门街道内选取南池子一带居住区空间为代表，在永定门外街道内选取中海紫御公馆一带居住区空间为代表。在研究中，对两处地段框定相等大小的空间尺度范围，采用计算流体力学软件① 模拟生成风速度场，结果如表 5.5 所示。

表 5.5　东华门街道与永定门外街道典型居住区风速度场模拟结果

街道	季节	1.5m 高度	3m 高度	10m 高度
东华门街道南池子一带	夏季			
	冬季			
永定门外街道中海紫御公馆一带	夏季			

---

① 本检验研究在模拟风速度场的工作中使用的计算流体力学工具为 WindPerfectDX。

续表

街道	季节	1.5m 高度	3m 高度	10m 高度
永定门外街道中海紫御公馆一带	冬季			
图例（风速）		0.000 0.400 0.800 1.200 1.600 2.000 m/s		

在风速度场模拟研究中，对两处典型居住区空间分别就北京地区夏季、冬季盛行风情况下的 1.5m（一般体感高度）、3m 和 10m 高度处的风速度场进行计算，共拟合为两处居住区、两个季节、三处拟合高度共 12 种风速度场结果。

从拟合结果可知，南池子一带居住区空间内体感高度处静风区比例居高，但伴随海拔上升，普遍较小的建筑体量、略有高度和布局错动的建筑排布将使静风区比例迅速下降，因而在 3m 和 10m 高度处已经整体具有颇为良好的空气流通状态，如此也能够有利于污染物的疏散，并且，南池子一带居住区空间在纵向高度上静风区比例下降迅速的特点在夏季和冬季均成立。可见，建筑体量小、高度小、围合度高的居住区空间或有助于形成良好的场所通风情况和环境卫生情况。

反观中海紫御公馆一带居住区空间，在 10m 及以下的高度范围内整体风场变化均较小，特别是体感高度处和 3m 高度处对应的风速度场情况近乎无差异，除部分承接上风向的开敞空间外，大部分区域始终为静风区，因而首先在整体上，空气流通状态即相对不佳，不利于污染物的疏散。进而对比不同季节，尽管中海紫御公馆一带居住区空间在纵向高度上静风区比例下降缓慢的特点在夏季和冬季均成立，但夏季时节其空气流通方向方能够相对有效地将内部风场与外部风场连通一体，而冬季时节其空气流通方向仅仅在居住区内上风向建筑高度和体量较大的西北角部分回卷，尽管并非为静风区但仍不利于污染物的疏散，甚至反而加剧污染物的集聚。可见，建筑体量大、高度变化大的居住区空间或不利于形成良好的场所通风情况和环境卫生情况。

在前文对已有研究结果的综述中，即判断居住区建筑形态排布能够从"主动扩散"的角度促进场所通风，相应地其结果亦将影响居住区环境内污染物的有效疏散，即对环境卫生情况有所保障。上述对于东华门街道和永定门外街道内典型居住区建筑形态与布局的分析结果同样契合于已有研究结论，居住区建筑形态与布局将直接影响居住区微环境内的风场构成，因而或将对空气流通、污染物疏散等具有助推或抑制作用。相比普遍性居住区规划设计主要从容积率、建筑密度等开发强度指标着眼框定建筑选型条件，结合实地风场条件的营造对建筑层高、位置错动等体系性布局加以思考则是儿童健康导向的居住区空间营造中或更应当关键聚焦的工作内容。

　　由此，即完成对逻辑链条①和逻辑链条②的检验，建筑形态与布局以居住区空间为媒介作用于环境卫生和场所通风，进而作用于儿童机体生理要素导出健康结果。与已有研究结论相契合，这一维度的具体作用机理体现在建筑体量、高度和位置错动等体系性布局方面。

　　2. 道路交通布局与断面设计维度检验：逻辑链条③~④

　　在道路交通布局与断面设计方面，需检验其与环境卫生和场所通风两项外部环境要素的关联情况。已有研究将道路交通布局与断面设计具体化至道路主导交通方式差异、道路断面比例等角度，以下即针对东华门街道和永定门外街道内居住区空间展开这一维度下的比较。

　　首先，通过 Open Street Map 挖掘识别包含有出行优先级属性字段的道路网络，将研究范围内各路段划分为"人行优先"与"车行优先"两类，进而分别将东华门街道、永定门外街道居住区空间与上述包含有出行优先级属性字段的道路网络相叠合，比较两街道居住区内部道路网格局以及其主导交通方式的差异。

　　对比两街道居住区空间内部道路网络情况，东华门街道内多为小尺度、街坊式居住区，居住区外部和内部道路网密度均较高，其中居住区内部人行优先道路比例高达 95.21%；而永定门外街道内多为大尺度、封闭式居住区，居住区外部和内部道路网密度均较低，其中居住区内部人行优先道路比例仅占 69.08%。相比之下，尽管东华门街道居住区空间的道路总长度值更大、道路网密度更高，但就车行优先道路而言其长度和比例却远低于永定门外街道，因而也相应地减小了移动源污染的规模。这一实测对比结果与已有研究结论相契合，道路主导交通方式的差异或将作用于场所通风和环境卫生，即以步行为主导交通方式的道路相比常规道路而言，其通风情况或将更佳、污染物浓度或将更弱。

在道路主导交通方式的差异之外，进一步比较道路断面设计的特征差异。通过对百度地图街景数据的分析，重点观察东华门街道和永定门外街道居住区周边道路①的断面设计特征。整体来看，东华门街道居住区周边道路宽度差异较为多元，包括接近100m（双向八车道，如东单北大街）、30m（双向四车道，如南河沿大街）、20m（双向二车道，如北池子大街）等；永定门外街道居住区周边道路宽度则普遍趋同，大多为双向四车道。整体层面对街道空间的比较难以触及细节，而具体比较两街道居住区周边道路设计情况则可见明显差异。以道路绿视率水平为例对道路断面设计展开分析，研究在东城区路网上按照50m间隔确定候选点，再选取候选点附近10m内的若干幅已采集全景图像，经过内业加工，同一全景图坐标点生成前后左右四个方向的街景图片，共计生成东城区两街道居住区周边道路2017年夏季1466幅街景图片。在此基础上，基于前沿深度学习网络架构，采用具备高准确率的PSPNet模型进行语义分割量化分析，量化识别分析各街景图片中的植被占比，即计算得出对应各全景图坐标点位置的绿视率。参考日本学者对绿视率水平的划分标准，将研究范围内道路绿视率水平划分为五类：<5%为绿视率水平差、5%~15%为绿视率水平较差、15%~25%为绿视率水平一般、25%~35%为绿视率水平较好、≥35%为绿视率水平好（折原夏志，2006），其中已通过实证检验的良好绿视率目标分界线为25%（青木阳二，1987）。如表5.6所示，即为两街道居住区周边道路绿视率良好和不佳点位的统计结果。

表5.6　东华门街道与永定门外街道居住区周边道路绿视率水平

绿视率	东华门街道			永定门外街道		
	街景点位数	占比	分类占比	街景点位数	占比	分类占比
0~5%	79	9.54%	51.09%	45	7.05%	60.50%
5%~15%	184	22.22%		149	23.36%	
15%~25%	160	19.32%		192	30.09%	
25%~35%	125	15.10%	48.91%	108	16.93%	39.50%
≥35%	280	33.82%		144	22.57%	
合计	828	100%	100%	638	100%	100%

① 由于百度地图街景数据涵盖范围不包括路宽过窄、禁止车行的道路和单位大院、门禁社区等内部道路，故此处仅就居住区周边道路进行整体性特征分析。

由上述统计结果可知，东华门街道居住区周边道路绿视率水平整体相对较好，48.91% 的街景点位具有良好绿视率水平（≥25%），观察具体分布点位，与居住区空间最为邻近的道路沿线绿视率水平整体更高，在此类道路断面设计中植被树木得以充分凸显。而永定门外街道居住区周边道路绿视率水平则相对不佳，60.5% 的街景点位绿视率水平不佳（<25%），观察具体分布点位，与居住区空间最为邻近的道路沿线绿视率水平整体处于不佳状态，在此类道路断面设计中对植被树木的考量明显不足。

在前文对已有研究结果的综述中，即判断居住区道路交通布局与断面设计关乎其中以移动源为代表的污染物的有效处理，与场所通风和环境卫生情况有所关联。上述对于东华门街道和永定门外街道居住区内部道路交通主导方式的对比，以及周边道路断面绿视率情况的分析结果与部分已有研究结论相契合：以步行为主导交通方式的道路相比常规道路而言，其污染物浓度或将更弱；绿视率水平较为良好（≥25%）的道路断面设计模式或将有效降低污染物浓度、减少健康隐患。在道路交通具体规划设计中相较于对道路网密度的把控，对人行优先道路比例的把控更为关键：通过道路断面设计、出行时间管控等物质和非物质层面的手段加以干预，提高道路系统中人行优先部分所占比例，可有效削减高道路网密度所触发的高移动源情况，从而减小罹患传染性疾病的风险。由于两街道居住区周边道路宽度不具备可比性，故道路宽度对其中通风和污染物扩散的影响尚无法得到检验。

由此，即完成对逻辑链条③和逻辑链条④的检验，道路交通布局与断面设计以居住区空间为媒介作用于环境卫生和场所通风，进而作用于儿童机体生理要素导出健康结果。与部分已有研究结论相契合，这一维度的具体作用机理体现在道路主导交通方式、道路断面绿视率水平设计等方面。

3. 植物景观规划设计维度检验：逻辑链条⑤~⑥

在植物景观规划设计方面，需检验其与环境卫生和场所通风两项外部环境要素的关联情况。已有研究将植物景观规划设计具体化至绿化率水平、植物类型搭配等角度，以下即针对东华门街道和永定门外街道内居住区空间展开这一维度下的比较。

整体来看，北京地区适宜性植物类型较为固定，东城区各代表性居住区内的植物类型配置也多具共性，相比植物类型差异，更为关键的是植被质量差异，可通过居住区内绿色空间的分布情况表征。研究应用 Landsat8 遥感数据计算得出归一化植被覆盖指数（normalized difference vegetation index，NDVI[①]）30 米栅格，进而分别将东华门街道内 50 个居住区空间、永定门外街道内 33 个居住区空间与 NDVI 栅格数据相叠合，分别对二者进行数据统计，并比较两街道居住区内绿色空间分布情况的差异。

叠合统计两街道内各居住区 NDVI 栅格数据情况，结果如图 5.12、图 5.13 所示，两街道内各居住区对应的 NDVI 值分布情况详表如表 5.7 和表 5.8 所示。

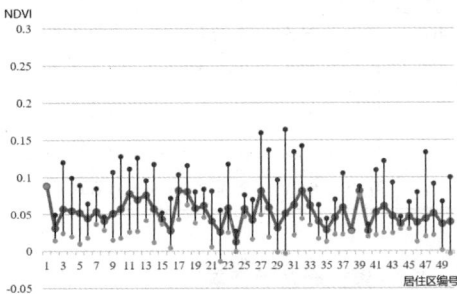

图 5.12 东华门街道居住区 NDVI 值（自绘）　图 5.13 永定门外街道居住区 NDVI 值（自绘）

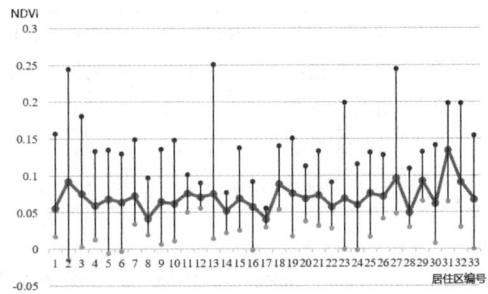

表 5.7　东华门街道居住区 NDVI 值分布情况详表

编号	最大值	最小值	平均值	编号	最大值	最小值	平均值
1	0.088 350	0.088 350	0.088 350	12	0.125 682	0.026 705	0.069 900
2	0.049 098	0.013 980	0.030 746	13	0.095 265	0.041 297	0.076 236
3	0.119 467	0.024 214	0.057 396	14	0.117 075	0.012 158	0.057 463
4	0.098 302	0.019 792	0.055 112	15	0.051 848	0.036 232	0.043 194
5	0.089 123	0.010 381	0.052 373	16	0.071 320	0.004 388	0.027 254
6	0.064 751	0.018 249	0.044 044	17	0.103 487	0.043 669	0.082 000
7	0.084 370	0.036 283	0.053 640	18	0.115 414	0.062 435	0.079 940
8	0.047 056	0.028 048	0.041 049	19	0.080 172	0.038 508	0.057 873
9	0.106 295	0.015 405	0.051 091	20	0.083 764	0.046 371	0.061 747
10	0.127 941	0.017 727	0.057 269	21	0.081 326	0.005 720	0.040 292
11	0.110 678	0.026 124	0.077 754	22	0.055 923	−0.013 760	0.025 589

---

① NDVI＝（IR−R)/（IR+R），其中 IR 为近红外波段，R 为红外波段。

续表

编号	最大值	最小值	平均值	编号	最大值	最小值	平均值
23	0.116 965	0.024 670	0.058 510	37	0.105 155	0.022 475	0.059 544
24	0.026 376	−0.000 800	0.012 264	38	0.028 379	0.027 083	0.027 768
25	0.075 410	0.046 860	0.057 655	39	0.087 66	0.074 688	0.081 174
26	0.069 798	0.015 841	0.042 029	40	0.036 473	0.019 215	0.027 844
27	0.159 018	0.049 643	0.081 356	41	0.109 163	0.021 818	0.053 161
28	0.136 347	0.019 169	0.058 813	42	0.121 157	0.024 683	0.060 525
29	0.096 067	−0.001 660	0.031 395	43	0.092 118	0.023 725	0.048 154
30	0.163 737	−0.003 110	0.051 042	44	0.047 273	0.029 811	0.037 286
31	0.133 418	0.020 975	0.062 887	45	0.066 542	0.030 162	0.046 650
32	0.141 342	0.044 382	0.081 182	46	0.079 065	0.012 814	0.039 229
33	0.082 526	0.035 347	0.061 599	47	0.132 572	0.019 971	0.043 967
34	0.062 483	0.017 368	0.040 460	48	0.091 091	0.021 228	0.051 557
35	0.044 529	0.012 881	0.028 720	49	0.067 044	0.000 818	0.037 061
36	0.069 584	0.022 113	0.046 214	50	0.099 643	−0.002 950	0.040 139

表 5.8　永定门外街道居住区 NDVI 值分布情况详表

编号	最大值	最小值	平均值	编号	最大值	最小值	平均值
1	0.156 936	0.016 903	0.055 812	18	0.139 717	0.053 537	0.087 896
2	0.244 085	−0.014 270	0.091 690	19	0.150 916	0.018 061	0.075 699
3	0.180 298	0.003 007	0.074 897	20	0.112 927	0.037 956	0.069 093
4	0.132 753	0.012 767	0.059 080	21	0.133 017	0.032 011	0.073 481
5	0.134 962	−0.005 620	0.068 137	22	0.090 491	0.028 395	0.057 532
6	0.129 656	−0.003 540	0.063 769	23	0.198 893	−0.000 540	0.068 611
7	0.148 776	0.034 685	0.071 899	24	0.115 306	−0.001 070	0.059 739
8	0.096 626	0.020 049	0.041 886	25	0.131 327	0.016 899	0.075 738
9	0.135 143	0.006 575	0.064 393	26	0.127 639	0.041 481	0.071 186
10	0.147 468	0.010 600	0.061 814	27	0.244 903	0.048 650	0.096 126
11	0.101 044	0.050 447	0.076 068	28	0.108 973	0.029 916	0.049 794
12	0.089 520	0.055 426	0.070 769	29	0.132 438	0.065 242	0.092 396
13	0.250 566	0.014 349	0.074 816	30	0.141 024	0.008 090	0.061 582
14	0.076 338	0.022 225	0.051 792	31	0.197 725	0.064 602	0.133 967
15	0.137 551	0.025 840	0.068 427	32	0.198 278	0.030 210	0.091 027
16	0.091 973	−0.001 550	0.057 769	33	0.154 152	0.000 451	0.067 096
17	0.055 825	0.030 054	0.040 880				

对比可知，两街道内居住区在绿色空间分布维度方面呈现三处鲜明的特点。

第一，两街道内各居住区 NDVI 平均值相近，整体而言永定门外街道略高。东华门街道内 50 个居住区的 NDVI 平均值约为 0.05，永定门外街道内 33 个居住区的 NDVI 平均值约为 0.08，植被覆盖总体情况差异较小，均表征为高密度城市空间特征。

第二，东华门街道内各居住区内部 NDVI 值极差较小，各居住区之间数值分布差异也相对较小。较小的 NDVI 值极差代表整体东华门街道内居住区空间中植被覆盖情况较为均质和分散，在各居住区内部，各栅格数值均较为集中地分布于平均值上下，表明在东华门街道居住区内部的绿色空间分布方面，并无明显集中绿地区域和绿化极度不足区域。

第三，永定门外街道内各居住区内部 NDVI 值极差较大，各居住区之间数值波动差异明显。较大的 NDVI 值极差代表永定门外街道内居住区空间中植被覆盖情况分布悬殊，绿色空间主要集中分布于居住区内的特定地区，多表征为集中组团式绿地，与绿化不足的硬质空间存在分明的界限区隔。

这三点发现在契合于既有研究经验的基础上，进一步指向了在总体同等植被覆盖程度的情况下，绿色空间分布均衡程度的重要性。在面上的植被覆盖率、绿化率等指标背后，绿色空间的实际空间组织是更为值得细化思考的问题。居住区内均衡分布的绿色空间或将最大化颗粒物吸附效率，从而对于全面降低污染物浓度具有关键性作用。相反，单纯符合高植被覆盖率指标，但绿色空间的分布体现为集中组团与硬质空间明显区隔，如此空间组织方式则略显失效。

在前文对已有研究结果的综述中，即判断植物景观规划设计能够从"被动净化"的角度促进污染物浓度降低，即对环境卫生情况有所保障。上述对于东华门街道和永定门外街道内居住区空间中绿色空间分布情况的分析结果在契合于已有研究结论的基础上，重点指向了保障植被覆盖程度的同时应注重绿色空间分布的均衡程度，避免居住区内组团式绿地与硬质空间严格区隔的布局方式，否则即使具备相同水平的植被覆盖程度，也无法充分发挥"被动净化"的能效。因此，相比一般居住区规划设计中主要从绿地率、绿化率等宏观指标统筹把控绿色空间占比，结合场地尺度对绿色空间施以均衡、分散式布局则是儿童健康导向居住区空间营造中更应当关键聚焦的工作内容。与"主动扩散"方面的研究结论相同，均表明居住区空间规划设计不仅要考虑由指标框定的"量"，更应考虑各要素组合模式的科学性、配置比例的均衡性。此外，由于两街道居住区植物总体类型基本一致，具体配置构成信息不具备可获得性，故植物类型对环境卫生和场所通风的影响尚无法得到检验。

由此，即完成对逻辑链条⑤的检验，植物景观规划设计以居住区空间为媒介作用于环境卫生，进而作用于儿童机体生理要素导出健康结果。与已有研究结论相契合，这一维度的具体作用机理体现在绿化率水平等方面，此外，在此基础上特别补充提出了绿色空间分布均衡程度这一作用机理要点，对逻辑链条⑤的具体实现路径予以丰富。

4. 公共服务设施布局维度检验：逻辑链条⑦~⑧

在公共服务设施布局方面，需检验其与环境卫生和食物卫生两项外部环境要素的关联情况。已有研究将公共服务设施布局具体化至公共设施密度与可达性、食物空间的分布等角度，以下即针对东华门街道和永定门外街道内居住区空间展开这一维度下的比较。

鉴于公共服务设施具有公共属性，其配置和使用往往并非拘泥于某一居住区内部，故此部分研究分析应当具有一定的空间弹性，适宜采用的分析尺度当外扩至以居住区为核的三圈层城市社区生活圈。基于这一判断，在检验研究中，首先分别将东华门街道、永定门外街道内的各居住区空间所对应的三圈层城市社区生活圈与涉及儿童健康生活成长的卫生、交通、教育类公共服务设施 POI 数据相叠合，比较两街道居住区在公共服务设施密度和可达性方面的差异；进而将针对城市社区生活圈内的食物空间进行统计分析，一方面同样关注食物空间密度和可达性情况，另一方面则关注食物空间的类型和质量。

检验研究中对以居住区为核的三圈层城市社区生活圈的划定方法遵循本书 3.2 中对儿童 5min "等时圈" 的描述，即基本等同于由居住区出发、普遍意义步行尺度的 5min、10min 和 15min 城市社区生活圈，对应出行距离依次为 300m、500m 和 800m。如此三个圈层的划定，本质上也代表了从儿童可达角度的考量。为避免传统的三圈层同心圆式城市社区生活圈范围绘制的不准确性，研究中采用 ArcGIS 平台网络分析工具，依据东华门街道和永定门外街道内的道路网络数据生成以两街道各居住区为核的三圈层城市社区生活圈范围。随即将各居住区所对应三圈层城市社区生活圈范围内的公共服务设施 POI 数据进行分类叠合、分圈层统计，如图 5.14、图 5.15 所示，从而完成在儿童可达范围内公共服务设施密度的刻画。

对比两街道分别在 5min、10min 和 15min 城市社区生活圈范围内所对应的公共服务设施数量统计图，可见二者对应的公共服务设施 POI 数据在数量、构成等方面均存在鲜明差异。

东华门街道各居住区三圈层城市社区生活圈范围内 POI 数量整体远高于永定门外街道，以 5min 生活圈范围内的对比最为鲜明。相比之下，同样从居住区出发，东华门街道内与儿童学习、生活、保健息息相关的公共服务设施大多可在儿童可接受的步行范围内到达，在此居住的儿童可较为便捷地求医问药、乘坐公共交通工具出行，以及前往教育机构等，相应地也减小了环境暴露风险；而永定门外街道内公共服务设施密度整体上则较为稀疏，且其主要依凭道路交通干线而设，即大多沿革新南路分布，一方面极度缺乏从城市社区生活圈层面的整体统筹，另一方面也极大地增加了儿童前往设施所在地的环境暴露风险。永定门外街道内居住区普遍地块面积较大，但其内部缺乏公共服务设施设置，在儿童出行范围内方便可达的相关设施寥寥无几，难以满足儿童多方面的实际功能需求，更无助于调动儿童本人和家长的出行与活动积极性。这一对比鲜明的检验结果也契合于前述已有研究经验的判断，即在儿童出行范围内东华门街道公共服务设施密度、功能混合度和可达性均较强，或将降低儿童前往使用设施的环境暴露风险，同时更为有效地促进家长和儿童本人的出行意愿以及步行活动水平，因而或将对于提升儿童自身免疫力、抵御感染疾病风险具有关键性作用。

进而针对两街道内各居住区所属城市社区生活圈范围内的食物空间进行统计分析。首先统观两街道食物空间的类型，对 15min 社区生活圈内的现状食物空间名称数据进行词频分析，如表 5.9 所示。对比观察两街道内食物空间类型词频情况，基本的食物供给结构颇为相似，但两街道均存在食物供给类型与儿童摄取需要匹配度较低的问题，多数食物空间并不适于儿童前往就餐，其中东华门街道食物空间对应的食物供给类型相对丰富，与儿童摄取需要相匹配的可能性也或将略高一筹。

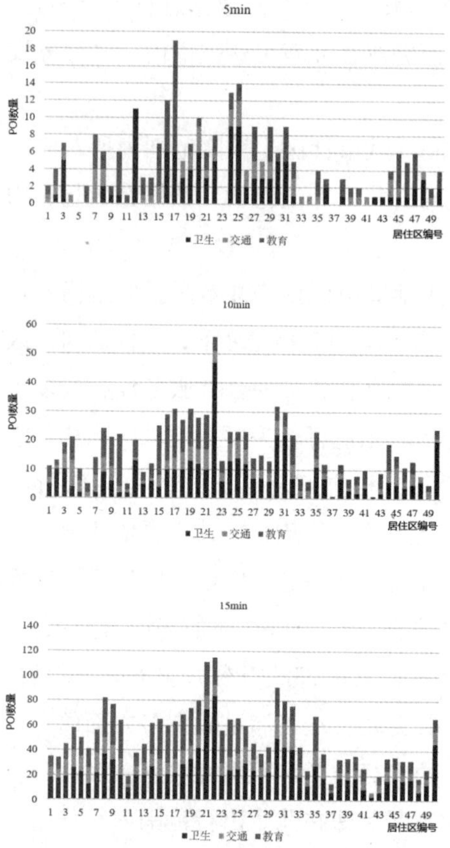

图 5.14　东华门街道社区生活圈 POI

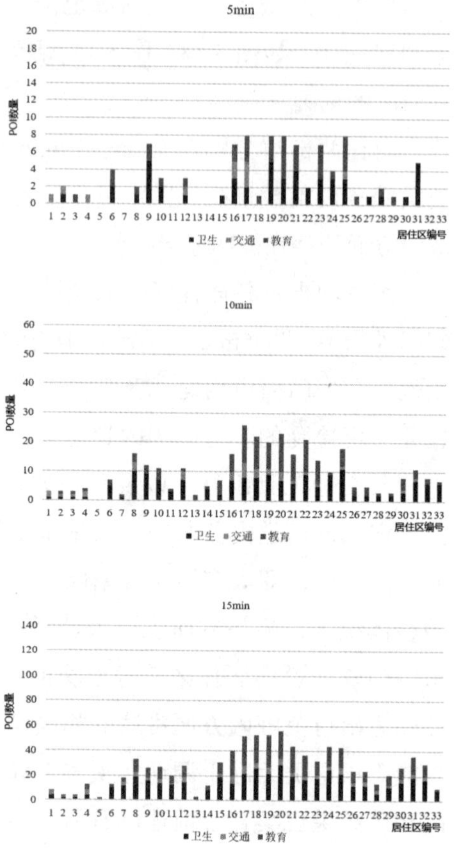

图 5.15　永定门外街道社区生活圈 POI

表 5.9　东华门街道与永定门外街道社区生活圈食物空间词频分析

东华门街道	永定门外街道

续表

	东华门街道			永定门外街道	
排序	字词	频率	排序	字词	频率
1	餐厅	2.19%	1	家常菜	4.44%
2	家常菜	0.68%	2	餐厅	2.22%
2	食府	0.68%	2	咖啡	2.22%
2	小吃	0.68%	4	美食城	1.48%
5	麻辣	0.62%	4	烤肉	1.48%
6	火锅	0.41%	4	小吃	1.48%

　　进一步关注食物空间密度和可达性情况，分别统计两街道各居住区三圈层城市社区生活圈范围内的食物空间 POI 数量，如图 5.16 和图 5.17 所示。由二者的鲜明对比可知，东华门街道儿童出行范围内方便可达的食物空间密度远高于永定门外街道，与一般公共服务设施布局结论相似，东华门街道食物空间密度和可达性均较强，或将降低儿童前往就餐或购买食物的环境暴露风险，同时更为有效地促进家长和儿童本人的出行意愿以及步行活动水平，因而或将助于提升儿童自身免疫力、抵御感染疾病风险。

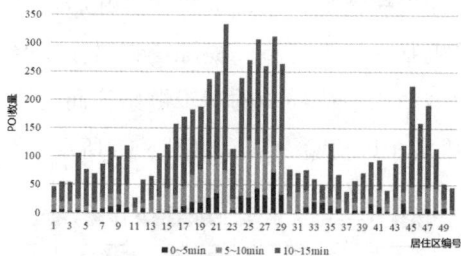

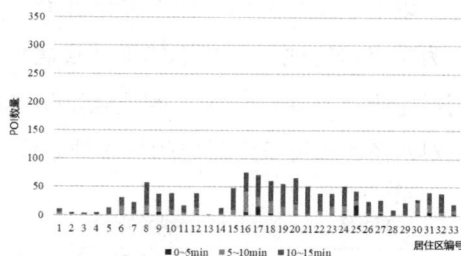

图 5.16　东华门街道社区生活圈食物空间 POI 统计　图 5.17　永定门外街道社区生活圈食物空间 POI 统计

　　综合关于食物空间这一特定公共服务设施的两方面分析，东华门街道在食物空间密度、可达性和食物供给类型方面均优于永定门外街道，这一检验结果即分别佐证了公共服务设施布局维度与环境卫生和食物卫生两项外部环境要素的联动关系。其中，食物供给和摄取本身并非空间领域议题，主要受到地方饮食文化、家庭饮食观等方面的软性影响，因而在食物空间方面的作用机理主要指向了对儿童可达范围内其密度和布局的关注。

在前文对已有研究结果的综述中，即判断公共服务设施布局以密度和可达性等为机理而影响儿童的环境暴露，与环境卫生和食物卫生情况有所关联。上述对于东华门街道和永定门外街道居住区对应三圈层城市社区生活圈 POI，以及食物空间的分析结果与已有研究结论相契合，儿童可达范围内公共服务设施的密度将直接影响其前往使用设施的环境暴露，即对应于环境卫生要素；食物空间的可达性和对应供给亦将影响儿童前往就餐或购买食物面临的环境暴露风险和膳食风险，即对应于食物卫生要素。相比一般居住区规划设计中主要从千人指标、业态集聚外部性等角度出发的公共服务设施设置思路，结合儿童成长需求和出行可达范围、从城市社区生活圈尺度宏观匹配公共服务设施类型与密度是儿童健康导向居住区营造中或更应当关键聚焦的工作内容。

由此，即完成对逻辑链条⑦和逻辑链条⑧的检验，公共服务设施布局以居住区空间为媒介作用于环境卫生和食物卫生，进而作用于儿童机体生理要素导出健康结果。与已有研究结论相契合，这一维度的具体作用机理体现在公共服务设施密度、可达性等方面。

5.2.4　居住区空间儿童疾病角度"四要素"概念模型检验结果

以上检验研究由把握东城区儿童传染性疾病情况入手，选取代表性居住区作为重点研究地段；基于传染性疾病传播机制的三个环节，提炼得到居住区空间类型下儿童疾病角度"四要素"概念模型中八条待检验的逻辑链条；而后逐一对八条逻辑链条中对应的具体规划设计维度予以检验，结果如图 5.18 所示。

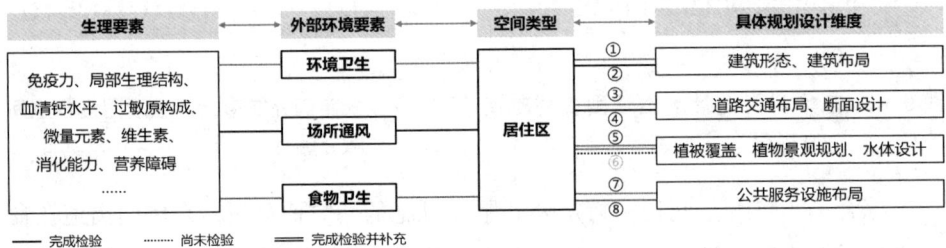

图 5.18　基于传染性疾病传播机制的"四要素"概念模型逻辑链条检验结果

其中，逻辑链条⑥尚不具备研究条件而未得到检验，逻辑链条⑤在完成检验基础上亦有所补充。综合来看，基于传染性疾病传播机制，居住区空间类型下儿童疾病角度"四要素"概念模型的七条逻辑链条检验结果如下。

逻辑链条①：建筑形态与布局以居住区空间为媒介作用于环境卫生，进而作用于儿童机体生理要素导出健康结果。居住区建筑形态排布能够影响居住区环境内污染物的有效疏散，即对环境卫生情况有所保障，其具体作用机理要点主要体现在建筑体量、高度和位置错动等体系性布局方面。本逻辑链条与逻辑链条②相互联动、共同作用。

逻辑链条②：建筑形态与布局以居住区空间为媒介作用于场所通风，进而作用于儿童机体生理要素导出健康结果。居住区建筑形态排布能够从"主动扩散"的角度促进场所通风，直接影响居住区微环境内的风场构成，因而或将对于空气流通具有助推或抑制作用。本逻辑链条指向了在容积率、建筑密度等开发强度指标之外，关注建筑层高、位置错动等体系性布局的工作思路。本逻辑链条与逻辑链条①相互联动、共同作用。

逻辑链条③：道路交通布局与断面设计以居住区空间为媒介作用于环境卫生，进而作用于儿童机体生理要素导出健康结果。具体作用机理要点体现在道路主导交通方式、道路断面绿视率水平设计等方面。以步行为主导交通方式的道路相比常规道路而言，其污染物浓度或将更弱；绿视率水平较为良好（≥25%）的道路断面设计模式或将有效降低污染物浓度、减少健康隐患。本逻辑链条与逻辑链条④相互联动、共同作用。

逻辑链条④：道路交通布局与断面设计以居住区空间为媒介作用于场所通风，进而作用于儿童机体生理要素导出健康结果。具体作用机理要点主要体现在道路主导交通方式方面。道路主导交通方式的差异或将作用于环境卫生，即以步行为主导交通方式的道路相比常规道路而言，其通风情况或将更佳。本逻辑链条指向了在道路网密度等道路交通规划设计指标之外，通过道路断面设计、出行时间管控等手段加以干预以提高其人行优先比例的工作思路。本逻辑链条与逻辑链条③相互联动、共同作用。

逻辑链条⑤：植物景观规划设计以居住区空间为媒介作用于环境卫生，进而作用于儿童机体生理要素导出健康结果。植物景观规划设计能够从"被动净化"的角度促进污染物浓度降低，即对环境卫生情况有所保障，具体作用机理要点体现在绿化率水平等方面。此外，本逻辑链条的检验中进一步对此机理要点予以细化，补充提出了绿色空间分布均衡程度这一作用机理要点，指向了绿地率、绿化率等宏观指标之外，关注绿色空间分布均衡程度，结合场地尺度对绿色空间施以均衡、分散式布局的工作思路。

逻辑链条⑦：公共服务设施布局以居住区空间为媒介作用于环境卫生，进而作用于儿童机体生理要素导出健康结果。公共服务设施密度、功能混合度和可达性水平较高，或将降低儿童前往使用设施的环境暴露风险，同时更为有效地促进家长和儿童本人的出行意愿以及步行活动水平，从而或将有助于提升儿童自身免疫力、抵御感染疾病风险。本逻辑链条指向了在千人指标、业态集聚外部性等传统公共服务设施设置因由外，结合儿童成长需求和出行可达范围、从城市社区生活圈尺度宏观匹配公共服务设施类型与密度的工作思路。本逻辑链条与逻辑链条⑧相互联动、共同作用。

逻辑链条⑧：公共服务设施布局以居住区空间为媒介作用于食物卫生，进而作用于儿童机体生理要素导出健康结果。食物空间的可达性和对应供给或将影响儿童前往就餐或购买食物面临的环境暴露风险和膳食风险，即对应于食物卫生要素，其具体作用机理要点主要体现在食物空间密度、可达性等方面。本逻辑链条与逻辑链条⑦相互联动、共同作用。

以上即以东城区为例，通过代表性居住区对比研究的方法，初步完成对居住区空间类型下儿童疾病角度的"四要素"概念模型的检验。

以下则将转而面向儿童保健，对该角度下具体化的"四要素"概念模型予以检验。

5.3 面向儿童保健：城市绿地空间"四要素"概念模型检验

遵循 5.1 节中的检验研究思路，本部分将对儿童保健角度的"四要素"概念模型检验研究成果进行具体阐述，包括东城区社区尺度代表性城市绿地内的儿童体力活动情况、基于儿童体力活动开展及其水平特征的"四要素"概念模型逻辑链条，以及具体规划设计维度检验。

以下首先对东城区社区尺度代表性城市绿地内的儿童体力活动情况作一阐述。

5.3.1　东城区社区尺度代表性城市绿地空间儿童体力活动情况

研究综合采用了多项主客观调研工具，包括体力活动问卷、行为地图等传统工具以及可穿戴设备等新型工具，其中为保障信息完整性，特别在体力活动问卷中对儿童日常生活习惯、基本生理情况等信息作一收集，从而可就调研对象儿童群体形成画像。在收回的 1059 份有效问卷中，其中有 41 份问卷对应的儿童在调研日过去 7 天内因生病或其他原因影响了日常体力活动安排，因此在后续分析中将剔除此 41 份问卷，总计将对 1018 份问卷进行分析。

在 1018 位儿童中，有女孩 448 人（占比 44.0%）、男孩 570 人（占比 56.0%）；0~2 岁儿童 217 人（占比 21.3%）[①]、3~5 岁儿童 439 人（占比 43.1%）、6~12 岁儿童 362 人（占比 35.6%）；在家长陪同下前往地段的儿童有 835 人（占比 85.3%），与小伙伴一同前往地段的儿童有 142 人（占比 14.5%），独自前往地段的儿童有 41 人（占比 4.2%）；步行前往地段的儿童有 624 人（占比 63.7%），骑车前往地段的儿童有 83 人（占比 8.5%），乘坐公交地铁或小汽车等交通工具前往地段的儿童有 311 人（占比 31.8%）。

为掌握儿童日常体力活动习惯的总体特征，问卷中对调研日过去 7 天内儿童的体力活动和久坐行为情况进行了统计。其中，儿童体力活动参与频率情况如图 5.19 所示，在调研日过去 7 天内，工作日参与体力活动的频率处于"经常"及以上的儿童占比约为 60%，而周末参与体力活动的频率处于"经常"及以上的儿童占比约 70%。相比之下，周末儿童参与体力活动的频率出现了两极分化：一方面，周末参与体力活动的频率处于"很频繁"的儿童占比（约为 30%）明显高于工作日（约为 10%）；另一方面，相比工作日，周末还存在儿童"没有"参与体力活动的情况（约占比 5.1%）。

调研日过去 7 天内儿童的久坐行为情况如图 5.20 所示，整体上工作日和周末儿童的主要久坐行为类型不尽相同。在工作日，儿童主要的久坐行为类型较为突出，其中代表性的类型包括在校学习（约 38%）、看电视（约 35%）、课外阅读（约 31%）、乘坐交通工具（约 30%）和玩电脑或 pad（约 27%）。在周末，儿童各项久坐行为类型较为均衡，看电视为占比最高（约 40%），看视频或电影、玩电脑或 pad、课外阅读和手工画画等次之（均约为 25%~27%）。综合对比儿童

---

① 对 0~2 年龄段儿童的问卷统计仅作总体对比使用，不参与具体规划设计维度的检验分析。

参与体力活动的频率和久坐行为的情况，儿童在工作日和周末开展体力活动的频率整体相近，但周末存在两极分化现象，且周末久坐行为类型较为分散，从儿童体力活动"指南"和"评估"的角度来看，儿童在周末的体力活动情况略佳，但久坐行为情况亦不容乐观，对儿童体力活动情况的关注着实有待加强。尽管调研中儿童或监护人自评体力活动频率存在虚高的可能性，但其反映的整体特征仍具有一定的参考性。

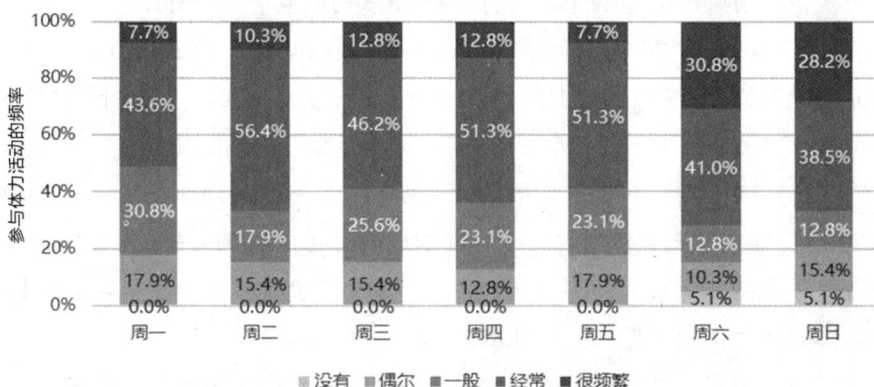

图 5.19 调研日过去 7 天内儿童参与体力活动的频率

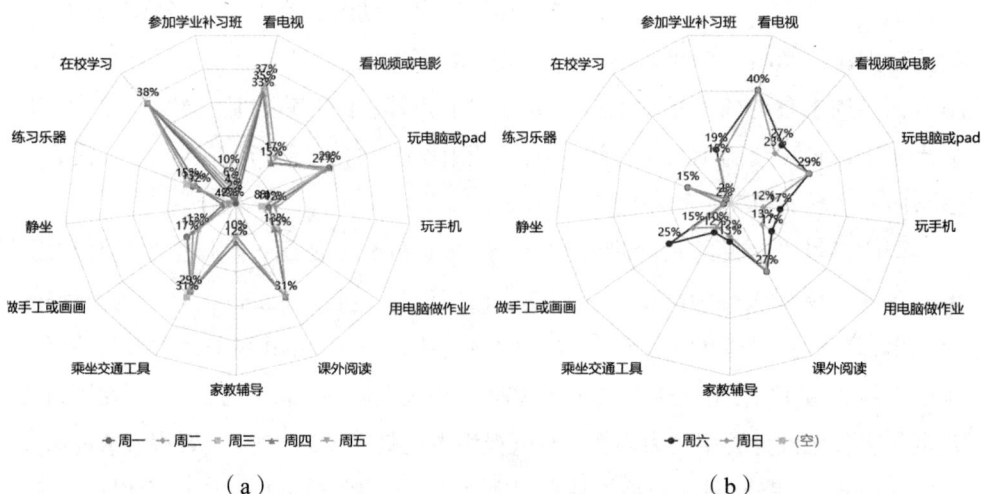

（a）　　　　　　　　　　（b）

图 5.20 调研日过去 7 天内儿童工作日和周末久坐行为情况

（a）工作日；（b）周末

　　在上述调研对象儿童的基本信息总体分析基础上，进一步就儿童在六处代表性城市绿地内开展体力活动的情况作一阐释。

　　结合行为地图、调研问卷和可穿戴设备等实地调研工具所记录数据，可分时段、分地段统计儿童在代表性城市绿地内开展体力活动的基本情况。整体上，在大部分地段内儿童体力活动的开展均普遍受到监护人影响，儿童开展户外体力活动往往有监护人陪伴，因而其主要呈现的时空分布结果也大多是监护人引导的结果，具有一定的共性特征；仅少部分地段内存在儿童自发性活动，并且此类自发性活动特征在地段之间存在较大差异。

　　具体来看，在时间分布方面，分别对六地段内工作日和周末白天各时段开展体力活动的儿童人数比例加以统计，结果如图 5.21 和图 5.22 所示。

　　在工作日期间，大部分地段内儿童开展体力活动的时段呈现为两个峰值，即 9—11 时和 15—17 时。以地段 1 东四奥林匹克社区公园为例，在 7—19 时期间，在 9—11 时时段内开展体力活动的儿童人数近乎占据整体白天时段的一半（46.15%），15—17 时的时段同样居高（30.77%），7—9 时和 17—19 时期间开展体力活动的儿童人数则分别仅占 15.38% 和 7.69%，11—15 时期间的中午时段则为几乎无儿童开展体力活动的低谷期。其中，上午的峰值时段内以学龄前儿童为主，下午的峰值时段内则各年龄段儿童均有参与。然而，综合公园

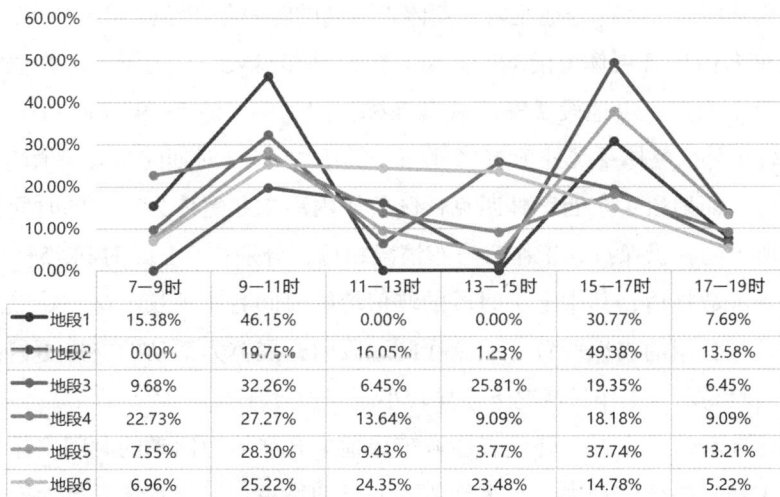

	7—9时	9—11时	11—13时	13—15时	15—17时	17—19时
地段1	15.38%	46.15%	0.00%	0.00%	30.77%	7.69%
地段2	0.00%	19.75%	16.05%	1.23%	49.38%	13.58%
地段3	9.68%	32.26%	6.45%	25.81%	19.35%	6.45%
地段4	22.73%	27.27%	13.64%	9.09%	18.18%	9.09%
地段5	7.55%	28.30%	9.43%	3.77%	37.74%	13.21%
地段6	6.96%	25.22%	24.35%	23.48%	14.78%	5.22%

图 5.21　六地段工作日白天各时段儿童比例

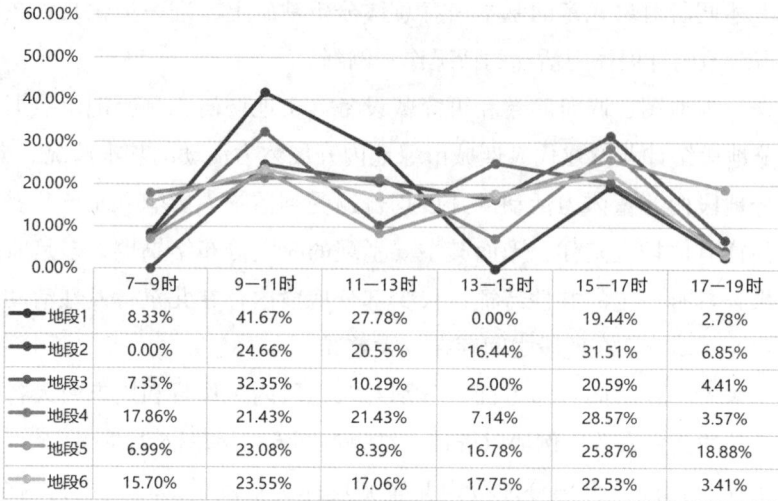

	7—9时	9—11时	11—13时	13—15时	15—17时	17—19时
地段1	8.33%	41.67%	27.78%	0.00%	19.44%	2.78%
地段2	0.00%	24.66%	20.55%	16.44%	31.51%	6.85%
地段3	7.35%	32.35%	10.29%	25.00%	20.59%	4.41%
地段4	17.86%	21.43%	21.43%	7.14%	28.57%	3.57%
地段5	6.99%	23.08%	8.39%	16.78%	25.87%	18.88%
地段6	15.70%	23.55%	17.06%	17.75%	22.53%	3.41%

图 5.22 六地段周末白天各时段儿童比例

内儿童体力活动的时间分布则有所不同，除 7—9 时和 17—19 时期间人数较少外，整体较为平缓而并未呈现峰值时段。这一特点或因其定位、尺度等所致，由于综合公园内部设施功能相对丰富，且整体赏玩面积较大，因而多有家庭带领儿童在综合公园内持续停留较久时间，更多有停留时间涵盖中午时段的情况。

在周末期间，大部分地段内儿童体力活动的时间分布整体较为平缓，在 7—19 时之间各时段开展体力活动的儿童人数波动相对较小，上下午两峰值略有体现但相对不明显。以地段 2 安德城市森林公园为例，除 7—9 时和 17—19 时期间人数较少外，整体平缓处于 20% 上下，其中 15—17 时期间略有峰值趋势但较为不明显。而地段 1 东四奥林匹克社区公园内周末儿童体力活动的时间分布特征则有所不同，仍保持与工作日分布情况相近，分别在 9—11 时和 15—17 时呈现出活动人数峰值，其中上午时段的峰值持续时间有所延长。这一特点或因其生活型社区公园的属性所致，儿童在此地段内开展体力活动的安排更偏向于常态化，因而周末与工作日情况下差异较小。

对比来看，儿童在六处代表性城市绿地中开展体力活动的时间安排整体上呈现出工作日峰值波动大、周末峰值不明显的特点，但就具体安排而言也与地段本身功能定位和所处区位有所关联。在初步归纳代表性城市绿地中儿童体力活动的开展情况基础上，将进一步总体阐释儿童体力活动的水平情况，重点关注儿童体力活动强度问题。

在本检验研究工作中，儿童体力活动强度数据的生成源自 3 种调研工具的集成推算：在数据的采集阶段，首先通过实地调研问卷完成对样本儿童基本信息的采集，进而主要根据可穿戴设备所记录的实时心率点位信息作为体力活动强度的推算基础，再辅以行为地图所记录活动类型信息予以补充和校正；在数据的换算阶段，使用 RPE 量表分别将所采集数据加以集成、换算、聚类，由此计算得出六处地段内所有儿童体力活动点位对应的强度区段。研究使用可穿戴设备采集 3~12 岁儿童体力活动数据 510 条，分别对每条数据下对应的点位强度区段作一中值处理，即可对 510 名儿童的总体体力活动强度情况进行衡量。总体来看，各地段内工作日和周末对应的儿童体力活动强度情况基本一致，因而在以下分析中将对工作日与周末数据进行叠加处理。鉴于体力活动强度研究需要以儿童年龄段特征为依据，因此基于上述推算结果，分别就 3~5 岁年龄段和 6~12 岁年龄段儿童在各地段内对应的体力活动强度比例情况作一基础性估算（图 5.23、图 5.24）。

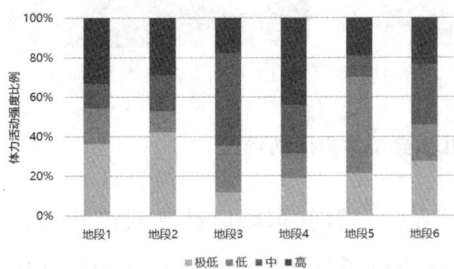

图 5.23　3~5 岁儿童在六地段内的体力活动强度比例

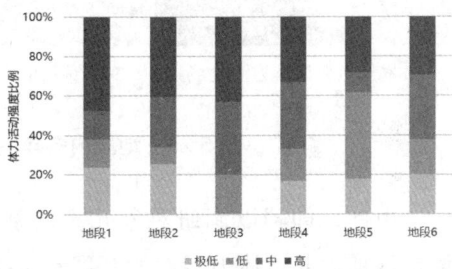

图 5.24　6~12 岁儿童在六地段内的体力活动强度比例

各地段内儿童体力活动强度水平整体随年龄段的升高而增大，这一表征结果也是由儿童机体成长的动态性特征所决定的。在六处代表性城市绿地中，实地观察儿童体力活动类型可知，0~2 岁年龄区段儿童的体力活动行为以静坐、躺卧于婴儿车的静息状态为主，并偶有在监护人引导下蹒跚学步、跳跃嬉戏等短时中等强度体力活动；3~5 岁年龄区段儿童行走、跑跳等中等强度体力活动明显增多，并开始伴有使用游戏器具或摆弄沙石草叶等自发性活动；6~12岁年龄区段儿童体力活动方式则已趋于多元，包括玩滑板车、骑自行车、开展球类运动等，体力活动强度也整体增大（图5.25）。这一伴随年龄段升高而产生的体力活动类型和强度变化特点与由可穿戴设备采集的数据结果相符。

就地段间比较而言，社区公园（地段1、2）内高强度儿童体力活动占比整体较大；游园（地段3、4）内3~5岁和6~12岁儿童的中高强度体力活动比例均为最高，特别是在皇城根遗址公园北段（地段3）内中等强度儿童体力活动更是占有绝对优势（占比分别约为47.1%和37.1%）。相比之下，广场（地段5）和综合公园（地段6）内高强度儿童体力活动占比较小，广场（地段5）内低强度及其以下儿童体力活动占比较大（占比分别约为70.2%和61.5%）。

| 0~2岁儿童典型体力活动场景（摄于地段2） | 3~5岁儿童典型体力活动场景（摄于地段4） | 6~12岁儿童典型体力活动场景（摄于地段2） |

图5.25 地段内各年龄段儿童典型体力活动场景

由此，即辅以调研对象儿童的基本信息，先后就东城区社区尺度代表性城市绿地内儿童体力活动的开展和水平情况进行了总体性分析。对应至空间层面的具体性分析将有待结合需予以检验的"四要素"概念模型逻辑链条详细阐释。

5.3.2 基于儿童体力活动特征的城市绿地"四要素"概念模型逻辑链条

下面即根据儿童体力活动特征提炼对应具体化的"四要素"概念模型的逻辑链条。综合证据和系统评价概要的结论表明：外部环境要素对儿童本人和监护人关于开展体力活动的意志认知和实际行为有所影响，进而再作用于儿童机体生理要素。与儿童体力活动相关的各生理要素和外部环境要素之间本身即具有相互勾连的网络链接关系，其内部逻辑结构还将依托于儿童本人和监护人的意志，以及实际体力活动的"强度-时间"情况而明确。其中，前者主要通过儿童体力活动的"开展"方面而体现，后者则通过儿童体力活动的"水平"方面而体现。因此，以下将分别从这两个方面着眼，依据循证研究和运动医学经验判断筛选所涉及的外部环境要素构成，从而提炼得到在这一实地情况下模型中需要着重加以检验的逻辑链条。

在儿童体力活动的"开展"方面，根据已有研究经验，儿童及其监护人关于体力活动的使用者体验是其最为核心的要点。儿童体力活动的开展本质上是对儿童及其监护人体力活动的意志认知情况的体现，这种意志认知情况尽管与个人固有观念有关，但同时也易受到多方外部环境要素的影响，处于吸引力和排斥力并存的状态，陷入心理上的趋避冲突（approach-avoidance conflict）。其中，吸引力即指向能够提高儿童及其监护人体力活动意愿的要素，如步行友好、富有活力、便于抵达、自然景观构成丰富的场所便契合于儿童兴趣，将使其在体力活动过程中获得更佳的体感和心理体验（Kent et al.，2014；余妙 等，2012；徐磊青 等，2017）；排斥力则指向阻碍儿童及其监护人形成体力活动意向的要素，如尺度逼仄、氛围压抑、功能单一、设施危险系数高的场所便不符合儿童体力活动开展的身心需求（Day，2016；应桃园，2016；Akpinar et al.，2016）。由此，即指向了场所安全、地形条件、可达程度、可玩程度等外部环境要素。依据本书 4.2.2 节中的综述结果，以城市绿地空间为媒介，场所安全情况方面主要与道路交通布局与断面设计、铺装设计与软硬质比例、植物景观规划设计、室外家具设计和公共服务设施布局等具体规划设计维度相关联；地形条件情况方面主要与道路交通布局与断面设计、铺装设计与软硬质比例、植物景观规划设计等具体规划设计维度相关联；可达程度情况方面主要与道路交通布局与断面设计、公共服务设施布局相关联；可玩程度方面则主要与道路交通布局与断面设计、铺装设计与软硬质比例、植物景观规划设计、室外家具设计和公共服务设施布局等具体规划设计维度相关联。

在儿童体力活动的"水平"方面，根据"指南"与"评估"的要旨，即明确指向了适合于儿童年龄段特征的体力活动"强度-时间"关系。达到适当的体力活动水平需要同时满足强度和时间的要求，合理控制各强度级别下的体力活动时间，因而一方面涉及儿童本人及其监护人的理念认知，另一方面也涉及外部环境要素对多强度体力活动条件的满足。由于不同强度等级分别对应不同体力活动类型，利用各项外部环境要素、基于儿童活动兴趣营造具有多元功能属性和丰富体验感的空间，譬如在运动场地内使用混合材质（王馨甜 等，2018）、选用具有不同风格和难易度的设施器材等（曲琛 等，2015），即可为儿童开展多类型体力活动创造可能性。由此，指向了地形条件、可玩程度、器具类型等外部环境要素。此外，尽管已有研究表明温度较低、湿度较大的环境不利于开展中高强度体力活动（吴园园 等，2019；赵晓龙 等，2018），这一特征在季节性、地带性温湿度差异影响下较为鲜明，但考虑到本检验研究均聚焦于北京市东城区下属的城市绿地，整体温湿度差异相对较小，故在此暂不作探讨。同样依据本书 4.2.2 节中的综述结果，以城市绿地空间为媒介，地形条件情况方面主要与道路交通布局与断面设计、铺装设计与软硬质比例、植物景观规划设计等具体规划设计维度相关联；可玩程度方面主要与道路交通布局与断面设计、铺装设计与软硬质比例、植物景观规划设计、室外家具设计和公共服务设施布局等具体规划设计维度相关联；器具类型方面则主要与室外家具设计这一具体规划设计维度相关联。

综合来看，由以上儿童体力活动特征的两个方面即可首先对应至部分外部环境要素，进而即提炼得出模型逻辑链条，为具体检验聚焦了工作方向。如表 5.10 和图 5.26 所示，需予以检验的逻辑链条共有十六条，涉及的外部环境要素包括场所安全、地形条件、可达程度、可玩程度和器具类型，具体规划设计维度包括道路交通布局与断面设计、铺装设计与软硬质比例、植物景观规划设计、室外家具设计和公共服务设施布局。同一规划设计维度下对应的逻辑链条间也往往存在潜在联系，因而在检验中亦可一并加以考量。

表 5.10　基于儿童体力活动特征的"四要素"概念模型逻辑链条表

	场所安全	地形条件	可达程度	可玩程度	环境温度	环境湿度	器具类型
（1）	√①	√②	√③	√④	√	√	—
（2）	√⑤	√⑥	—	√⑦	√	√	—
（3）	√⑧	√⑨	—	√⑩	√	√	—

	场所安全	地形条件	可达程度	可玩程度	环境温度	环境湿度	器具类型
（4）	√⑪	—	—	√⑫	—	—	√⑬
（5）	√⑭	—	√⑮	√⑯	—	—	—

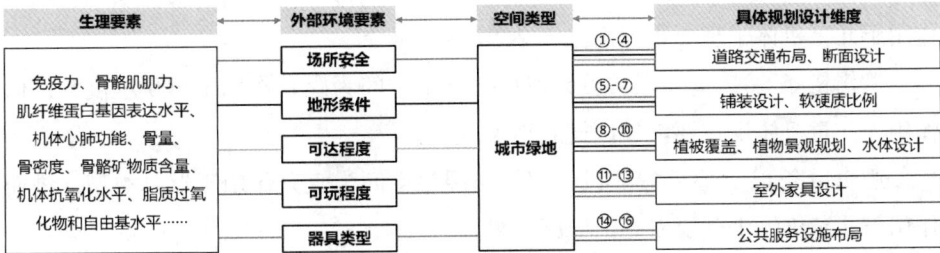

图 5.26　基于儿童体力活动特征的"四要素"概念模型逻辑链条图示

汇总以上提炼结果，基于儿童体力活动特征，需予以检验的"四要素"概念模型逻辑链条包括以下 16 条。

逻辑链条①：道路交通布局与断面设计以城市绿地空间为媒介作用于场所安全，进而作用于儿童机体生理要素导出健康结果。

逻辑链条②：道路交通布局与断面设计以城市绿地空间为媒介作用于地形条件，进而作用于儿童机体生理要素导出健康结果。

逻辑链条③：道路交通布局与断面设计以城市绿地空间为媒介作用于可达程度，进而作用于儿童机体生理要素导出健康结果。

逻辑链条④：道路交通布局与断面设计以城市绿地空间为媒介作用于可玩程度，进而作用于儿童机体生理要素导出健康结果。

逻辑链条⑤：铺装设计与软硬质比例以城市绿地空间为媒介作用于场所安全，进而作用于儿童机体生理要素导出健康结果。

逻辑链条⑥：铺装设计与软硬质比例以城市绿地空间为媒介作用于地形条件，进而作用于儿童机体生理要素导出健康结果。

逻辑链条⑦：铺装设计与软硬质比例以城市绿地空间为媒介作用于可玩程度，进而作用于儿童机体生理要素导出健康结果。

逻辑链条⑧：植物景观规划设计以城市绿地空间为媒介作用于场所安全，进而作用于儿童机体生理要素导出健康结果。

逻辑链条⑨：植物景观规划设计以城市绿地空间为媒介作用于地形条件，进而作用于儿童机体生理要素导出健康结果。

逻辑链条⑩：植物景观规划设计以城市绿地空间为媒介作用于可玩程度，进而作用于儿童机体生理要素导出健康结果。

逻辑链条⑪：室外家具设计以城市绿地空间为媒介作用于场所安全，进而作用于儿童机体生理要素导出健康结果。

逻辑链条⑫：室外家具设计以城市绿地空间为媒介作用于可玩程度，进而作用于儿童机体生理要素导出健康结果。

逻辑链条⑬：室外家具设计以城市绿地空间为媒介作用于器具类型，进而作用于儿童机体生理要素导出健康结果。

逻辑链条⑭：公共服务设施布局以城市绿地空间为媒介作用于场所安全，进而作用于儿童机体生理要素导出健康结果。

逻辑链条⑮：公共服务设施布局以城市绿地空间为媒介作用于可达程度，进而作用于儿童机体生理要素导出健康结果。

逻辑链条⑯：公共服务设施布局以城市绿地空间为媒介作用于可玩程度，进而作用于儿童机体生理要素导出健康结果。

以下分别对上述逻辑链条予以检验。

5.3.3 城市绿地空间具体规划设计维度检验

在本书 4.2.2 节中根据已有研究结论对城市绿地空间类型下儿童疾病角度"四要素"概念模型中各逻辑链条的具体构成予以了猜想。对应至东城区代表性城市绿地空间，即将逐一检验其逻辑链条猜想。

在分维度检验前，首先将在六地段中记录的儿童体力活动点位信息进行总体特征把握。根据实测结果，点位空间分布规律在工作日和周末并无明显区别，因此将予以累加空间分布处理，以 ArcGIS 中核密度计算的方式衡量各地段内儿童体力活动场所的集中度，并且以实际建成环境空间信息地图为基底直观呈示，从而清晰指向各地段内儿童体力活动场所的空间分布特征与差异。按照地段类型和对应编号，分别陈列对比六地段儿童体力活动场所分布结果，如表 5.11 所示。

表 5.11　六地段儿童体力活动场所分布

地段类型	社区公园	
地段名称	1. 东四奥林匹克社区公园	2. 安德城市森林公园
儿童体力活动场所		
地段类型	游园	
地段名称	3. 皇城根遗址公园北段	4. 磁器口大街游园
儿童体力活动场所		
地段类型	广场	综合公园
地段名称	5. 环贸中心广场	6. 中山公园
儿童体力活动场所		
图例 ①	0~2岁 男 女　3~5岁 男 女　6~12岁 男 女　集中度弱　集中度强	

① 图片的集中度情况由可穿戴设备记录点位数据生成，分年龄段和性别标示的点位由行为地图转绘，在此对二者一并叠合校核。

上述儿童体力活动场所分布情况表征了其体力活动的"开展"对应的空间总体特征。在此基础性认识下，进一步运用 Moran's I 指数对儿童体力活动强度进行空间自相关分析，对儿童体力活动的"水平"对应的空间总体特征进行刻画。如此，为后续各具体规划设计维度的检验提供基本依据。

如表 5.12 所示，分别对六处代表性城市绿地中内嵌由强度信息的儿童体力活动点位数据进行空间自相关分析。结果表明，除磁器口大街游园（地段4）外，另外五处地段内儿童体力活动强度均呈现显著空间正相关，表明体力活动强度的大小在空间上明显具有集聚特征，但各自相关性程度高低有别。其中，安德城市森林公园（地段2）内儿童体力活动强度的 Moran's I 指数最高（0.509），代表其中的儿童体力活动强度与空间分布的相关性程度最强；环贸中心广场（地段5）次之，其中的儿童体力活动强度在空间上也体现出较强的集聚特征。东四奥林匹克社区公园（地段1）、皇城根遗址公园北段（地段3）和中山公园（地段6）内儿童体力活动强度的 Moran's I 指数较小（均为 0.1 左右），其中的儿童体力活动强度与空间分布虽具有正相关性，但其空间集聚特征较弱。而磁器口大街游园（地段4）内儿童体力活动强度则与空间分布不具有显著相关性，儿童体力活动强度在地段内的空间分布接近于随机状态、而非集聚状态。

表 5.12　六地段内儿童体力活动强度的空间自相关情况

	地段 1	地段 2	地段 3	地段 4	地段 5	地段 6
正态分布所属区间						
Moran's I	0.118	0.509	0.113	−0.087	0.202	0.084
z	4.596	27.047	2.880	−0.080	6.207	3.546
p	0.000	0.000	0.004	0.424	0.000	0.000
空间自相关情况	显著正相关	显著正相关	显著正相关	不显著	显著正相关	显著正相关

由于中高强度体力活动对于儿童群体（特别是学龄儿童群体）的健康生长发育更为关键，因此进一步专向性选取中高强度区段儿童体力活动，直观表征其空间集聚特征。依据前述集成换算方法分类汇总实地调研数据，将其中属于

中高强度的儿童体力活动点位单独筛选成组,分别探讨六处地段内中高强度儿童体力活动点位的分布情况。类似地,将在六地段中记录的中高强度儿童体力活动点位信息分别予以累加空间分布处理,以 ArcGIS 中核密度计算的方式衡量其集中度,并以实际建成环境空间信息地图为基底直观呈现,分别陈列对比六地段内中高强度儿童体力活动场所分布结果,如表 5.13 所示。结合空间自相关结果对比观察,各地段所表征的中高强度儿童体力活动场所空间集聚特征各异;结合实际调研观测记录,中高强度儿童体力活动点位集中度较高的区域与具体体力活动类型具有特定对应关系。

表 5.13　六地段内中高强度儿童体力活动场所分布

地段类型	社区公园	
地段名称	1. 东四奥林匹克社区公园	2. 安德城市森林公园
中高强度儿童体力活动场所		
地段类型	游园	
地段名称	3. 皇城根遗址公园北段	4. 磁器口大街游园
中高强度儿童体力活动场所		

地段类型	广场	综合公园
地段名称	5. 环贸中心广场	6. 中山公园
中高强度儿童体力活动场所		
图例	集中度弱 ▬▬▬▬ 集中度强	

基于上述儿童体力活动"开展"和"水平"两方面的单独总体表征结果，进一步挖掘二者间的联动关系，通过多角度评估地段内儿童体力活动点位分布特征，对各类型城市绿地中儿童体力活动场所与强度的不同联动关系予以归类，以完整支撑各具体规划设计维度的检验分析。

除在表 5.12 中所计算得出的 Moran's I 指数表征儿童体力活动强度的空间自相关情况外，作为联动关系归类的必要性前提，下面将通过计算六地段内儿童体力活动点位分布的标准距离情况，从整体上分别表征出各地段内总体儿童体力活动场所、中高强度儿童体力活动场所的集中程度。

如表 5.14 所示，在 ArcGIS 平台中应用标准距离工具分别测算六地段内总体儿童体力活动点位和中高强度儿童体力活动点位的集中程度，黄圈标准差圆半径为总体儿童体力活动点位集中程度值，红圈标准差圆半径则为中高强度儿童体力活动点位集中程度值，比较两半径大小与地段尺度的关系即可表征地段内儿童体力活动的整体集中程度；而将红圈半径与黄圈半径作比得到标准距离比值，即可表征中高强度儿童体力活动点位与总体点位在集中程度上的差异性，即相对集中程度。测算结果表明，就整体集中程度而言，东四奥林匹克社区公园（地段1）、安德城市森林公园（地段2）和环贸中心广场（地段5）标准差圆尺度明显小于地段本身，表明地段内儿童体力活动点位分布的整体集中程度高；

中山公园（地段 6）标准差圆尺度与地段尺度接近，表明地段内儿童体力活动点位分布的整体集中程度一般；皇城根遗址公园北段（地段 3）和磁器口大街游园（地段 4）标准差圆尺度大于地段，表明地段内儿童体力活动点位分布整体较为分散。就相对集中程度而言，东四奥林匹克社区公园（地段 1）标准距离比值约为 0.8，中高强度儿童体力活动点位的集中程度明显有所收缩；安德城市森林公园（地段 2）、皇城根遗址公园北段（地段 3）、磁器口大街游园（地段 4）和中山公园（地段 6）标准距离比值近似于 1，中高强度儿童体力活动点位的集中程度与总体点位基本一致；环贸中心广场（地段 5）标准距离比值约为 1.2，中高强度儿童体力活动点位的集中程度相较于总体点位更为分散。

表 5.14　六地段儿童体力活动点位标准距离情况

地段	地段 1	地段 2	地段 3
标准差圆			
标准距离比值	0.827	1.010	0.966
地段	地段 4	地段 5	地段 6
标准差圆			
标准距离比值	1.040	1.199	0.996
注释	黄圈：总体儿童体力活动点位标准差圆 红圈：中高强度儿童体力活动点位标准差圆 标准距离比值：中高强度点位标准距离 / 总体点位标准距离		

基于上述对整体集中程度和相对集中程度的分析，并纳入前述儿童体力活动强度的空间自相关分析结果，可汇总得到六地段儿童体力活动分布与联动情况，如表 5.15 所示。为便于统计和归类，分别对三项分析结果予以赋值[①]（图 5.27）：对于空间自相关程度（A）分析结果，设不相关为 1、弱相关为 2、强相关为 3；对于整体集中程度（B）分析结果，设分散为 1、一般为 2、集中为 3；对于相对集中程度（C）分析结果，设更分散为 1、基本一致为 2、更集中为 3。

表 5.15　六地段儿童体力活动分布与联动情况汇总

	地段 1	地段 2	地段 3	地段 4	地段 5	地段 6
A 空间自相关程度	弱相关	强相关	弱相关	不相关	强相关	弱相关
B 整体集中程度	集中	集中	分散	分散	集中	一般
C 相对集中程度	更集中	基本一致	基本一致	基本一致	更分散	基本一致

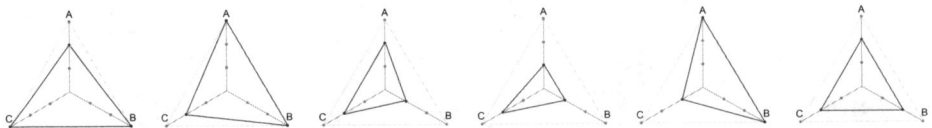

图 5.27　六地段儿童体力活动分布与联动情况赋值比较（从左至右依次为 1~6）

根据六处地段对应的赋值雷达图结果，即可从整体上直观把握儿童体力活动分布与联动情况的规律。其中，东四奥林匹克社区公园（地段 1）和安德城市森林公园（地段 2）内儿童体力活动点位的整体集中程度均较高，且儿童体力活动强度也均呈空间正相关特征，中高强度儿童体力活动点位的集中程度保持较强状态，即相对集中程度基本一致或更加紧缩，因此两地段在整体联动规律的表征上较为相似。皇城根遗址公园北段（地段 3）和磁器口大街游园（地段 4）内儿童体力活动点位的整体集中程度均较低、相对集中程度均基本一致，中高强度儿童体力活动点位的集中程度同样居于较低状态，且儿童体力活动强度的空间自相关特征分别较弱或不显著，可见此两处地段间亦具有相似的整体联动规律的表征。环贸中心广场（地段 5）内儿童体力活动点位的整体集中程度高，且儿童体力活动强度也呈明显的空间集聚特征，但中高强度儿童体力活动点位相比总体点位的集中程度则有所弱化，因而其整体联动规律具有一定的独特性。

---

① 此处赋值仅为便于统计归类之用，数值大小不代表定量关系。

中山公园（地段 6）内儿童体力活动点位的整体和相对集中程度均无明显集中或分散，且儿童体力活动强度的空间集聚特征较弱，整体联动规律亦与其他地段有所不同。

为精细化这一规律在空间结构上的具体表现，详细将表 5.11 和表 5.13 中六地段内总体和中高强度儿童体力活动场所的核心区斑块进行比较（表 5.16）。

表 5.16　六地段内总体和中高强度儿童体力活动场所核心区对比

地段	总体儿童体力活动场所核心区	中高强度儿童体力活动场所核心区
地段 1	东南入口场地	东南入口场地（偏向中西部）
地段 2	强核心区：沙坑、圆形广场 弱核心区：木板场地、雨水花园、部分小径	强核心区：木板场地、圆形广场、部分小径 弱核心区：雨水花园
地段 3	北部城墙遗址展示空间	北部城墙遗址展示空间
地段 4	乐园儿童游乐设施区域	乐园儿童游乐设施区域
地段 5	东南部硬质开敞空间（偏东部靠近外侧通行区域的部分、偏西部靠近广场中央的部分）	东南部硬质开敞空间（偏西部靠近广场中央的部分）
地段 6	强核心区：孙中山铜像广场、社稷坛、格言亭 弱核心区：古井六角亭、西南山地、儿童怡乐城	强核心区：孙中山铜像广场、社稷坛、古井六角亭、西南山地 弱核心区：儿童怡乐城、格言亭、和平保卫坊

就总体儿童体力活动场所和中高强度儿童体力活动场所的空间分布结构而言，不同地段内表征情况各异。具体来看，东四奥林匹克社区公园（地段 1）内儿童体力活动场所核心区整体上相对固定于其东南入口场地一带，因其整体尺度较大而在核心区内部还存在若干聚核点，其中围绕偏中西部聚核点的部分为中高强度儿童体力活动场所核心区的重心。安德城市森林公园（地段 2）内儿童体力活动场所核心区构成较为多元，总体体力活动核心区和中高强度体力活动核心区范围基本一致，但各核心区之间集聚程度强弱分布有所变化。皇城根遗址公园北段（地段 3）和磁器口大街游园（地段 4）内总体儿童体力活动场所和中高强度儿童体力活动场所的核心区皆基本集中于相同区域，对应空间结构也保持基本一致。环贸中心广场（地段 5）内总体儿童体力活动场所核心区位于其东南部硬质开敞空间，并主要包括偏东部靠近外侧通行区域、偏西部靠近广场

中央的两处聚核点，其中仅偏西靠近广场中央的部分为中高强度儿童体力活动场所的核心区。中山公园（地段6）内总体儿童体力活动场所核心区分布呈连片铺展覆盖的结构模式，而中高强度儿童体力活动场所核心区分布则较为破碎化，两种空间分布结构差异较大。

基于上述东城区代表性城市绿地中儿童体力活动的"开展"与"水平"两方面分别对应的空间分布情况，以及二者之间的联动关系，以下即分别对"四要素"概念模型的逻辑链条予以检验。同样由于同一规划设计维度下对应的逻辑链条间也往往存在潜在联系，因而以下检验即由各具体规划设计维度出发，一并考量其关联的逻辑链条。

1. 道路交通布局与断面设计维度检验：逻辑链条①~④

在道路交通布局与断面设计方面，需检验其与场所安全、地形条件、可达程度和可玩程度四项外部环境要素的关联情况。已有研究将道路交通布局与断面设计具体化至道路沿途特征、道路形制设计、路面材质和状况、入口与城市道路系统的关系等角度，以下即针对六处代表性城市绿地空间展开这一维度下的比较。

首先，探讨城市绿地内部道路规划设计的情况。基于上述体力活动点位空间分布的总体表征结果，整体上，儿童体力活动点位更多地分布于停驻型空间而非通过型空间中，如东四奥林匹克社区公园（地段1）北入口向南延伸的路径中儿童体力活动点位寥寥无几，环贸中心广场（地段5）各路径中的儿童体力活动点位相比东南部广场主体空间而言均屈指可数。尽管在城市绿地内，道路空间并非儿童开展体力活动最为主要的场所，但比较不同类型的道路空间分别对应的儿童体力活动特征，依旧能够归纳得出一定的规律。

对比观察六处地段，对于城市绿地内部的道路空间而言，其承载的儿童体力活动情况与其沿途周边环境的开敞与幽僻程度密切相关（表5.17）。若道路空间与开敞空间直接连接或邻近，则对应的儿童体力活动点位也相对较多，而若道路空间处于幽静处，则对应的儿童体力活动点位明显较为稀少。譬如，安德城市森林公园（地段2）内东部区域植被茂密、曲径通幽便几乎无儿童体力活动点位分布，皇城根遗址公园北段（地段3）内的小径空间中毗邻北部开敞空间的部分则具有截然高出其他部分的儿童体力活动点位密度等。归纳来看，首先，硬质开敞空间一带的小径空间与硬质开敞空间往往连同作为总体儿童体力活动场所的强核心区，其中的体力活动强度区段亦以中高强度为主，其场所安全感较强。其次为草地间和灌木丛间的小径空间，此类空间主要作为地段内的通过型空间而存在，虽未形成儿童体力活动场所核心区但具有多强度区段体力活动杂糅，其可玩程度较好。而林荫小径空间则最为幽僻，监护人出于安全、日照等考虑往往限制儿童进入此类空间开展活动，故其中的儿童体力活动点位极少。

表 5.17 儿童体力活动特征与城市绿地内部道路空间的关系

道路空间		儿童体力活动特征
特征	**具体类型**	
开敞 ↑ | | ↓ 幽僻	硬质开敞空间邻近小径	总体儿童体力活动场所强核心区；中高强度儿童体力活动为主
	草地间小径	非儿童体力活动场所核心区；各强度区段体力活动杂糅
	灌木丛间小径	非儿童体力活动场所核心区；各强度区段体力活动杂糅
	林荫小径	非儿童体力活动场所核心区；整体点位极少

进而比较城市绿地内部道路空间形制、材质设计与儿童体力活动特征的关系。在六处地段中，东四奥林匹克社区公园（地段 1）和安德城市森林公园（地段 2）尺度相近，且内部均有路面状况维护较好的环形道路布局，然而前者道路空间中极少有儿童开展体力活动，后者的整体道路网结构中也仅有位于中部的小型环线承载较多的儿童体力活动点位；同时，尽管部分地段道路使用石板材质、部分地段道路使用塑胶材质，道路宽度、长度等根据地段总体形制特点而有所不同，但各地段内路面状况维护情况均较好，其分别对应承载的儿童体力活动点位和强度也并未形成明显差异。可见，道路形制、材质与可玩程度和地形条件的关系尚无法得到检验。此外值得关注的是，在安德城市森林公园（地段 2）内除主要环形道路网络外还另外设置了一条由树桩排列而成的小径，在该地段内整体道路空间中，此小径兼为儿童体力活动总体和中高强度体力活动的场所，各年龄段儿童及其监护人均有较强意愿在此小径行走、跨跳，尽管其安全性相比其他平坦的道路空间略有不足，但此类"局部不安全"的空间体验却更契合于儿童体力活动兴趣与需求。

其次，探讨城市绿地与外部城市道路系统的关系。如表 5.18 所示，将六地段入口位置及其与外部城市道路的关系进行比较，除环贸中心广场（地段 5）外其余五处地段均毗邻城市主干路及以上等级的道路，并且具有与该道路直接衔接的入口。从与外部道路的直接衔接关系来看，各地段总体可达程度均较好；
而对应至城市绿地内部，儿童开展体力活动的场所核心区则多存在与入口位置
相近的情况，以东四奥林匹克社区公园（地段1）、皇城根遗址公园北段（地段
3）、中山公园（地段6）等尤为突出。而对于总体可达程度较弱的环贸中心广场
（地段5）而言，其儿童体力活动场所的核心区也位于东南部的入口空间，足证
地段内的相对可达程度也具有"入口依赖"的特点。

表5.18　六地段入口位置比较

在前文对已有研究结果的综述中，即判断城市绿地道路交通布局与断面设
计主要通过内部道路沿途、形制、材质以及与外部道路的关系等角度形成作用
力，与场所安全、地形条件、可达程度和可玩程度有所关联。上述对于六处代
表性城市绿地内外部道路空间的分析结果契合于部分已有研究结论：城市绿地
内部道路沿途周边环境的开敞与幽僻程度或将关乎其中的场所安全感和可玩程
度，影响儿童体力活动的"开展"与"水平"；城市绿地入口与外部道路的良好
衔接或将关乎可达程度，有助于增进儿童及其监护人前往开展体力活动的意愿，

并且地段内的相对可达程度也具有"入口依赖"的特点。由于各地段内部道路形制、材质等虽有所不同，但路面状况维护情况均较好，对应承载的儿童体力活动点位和强度也并未形成明显差异，因而其与可玩程度和地形条件的关系尚无法得到检验。在对已有研究结论进行论证之外，研究发现使用亲自然性材质和形制营造的"局部不安全"式内部道路或将比"绝对安全"更加契合于儿童体力活动兴趣与需求，故对于关乎场所安全方面的结论予以补充。

由此，即完成对逻辑链条②③的检验和逻辑链条④的部分检验，道路交通布局与断面设计以城市绿地空间为媒介作用于场所安全、可达程度和可玩程度，进而作用于儿童机体生理要素导出健康结果。与已有研究结论相契合，这一维度的具体作用机理体现在道路沿途特征、入口与城市道路系统的关系等方面。此外，在此基础上特别补充提出了结合亲自然性材质和形制营造"局部不安全"式空间这一作用机理要点，对逻辑链条①的具体实现路径予以丰富。

2. 铺装设计与软硬质比例维度检验：逻辑链条⑤~⑦

在铺装设计与软硬质比例方面，需检验其与场所安全、地形条件和可玩程度三项外部环境要素的关联情况。已有研究将铺装设计与软硬质比例具体化至铺装材质、软硬质铺装混合情况、铺装色彩与图案等角度，以下即针对六处代表性城市绿地空间展开这一维度下的比较。

首先，总体观察六处地段内铺装情况与儿童体力活动情况对应关系的共性，相比于草坪、林荫小径等软质生物性的空间，在硬质地面的开敞空间中儿童体力活动的"开展"情况更为集中，如在东四奥林匹克社区公园（地段 1）中儿童体力活动密集开展的场所即为其东南部的硬质入口空间，在皇城根遗址公园北段（地段 3）中儿童体力活动密集开展的场所即为其北部的城墙遗址展示空间等。在儿童体力活动的"水平"情况方面，低强度及以下儿童体力活动多为儿童自发性活动，更加依附于软质、亲自然性铺装的空间，单次活动持续时间较短、活动次数较多；中高强度儿童体力活动则多为监护人引导或陪同的活动，因其活动开展对相对平坦、开阔场地的必要性需求而更多依附于硬质铺装开敞空间，单次活动持续时间大多较长（表 5.19）。

表 5.19　六地段内各强度区段典型儿童体力活动的场所与时间对应关系

活动强度区段	活动内容	地段内主要场所	单次持续时间	对应地段
低强度及以下	堆沙石	沙坑、雨水花园	≈15min	地段2
	玩弄草叶	草地、雨水花园、小径	≈15min	地段2/5/6
	步行	草地、硬质开敞空间、小径	≈5min	全部地段
中等强度	跳绳	硬质开敞空间	≈20min	全部地段
	骑车	硬质开敞空间、小径	≈30min	地段1/2/3/5/6
	轮滑	硬质开敞空间、小径	≈30min	地段1/2/3/5/6
	攀爬	儿童游乐设施	≈20min	地段4/6
高强度及以上	追跑	草地、硬质开敞空间、小径	≈5min	地段1/2/3/5/6
	球类运动	硬质开敞空间	≈30min	地段1/2/3/5/6
	滑板车	硬质开敞空间、小径	≈20min	地段1/2/3/5/6

　　在这一总体规律下，六处地段中，安德城市森林公园（地段2）、环贸中心广场（地段5）和中山公园（地段6）内兼具软质、亲自然性铺装空间和硬质铺装开敞空间，因而基本能够囊括全强度区段的儿童体力活动内容；东四奥林匹克社区公园（地段1）和皇城根遗址公园北段（地段3）次之，其内部各类场所以硬质铺装空间为主，主要承接中高强度儿童体力活动内容；磁器口大街游园（地段4）内铺装类型则最为单一，儿童在其中开展体力活动的空间范围和活动内容均最为局限。从具体对应的儿童体力活动情况来看，在安德城市森林公园（地段2）、环贸中心广场（地段5）、中山公园（地段6）中，除监护人引导的体力活动外，还包含一定比例的儿童自发性活动，如采拾草叶、摆弄沙石等，对应场所为雨水花园、草坪等亲自然性铺装空间，然而此类活动持续时间往往较短，多限于15min以内，因而也并未集中形成儿童体力活动场所核心区；正因如此，儿童在上述地段内开展体力活动的时间也更为碎片化，不同于其他地段中儿童往往在固定场所由监护人引导持续性开展体力活动的特点，而主要表现为灵活、分散的模式，体力活动场所不固定、活动持续时间均较短。以由可穿戴设备记录的两名典型样本儿童体力活动数据为例，对同属社区公园类城市绿地的两处地段（地段1、2）作一比较（表5.20），在同样大约35min的总活动时间内，前者体力活动场所固定于东南广场，而后者则先后在雨水花园、小径和木板场地三处开展活动，其中在雨水花园中的体力活动内容即为自发性的采集

草叶、堆石子等低强度体力活动。

表 5.20　两类社区公园内儿童主要体力活动场所时间持续性比较

地段	时间	场所	体力活动
东四奥林匹克社区公园	09:40am—09:51am	东南广场	跳绳（监护人引导）
	09:51am—10:14am	东南广场	滑板车（监护人引导）
安德城市森林公园	09:36am—09:46am	雨水花园	采集草叶、堆石子（自发性活动）
	09:46am—09:55am	小径	滑板车（监护人引导）
	09:55am—10:13am	木板场地	跳绳（监护人引导）

　　由此来看，城市绿地空间铺装的软硬材质选择与儿童体力活动类型、强度、持续时间均存在关联，充分检验了这一机理要点与地形条件和可玩程度的指向关系，软硬材质混合铺装的城市绿地或将对应于更加多元化的儿童体力活动"开展"与"水平"情况。这一现象在两类社区公园（地段 1、2）中的印证最为明显，相比之下，生态型社区公园（安德城市森林公园，地段 2）的铺装材质包括草坪、塑胶、沙石、木板、石板等多种软硬质类型，就儿童体力活动的"开展"情况而言，其相比生活型社区公园（东四奥林匹克社区公园，地段 1）便具有更加丰富的儿童体力活动场所核心区构成，其中儿童体力活动场所的强核心区位于沙坑区域，其地形条件主要对应于蹲坐、挖沙堆沙等低强度儿童体力活动；弱核心区位于木板场地和圆形广场等空间，其地形条件主要对应于追跑、跳绳等中高强度儿童体力活动。就儿童体力活动的"水平"情况而言，生态型社区公园（安德城市森林公园，地段 2）内中高强度儿童体力活动场所也同样较为多元，呈多中心空间分布结构，以木板场地、圆形广场、部分小径为主要聚核；体力活动类型也较为多样，既包括骑车、追跑、玩滑板车等监护人引导的活动，又包括树桩跨跳等自发性活动；在地段内开展体力活动的总持续时间也平均较长，从而对应体力活动水平也较高。

　　除铺装的软硬材质选择外，铺装的使用面积也将对外部环境要素形成作用力。检验结果表明，城市绿地内部同铺装材质开敞空间尺度较大的情况下，其中的儿童体力活动场所呈多中心性，如东四奥林匹克社区公园（地段 1）、皇城根遗址公园北段（地段 3）、环贸中心广场（地段 5）和中山公园（地段 6）中的同铺装材质开敞空间面积均处于 $500m^2$ 以上，其中对应的儿童体力活动场所均有形成多个聚核点；而在同铺装材质开敞空间面积较小的情况下，其中的儿童体力活动场所将仅形成单一聚核点，如安德城市森林公园和磁器口大街游园的硬质开敞空间面积即较小，其中各自对应的儿童体力活动场所便仅有一处聚核点。可见，铺装材质的使用面积大小或将通过影响场所的尺度这一地形条件而作用于儿童体力活动场所特征，对已有研究结果有所补充。

综合上述针对铺装材质与面积的检验分析，对于城市绿地中的开敞空间而言（表 5.21），硬质铺装的广场和木板场地等通常对应总体儿童体力活动场所的强核心区，其中大于 $500m^2$ 的较大尺度空间所对应的核心区内部呈多中心结构，各强度区段的儿童体力活动均有分布；而较小尺度空间所对应的核心区内部呈单中心结构，且基本契合于中高强度体力活动的空间诉求。除草地外，软质铺装的开敞空间通常尺度较小，结合其亲自然性特征而契合于儿童自发性活动兴趣，因而多为总体儿童体力活动场所核心区，但以承接低强度体力活动为主；相比较小尺度草地空间，较大尺度草地空间内则可承接多强度区段儿童体力活动，但草地空间无关尺度均因受到养护管制、监护人要求等限制而通常无法承接持续性体力活动，整体上也均未表现为儿童体力活动场所核心区。

表 5.21　儿童体力活动与城市绿地中开敞空间铺装类型的关系

开敞空间		儿童体力活动特征	
铺装	具体场所	尺度较大（500m² 以上）	尺度较小（500m² 以下）
硬质铺装	广场	总体儿童体力活动场所核心区，呈多中心性； 各强度区段体力活动杂糅	总体儿童体力活动场所强核心区，呈单中心性； 中高强度体力活动主要核心区
	木板场地	—	总体儿童体力活动场所强核心区，呈单中心性； 中高强度体力活动主要核心区
软质铺装	沙坑	—	总体儿童体力活动场所强核心区，呈单中心性； 低强度儿童体力活动为主
	草地	非儿童体力活动场所核心区； 各强度区段体力活动杂糅	非儿童体力活动场所核心区； 低强度儿童体力活动为主
	雨水花园	—	总体儿童体力活动场所弱核心区，呈单中心性； 低强度儿童体力活动为主

在前文对已有研究结果的综述中，即判断城市绿地铺装设计与软硬质比例主要通过铺装材质、软硬质铺装混合情况等角度形成作用力，与场所安全、地形条件、可玩程度有所关联。上述对于六处代表性城市绿地铺装的分析结果契合于部分已有研究结论：城市绿地软硬质铺装的混合程度或将关乎儿童体力活动类型、强度、持续时间，充分检验了这一机理要点与地形条件和可玩程度的指向关系，软硬材质混合铺装的城市绿地或将对应于更加多元化的儿童体力活动"开展"与"水平"情况。此外，尽管各代表性城市绿地内铺装材质、面积等不尽相同，但其管控维护水平均较为良好，并未存在明显的安全问题，因此铺装设计、软硬质比例与场所安全的关系尚无法得到检验；各地段铺装在色彩与图案方面并无明显差异，因而也无法得到专项性检验。在对已有研究结论进行论证之外，检验研究发现铺装材质的使用面积大小或将通过影响场所的尺度这一地形条件而作用于儿童体力活动场所特征，故对于关乎地形条件方面的结论予以补充。

由此，即完成对逻辑链条⑥的检验和逻辑链条⑦的部分检验，铺装设计与软硬质比例以城市绿地空间为媒介作用于地形条件和可玩程度，进而作用于儿童机体生理要素导出健康结果。与已有研究结论相契合，这一维度的具体作用机理体现在软硬质铺装混合情况方面，此外，在此基础上特别补充提出了关注铺装材质使用面积这一作用机理要点，对逻辑链条⑥的具体实现路径予以丰富。

3. 植物景观规划设计维度检验：逻辑链条⑧~⑩

在植物景观规划设计方面，需检验其与场所安全、地形条件和可玩程度三项外部环境要素的关联情况。已有研究将植物景观规划设计具体化至植物配置、自然景观丰富度等角度，以下即针对六处代表性城市绿地空间展开这一维度下的比较。

首先，观察六处代表性城市绿地空间中的植被覆盖面积，除磁器口大街游园（地段4）基本无植被覆盖外，其余城市绿地空间中植被量均极高，特别是安德城市森林公园（地段2）因其生态型社区公园的定位属性而更是在植物配置方面颇具特色。然而将六处代表性城市绿地中的植被覆盖空间分布情况与儿童体力活动场所空间分布情况作一比较，却清晰可见二者几乎形成"补集"关系（详见表5.11、表5.13）。与前文在铺装设计与软硬质比例维度的分析相符，硬质地面的开敞空间中儿童体力活动的"开展"情况最为集中，且主要对应于监护人引导的体力活动类型，其单次活动持续时间也相对较长，因而不难解释儿童主要体力活动场所与植被覆盖空间的"补集"关系。究其原因，具体观察各城市绿地内的植被覆盖空间情况，大多空间以高大乔木与低矮灌木搭配为主，尽管不同城市绿地之间植物类型配置存在差异，但均以连片密植方式栽种园林植物（图 5.28），如此较大尺度、较大体量的植被覆盖情况将较易形成空间郁闭感，相应地，也将使儿童本人及其监护人的安全体验感有所降低。因此，植被覆盖较为集中的区域往往不被儿童本人及其监护人作为体力活动开展的首选场所。

道路空间周边植物景观营造
（摄于地段 2）　　开敞空间周边植物景观营造
（摄于地段 1）　　山地植物景观营造
（摄于地段 6）

图 5.28　地段内常见植物景观营造效果

其次，城市绿地内的植物景观规划设计对于多种地形的特征性塑造具有关键性作用。结合城市绿地固有的地形特征，或整体规划的地形塑造要求，植物景观的配置将有助于以软性方式适当顺应地形有利条件、规避地形不利条件。譬如图 5.28 所示的植物栽种方式尽管均属于连片密植，但从其植物类型、植物高度、植物季节性特征等角度来看，三者分别营造出截然不同的地形特征。左图为安德城市森林公园（地段 2）东南部分的道路空间周边植物景观，其植物类型较为单一，与人群的贴合感更强，其所栽种植物类型亦将伴随季节更迭而适当更换；中图为东四奥林匹克社区公园（地段 1）东南入口广场周边植物景观，其所栽种植物类型以常绿植物为主，旨在保持总体景观风貌地形条件的稳定性；右图为中山公园（地段 6）西南部山地植物景观，其所栽种植物类型具有季节性特征，整体呈亲自然性特征、弱化人工性特征，结合其固有山地地形条件营造更富有"野趣"的景观环境，同时也潜在提高了场地的可玩程度。

　　通过植物景观规划设计提高城市绿地的可玩程度，亦在研究选取的代表性城市绿地中有所印证，其中最为典型的便是安德城市森林公园（地段2）中的雨水花园设计。如图5.29所示，该雨水花园整体低于安德城市森林公园地平的海拔高度，游人可沿公园东北角坡道抵达其高度，亦可于齐平于地平的木桥之上俯瞰观赏。该雨水花园整体由砾石与砂层、耐涝且抗旱植物、周边观赏性植物和教育性景观小品等构成，在雨季将主要发挥其下渗净化功能，在其他时期则亦可成为兼具教育属性的"野趣"体力活动场地。因此不难解释，在较大程度上，雨水花园的存在使得生态型社区公园相比生活型社区公园具有了更为多元的儿童体力活动场所类型。本检验研究实地调研的时间正处于雨水花园无水状态，时有儿童自发性前往雨水花园采集石子、草叶，或在该场地中追逐嬉戏，因而雨水花园也相应地成为整个地段内儿童体力活动场所集中分布的核心区之一，足证其所具有的可玩程度。

雨水花园周边植物　　　　无水状态雨水花园中的儿童活动　　　　雨水花园全貌
　（摄于地段2）　　　　　　　（摄于地段2）　　　　　　　　（摄于地段2）

图5.29　安德城市森林公园北部雨水花园实景

　　在前文对已有研究结果的综述中，即判断城市绿地植物景观规划设计主要通过植物配置、自然景观丰富度等角度形成作用力，与场所安全、地形条件、可玩程度有所关联。上述对于六处代表性城市绿地植物景观规划设计的分析结果即契合于已有研究结论：较大尺度、较大体量的植被覆盖情况将较易形成空间郁闭感，相应地也将使儿童本人及其监护人的安全体验感有所降低，抑制体力活动；城市绿地内植物景观的合理配置将有助于以软性方式适当顺应地形有利条件、规避地形不利条件，并且有助于营造更富有"野趣"的景观环境，潜在提高场地的可玩程度。

由此，即完成对逻辑链条⑧⑨⑩的检验，植物景观规划设计以城市绿地空间为媒介作用于场所安全、地形条件和可玩程度，进而作用于儿童机体生理要素导出健康结果。与已有研究结论相契合，这一维度的具体作用机理体现在植物配置、自然景观丰富度等方面。

4. 室外家具设计维度检验：逻辑链条 ⑪～⑬

在室外家具设计方面，需检验其与场所安全、可玩程度和器具类型三项外部环境要素的关联情况。已有研究将室外家具设计具体化至儿童年龄适宜性喜好和体能需求等角度，以下即针对六处代表性城市绿地空间展开这一维度下的比较。

总体观察六处代表性城市绿地空间，其中的室外家具设置情况整体较为传统，其类型主要包括座椅、健身器材、雕塑、假山石等；大多并未结合儿童实际兴趣与需要开展专项性室外家具设计工作，仅磁器口大街游园（地段4）中的"乐园"场地处设置了塑料材质的简易组合儿童游乐设施。

综合分析六处代表性城市绿地中儿童体力活动与室外家具的关系，如表5.22所示。将假山石、古树、遗迹等也作为偏广义层面的室外家具纳入探讨，主要可将室外家具主题分为野趣、文化、游乐和休憩四类。归纳六处地段的共性，休憩类家具在各地段内均有设置，在儿童体力活动的"开展"方面，座椅周边地区一般作为总体空间分布中的弱核心区存在，在儿童多次体力活动的间隙往往由监护人引导至此进行短时间休憩、饮水、进食等，对应体力活动以强度较低的静坐为主。以东四奥林匹克社区公园（地段1）内儿童体力活动点位集中分布的东南入口场地为例，其中偏东部邻近灌木池的区域因设置有长椅且日照充足，而多为婴儿、幼儿晒太阳和缓慢行走的空间，即相当于在场地东部形成了低强度儿童体力活动的聚核。需要补充的是，实地调研发现，监护人往往要求儿童开展体力活动的场所不脱离其视线范围，且儿童开展体力活动时监护人（特别是高龄监护人）往往静坐于座椅，因而在此层面上，总体儿童体力活动场所核心区亦与座椅的空间布点存在一定的联动关系，可见座椅周边空间的儿童年龄适宜性营造也同样值得补充关注。

表 5.22　儿童体力活动与城市绿地中室外家具的关系

（偏广义）室外家具		儿童体力活动特征
主题	具体类型	
野趣	假山石	总体儿童体力活动场所弱核心区；中高强度儿童体力活动为主
	古树	总体儿童体力活动场所弱核心区；中高强度儿童体力活动为主
文化	遗迹	总体儿童体力活动场所强核心区；各强度区段体力活动杂糅
	雕塑	总体儿童体力活动场所强核心区；各强度区段体力活动杂糅
游乐	儿童游乐设施	总体儿童体力活动场所强核心区；各强度区段体力活动杂糅
	健身器材	非儿童体力活动场所核心区
休憩	座椅	总体儿童体力活动场所弱核心区；低强度儿童体力活动为主

　　游乐类家具主要设置于磁器口大街游园（地段 4），其中"乐园"场地处设置了塑料材质的简易组合儿童游乐设施，包括矮楼梯、滑梯、环形独木桥等；"雅园"场地处设置了若干组塑料与金属混合材质的户外健身器材；"宁园"场地处设置有两张乒乓球桌。实地调研发现，在此地段中，儿童体力活动的空间范围和活动内容均具有较强的局限性，地段整体的可玩程度与实际活动不匹配，儿童体力活动的"开展"几乎完全绑定于设有儿童游乐设施的"乐园"区域，特别是对比同时段、同地段成年人体力活动场所而言，具有明显与专设设施绑定的"领域感"。而就儿童体力活动的"水平"来看，在该地段内开展体力活动的儿童中超过 85% 为学龄前儿童，儿童体力活动强度与空间分布并不具有显著相关性，不同强度体力活动点位在空间上随机间或分布、并未分别呈现显著集聚特征，意味着在这一与儿童游乐设施绑定的场地内各强度区段的体力活动均有开展。

　　文化类和野趣类家具则主要设置于综合公园、社区公园等。其中，特别是综合公园中山公园（地段 6），因其定位属性兼容和尺度范围较大，各类家具构成丰富，在不区分强度的情况下，儿童体力活动场所分布总体上呈连片铺展覆盖式，包括孙中山铜像广场、社稷坛、格言亭、古井六角亭、西南山地、儿童怡乐城六个核心区，其中前三者为强核心区；而在区分强度之后，中高强度儿童体力活动点位整体上的集聚性已显然减弱，直观来看较为破碎、无规则，在前述六个核心区内，孙中山铜像广场和社稷坛保持为强核心区，古井六角亭和西南山地升级为强核心区，格言亭降级为弱核心区，儿童怡乐城保持为弱核心区，此外还有保卫和平坊等若干空间生成为新的核心区。可见，城市绿地内文化类和野趣类的室外家具的设置对于儿童体力活动的"开展"和"水平"均存在助推作用，更可较大程度上提高可玩程度，消减"领域感"，如假山石、古树等富有野趣特色的家具周边区域契合于儿童兴趣点，因而也是儿童开展探索游戏的核心场所，多促成中高强度体力活动；孙中山铜像广场、社稷坛等文化类家具周边区域主题鲜明且契合教育认知，往往符合监护人意志选择，也是儿童轮滑环行中可耳濡目染接受教育的场所；此外，由于对空间吸引力的提升，在文化类和野趣类家具周边区域内开展体力活动的持续时间也往往较长。

在前文对已有研究结果的综述中，即判断室外家具设计主要通过儿童年龄适宜性喜好和体能需求等角度形成作用力，与场所安全、可玩程度、器材类型有所关联。上述对于六处代表性城市绿地室外家具设计的分析结果即契合于部分已有研究结论：儿童游乐设施等器材的设置与儿童体力活动场所联系紧密，符合儿童本人和监护人的体力活动意志，或有助于提高场所可玩程度；不同主题类型的室外家具或将分别对应于不同儿童体力活动"开展"和"水平"特征等。此外，由于各地段内室外家具设置情况差异较大，不具备统一评估其安全与否的条件，因此室外家具设计与场所安全的联动关系尚无法得到检验。在对已有研究结论进行论证之外，检验研究发现：儿童游乐设施将加重儿童活动空间的"领域感"，而文化类和野趣类家具或将弱化这一"领域感"，通过室外家具的多主题融合或将有效增进可玩程度，即对于关乎可玩程度方面的结论予以补充；儿童体力活动场所核心区与座椅的空间布点存在一定的联动关系，座椅这一家具及其周边空间的营造有待重点关注，即对于关乎器材类型方面的结论予以补充。

由此，即完成对逻辑链条 ⑫⑬ 的检验，室外家具设计以城市绿地空间为媒介作用于可玩程度和器材类型，进而作用于儿童机体生理要素导出健康结果。与部分已有研究结论相契合，这一维度的具体作用机理体现在儿童年龄适宜性喜好和体能需求等方面，此外，在此基础上特别补充提出了利用文化类和野趣类家具消减活动场所"领域感"的作用机理要点，对逻辑链条 ⑫ 的具体实现路径予以丰富；并补充提出了关注座椅周边空间营造这一作用机理要点，对逻辑链条 ⑬ 的具体实现路径予以丰富。

5. 公共服务设施布局维度检验：逻辑链条 ⑭~⑯

在公共服务设施布局方面，需检验其与场所安全、可达程度和可玩程度三项外部环境要素的关联情况。已有研究将公共服务设施布局具体化至功能属性与混合程度、与居住区间距离等角度，鉴于公共服务设施布局与城市绿地尺度、功能属性、服务定位等密切相关，为排除其他变量干扰，以下主要针对同属社区公园的两处代表性城市绿地空间（地段 1、2）展开这一维度下的检验。

　　首先，对两处城市绿地的在社区尺度下的服务范围进行估算，同样依据300m、500m 和 800m 三圈层进行反推，对比考察两处城市绿地服务范围所涵盖居住区情况、公交站点与地铁站点情况，从而综合评估两处城市绿地的可达程度。估算中设置地段主要入口为目的地，基于道路网络数据，依托 ArcGIS 平台开展网络分析，反向推演得出可服务空间范围。如图 5.30 和图 5.31 所示，东四奥林匹克社区公园（地段 1）在 300m 服务范围内共触及 2 个居住区，500m 服务范围内共触及 3 个居住区，800m 服务范围内共触及 12 个居住区；安德城市森林公园（地段 2）在 300m 服务范围内共触及 2 个居住区，500m 服务范围内共触及 7 个居住区，800m 服务范围内共触及 19 个居住区；结合体力活动问卷对儿童来源地的分析，超过 84% 的儿童均居住于此服务范围内，足证城市绿地与居住区的距离对体力活动开展的作用力。再如图 5.32 和图 5.33 所示，东四奥林匹克社区公园（地段 1）在三圈层服务范围内共计涵盖公交站点 15 个、地铁站点 2 个；安德城市森林公园（地段 2）在三圈层服务范围内共计涵盖公交站点 20 个、地铁站点 1 个。综合两地段服务范围所触及的居住区情况和公共交通站点情况，两处城市绿地本身作为公共服务设施的可达程度整体均较好，在城市社区尺度下，能够有效触及较多居住区空间，为儿童及其监护人前往开展体力活动创造便利条件。

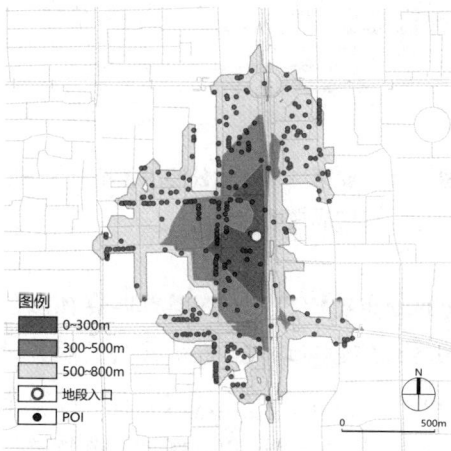

图 5.30　东四奥林匹克社区公园服务范围
　　　　 周边居住区

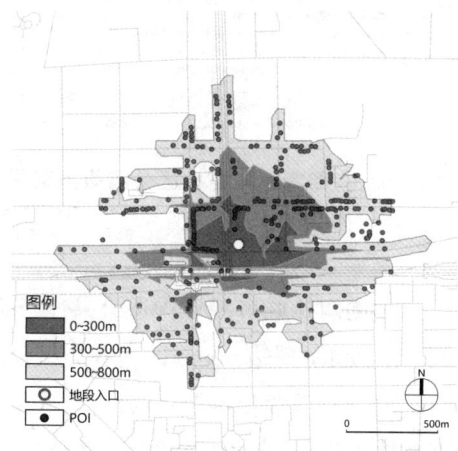

图 5.31　安德城市森林公园服务范围周边
　　　　 居住区

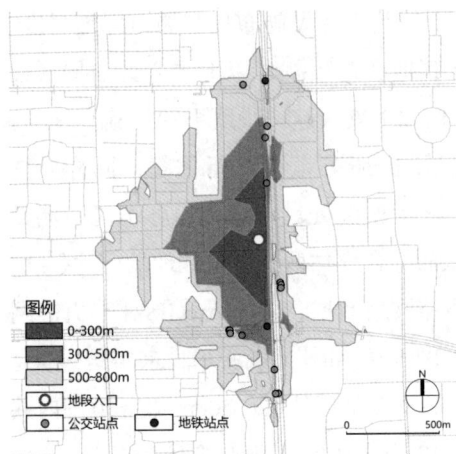

图 5.32 东四奥林匹克社区公园服务范围
内公交与地铁站点

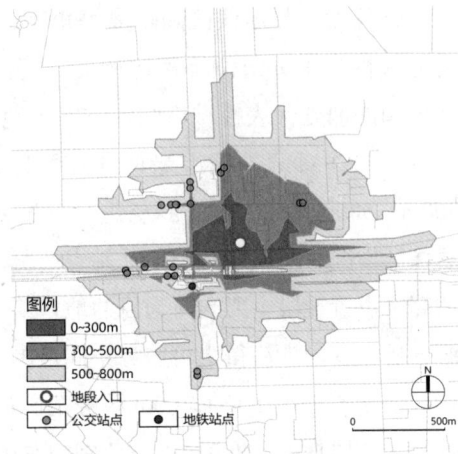

图 5.33 安德城市森林公园服务范围内
公交与地铁站点

进一步比较两处城市绿地周边其他各类公共服务设施的构成情况。同理，以两处地段主要入口为目的地，分别统计基于道路网络生成的 300m、500m 和 800m 三圈层服务范围内对应的 POI 数量和类型，结果如图 5.34 和图 5.35 所示。

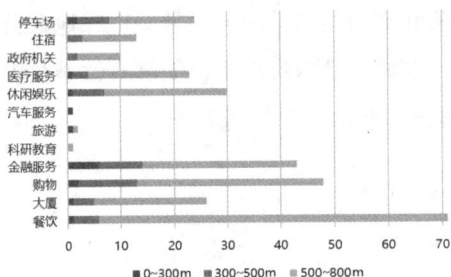

图 5.34 东四奥林匹克社区公园服务范围
内 POI 构成情况

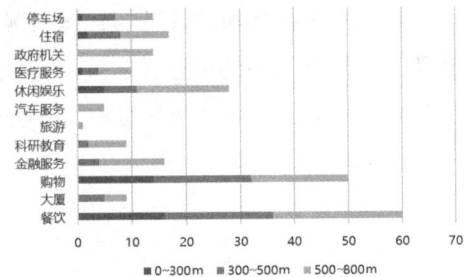

图 5.35 安德城市森林公园服务范围内 POI
构成情况

对比两处城市绿地周边公共服务设施的分布与构成，东四奥林匹克社区公园（地段 1）周边 500m 以内各类型公共服务设施数量均较少，大多公共服务设施类型下对应数量不及 10 处，但在周边 500~800m 范围内，公共服务设施数量则整体大量上涨；安德城市森林公园（地段 2）周边 500m 以内餐饮、购物类的公共服务设施数量明显较多,均超过 30 处,各服务范围圈层间公共服务总体数量分布较为匀质。从总体来看,两处地段在 800m 服务范围内公共服务设施分布和构成存在一定的共性,皆以餐饮、购物、休闲娱乐等为最主要的公共服务设施类型,整体设施丰度和功能混合程度均较好,或将相应提高儿童在此地区开展体力活动的可玩程度。其中,在东四奥林匹克社区公园(地段 1)服务范围内总体公共服务设施丰度更好,而在更为贴合于儿童 5min "等时圈"的 300m(步行)和 500m(骑行)服务范围内,安德城市森林公园(地段 2)周边则具有更高的设施丰度和功能混合程度,二者各有侧重。以体力活动问卷结果作一校核,前往两地段开展体力活动的儿童在途中多有购物、就餐等行为相伴发生,进一步证实了公共服务设施布局对可玩程度的作用力。

在前文对已有研究结果的综述中,即判断公共服务设施布局主要通过功能属性与混合程度、与居住区间距离等角度形成作用力,与场所安全、可达程度、可玩程度有所关联。上述对于 6 处代表性城市绿地植物景观规划设计的分析结果即契合于部分已有研究结论:城市绿地周边地区公共服务设施的丰度和功能混合程度能够提高空间对儿童开展体力活动的吸引力;城市绿地距离居住区的远近、与交通设施的关系等将影响其本身的可达程度。此外,由于尚无客观归纳儿童对于两处地段整体安全体验感的方法,因而公共服务设施与场所安全的联动关系尚无法得到检验。

由此,即完成对逻辑链条 ⑮⑯ 的检验,公共服务设施布局以城市绿地空间为媒介作用于可达程度和可玩程度,进而作用于儿童机体生理要素导出健康结果。与已有研究结论相契合,这一维度的具体作用机理体现在与居住区间距离、设施丰度与功能混合程度等方面。

5.3.4　城市绿地空间儿童保健角度"四要素"概念模型检验结果

以上检验研究首先由把握东城区社区尺度下代表性城市绿地内儿童体力活动情况入手;基于儿童体力活动特征的"开展"和"水平"两个方面,提炼得到城市绿地空间类型下儿童保健角度"四要素"概念模型中十六条待检验的逻辑链条;而后逐一对十六条逻辑链条中对应的具体规划设计维度予以检验,结果如图 5.36 所示。

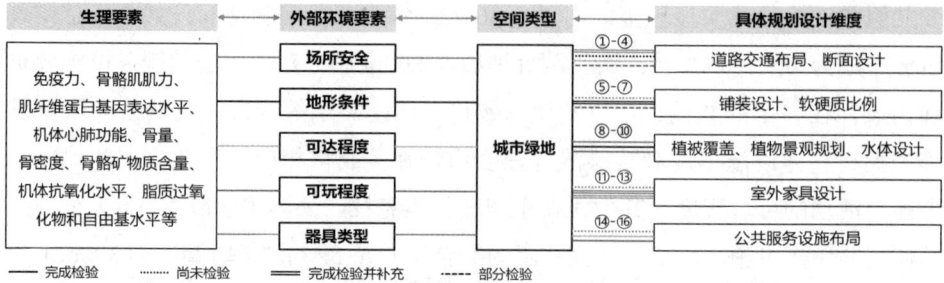

图 5.36　基于传染性疾病传播机制的"四要素"概念模型逻辑链条检验结果

其中，逻辑链条②⑤⑪⑭ 尚不具备研究条件而未得到检验，逻辑链条④⑦得到了部分检验，逻辑链条①⑥⑫⑬ 在完成检验基础上亦有所补充。综合来看，基于儿童体力活动特征，城市绿地空间类型下儿童保健角度"四要素"概念模型的十二条逻辑链条检验结果如下。

逻辑链条①：道路交通布局与断面设计以城市绿地空间为媒介作用于场所安全，进而作用于儿童机体生理要素导出健康结果。具体作用机理主要体现在道路沿途特征方面。城市绿地内部道路沿途周边环境的开敞与幽僻程度或将关乎其中的场所安全感，影响儿童体力活动的"开展"与"水平"。此外，本逻辑链条的检验中补充提出了结合亲自然性材质和形制营造"局部不安全"式空间这一作用机理要点和工作思路。本逻辑链条与逻辑链条④⑧相互联动、共同作用。

逻辑链条③：道路交通布局与断面设计以城市绿地空间为媒介作用于可达程度，进而作用于儿童机体生理要素导出健康结果。具体作用机理主要体现在入口与城市道路系统的关系方面。城市绿地入口与外部道路的良好衔接或将关乎可达程度，有助于增进儿童及其监护人前往开展体力活动的意愿，并且地段内的相对可达程度也具有"入口依赖"的特点。本逻辑链条与逻辑链条 ⑮ 相互联动、共同作用。

逻辑链条④：道路交通布局与断面设计以城市绿地空间为媒介作用于可玩程度，进而作用于儿童机体生理要素导出健康结果。具体作用机理主要体现在道路沿途特征方面。城市绿地内部道路沿途周边环境的开敞与幽僻程度或将关乎其可玩程度，硬质开敞空间、草地间和灌木丛间的道路空间内对应多强度区段儿童体力活动，可玩程度较林荫小径而言更好。本逻辑链条与逻辑链条①⑧

相互联动、共同作用。

逻辑链条⑥：铺装设计与软硬质比例以城市绿地空间为媒介作用于地形条件，进而作用于儿童机体生理要素导出健康结果。具体作用机理要点体现在铺装材质方面。硬质铺装相比软质铺装相对平坦开阔，主要对应监护人引导的中高强度活动；软质铺装则可营造更亲自然性的地形条件，主要承载儿童自发性体力活动。此外，在本逻辑链条的检验中进一步对此机理要点予以细化，补充提出了铺装材质的使用面积大小或将通过影响场所的尺度这一地形条件而作用于儿童体力活动场所特征，指向了关注铺装材质使用面积这一作用机理要点的工作思路。本逻辑链条与逻辑链条⑦相互联动、共同作用。

逻辑链条⑦：铺装设计与软硬质比例以城市绿地空间为媒介作用于可玩程度，进而作用于儿童机体生理要素导出健康结果。具体作用机理要点体现在软硬质铺装混合情况方面。城市绿地软硬质铺装的混合程度或将关乎儿童体力活动类型、强度、持续时间，软硬材质混合铺装的城市绿地或将对应于更加多元化的儿童体力活动"开展"与"水平"情况，检验了这一机理要点与可玩程度的指向关系。本逻辑链条与逻辑链条⑥相互联动、共同作用。

逻辑链条⑧：植物景观规划设计以城市绿地空间为媒介作用于场所安全，进而作用于儿童机体生理要素导出健康结果。具体作用机理要点主要体现在植物配置方面。较大尺度、较大体量的植被覆盖情况将较易形成空间郁闭感，相应地也将使儿童本人及其监护人的安全体验感有所降低，抑制体力活动。本逻辑链条与逻辑链条①④相互联动、共同作用。

逻辑链条⑨：植物景观规划设计以城市绿地空间为媒介作用于地形条件，进而作用于儿童机体生理要素导出健康结果。具体作用机理要点主要体现在植物配置、自然景观丰富度方面。结合城市绿地内固有的地形特征，或整体规划的地形塑造要求，植物景观的配置将有助于以软性方式适当顺应地形有利条件、规避地形不利条件，从而对于城市绿地内多种地形的特征性塑造起到关键性作用。本逻辑链条与逻辑链条⑩相互联动、共同作用。

逻辑链条⑩：植物景观规划设计以城市绿地空间为媒介作用于可玩程度，进而作用于儿童机体生理要素导出健康结果。具体作用机理要点主要体现在植物配置、自然景观丰富度方面。城市绿地内的植被质量好、自然景观丰富度高或将调动儿童多种感官，多方位提供体力活动可供性，并且有助于营造更富有

"野趣"的景观环境，潜在提高场地的可玩程度。本逻辑链条与逻辑链条⑨相互联动、共同作用。

逻辑链条⑫：室外家具设计以城市绿地空间为媒介作用于可玩程度，进而作用于儿童机体生理要素导出健康结果。具体作用机理要点主要体现在儿童年龄适宜性喜好和体能需求方面。儿童游乐设施等器材的设置与儿童体力活动场所联系紧密，符合儿童本人和监护人的体力活动意志，或有助于提高场所可玩程度。此外，本逻辑链条的检验中发现儿童游乐设施将加重儿童活动空间的"领域感"，而文化类和野趣类家具或将弱化这一"领域感"，因而补充提出了室外家具的多主题融合或将有效增进可玩程度的机理要点。本逻辑链条与逻辑链条⑬相互联动、共同作用。

逻辑链条⑬：室外家具设计以城市绿地空间为媒介作用于器具类型，进而作用于儿童机体生理要素导出健康结果。具体作用机理要点主要体现在儿童年龄适宜性喜好和体能需求方面。不同主题类型的室外家具或将分别对应于不同儿童体力活动"开展"和"水平"特征。此外，本逻辑链条的检验中发现儿童体力活动场所核心区与座椅的空间布点存在一定的联动关系，补充提出了关注座椅周边空间营造这一作用机理要点。本逻辑链条与逻辑链条⑫相互联动、共同作用。

逻辑链条⑮：公共服务设施布局以城市绿地空间为媒介作用于可达程度，进而作用于儿童机体生理要素导出健康结果。具体作用机理要点主要体现在与居住区、交通设施间距离方面。城市绿地本身亦作为一种公共服务设施，其距离居住区的远近、与交通设施的关系等将影响其本身的可达程度。而具有较好可达程度的城市绿地能够有效触及较多居住区空间，为儿童及其监护人前往开展体力活动创造便利条件。本逻辑链条与逻辑链条③相互联动、共同作用。

逻辑链条⑯：公共服务设施布局以城市绿地空间为媒介作用于可玩程度，进而作用于儿童机体生理要素导出健康结果。具体作用机理要点主要体现在设施丰富度与功能混合程度等方面。前往城市绿地开展体力活动的儿童在途中多有购物、就餐等行为相伴发生，城市绿地周边地区公共服务设施的丰富度和功能混合程度或将能够提高空间对儿童开展体力活动的吸引力，即佐证了公共服务设施布局对可玩程度的作用力。

以上即以东城区为例，聚焦代表性城市绿地内儿童体力活动的开展及其水平特征，以及两方面特征的联动关系，比较不同类型城市绿地内的异同，提炼得到儿童体力活动在城市绿地空间中的规律和诉求，初步完成对城市绿地空间类型下儿童保健角度的"四要素"概念模型的检验。

小结：

本章以北京市东城区为例，围绕城市社区尺度空间的儿童健康效应"四要素"概念模型开展了检验研究，遵循儿童健康导向研究的逻辑线索，从面向儿童疾病角度和面向儿童保健角度分别设计了检验研究思路，并结合现实问题、综合应用时空数据和空间分析，检验模型逻辑链条并予以补充，主要结论亦为针对性形成空间优化策略奠定基础。

第 6 章

儿童健康导向城市社区尺度空间优化策略

综观本书前述章节，先后对"儿童健康""儿童空间"以及儿童间的联动关系进行了理论梳理、模型建构和检验研究。由一般性的儿童健康导向研究相关理论综述、概念模型建构，到特殊性的东城区社区尺度下具体地段的检验研究，本章将再回归至一般性结论，归纳提炼城市社区尺度下儿童健康导向的空间优化策略。

基于本书核心问题结论，本章将由"四要素"概念模型出发提出综合性空间优化策略框架，面向策略落地予以具体表达，面向策略推广归纳本质认识。

6.1　基于"四要素"概念模型检验结果的空间优化策略框架

在本书第 5 章中，以北京市东城区为例，围绕城市社区尺度空间的儿童健康效应"四要素"概念模型，分别从儿童疾病角度和儿童保健角度设计检验研究思路并结合实地情况完成检验。

鉴于研究地段的典型性和代表性，以下将基于前述检验结果归纳空间优化诉求，形成综合性空间优化策略框架范式。

6.1.1　儿童疾病角度的空间优化诉求

从儿童疾病角度，"四要素"概念模型的总体表征中，儿童常见疾病"预防—干预—预后"全流程中主要涉及的生理要素包括免疫力、局部生理结构、血清钙水平、过敏原构成、微量元素、维生素等；主要对应的外部环境要素有环境卫生、场所通风、日照条件、食物卫生、环境温度、环境湿度和器具卫生；与此客观对接的空间类型指向社区生活圈中的"儿童群体子圈"，包括家庭、居住区、教育性空间、街巷、城市绿地、娱乐性空间和就医空间七类；作为诱因的具体规划设计维度则包括室内空间与家具设计、建筑形态与布局、道路交通布局与断面设计、铺装设计与软硬质比例、植被覆盖情况与景观规划设计、室外家具设计、公共服务设施布局等。其中，居住区空间与七项外部环境要素均存在客观对接关系，且与六重具体规划设计维度关联，也是城市社区生活圈"儿童群体子圈"中的重要聚核之一，故而针对居住区空间类型对儿童疾病角度"四要素"概念模型完成了进一步具体表征和检验。

从检验结果来看，以居住区空间类型为例，儿童疾病角度的空间优化诉求如图 6.1 所示。

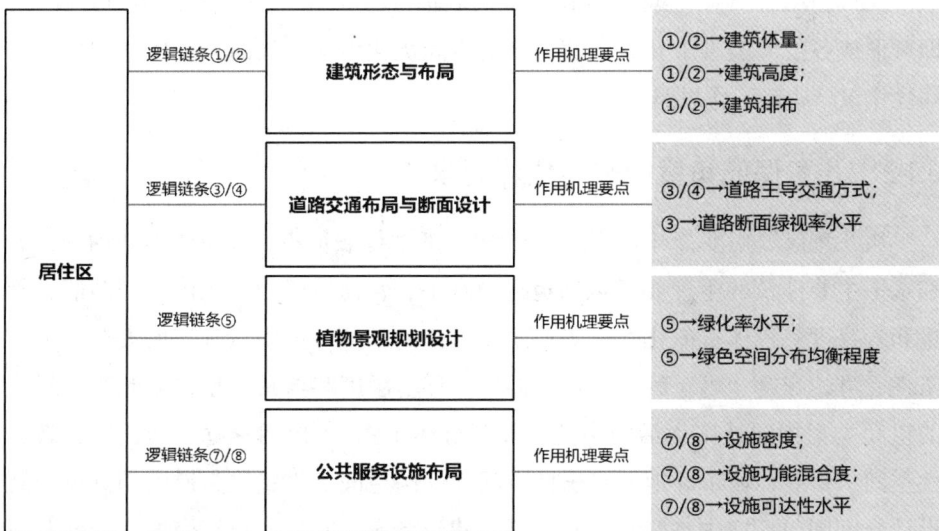

图 6.1　居住区空间类型下儿童疾病角度的空间优化诉求

结合实际情况，检验研究从儿童传染性疾病传播机制的三个基本环节切入，对"四要素"概念模型的逻辑链条予以提炼，共提炼得到八条逻辑链条，其中有七条完成检验。

如图 6.1 所示，基于检验研究结果，居住区空间类型下儿童疾病角度的空间优化诉求即分别指向四个具体规划设计维度所对应的系列作用机理要点。逻辑链条①和逻辑链条②分别由环境卫生、场所通风要素反推，指向了建筑形态与布局维度对应的建筑体量、高度和排布等作用机理要点；逻辑链条③由环境卫生要素反推，指向了道路交通布局与断面设计维度对应的道路主导交通方式、道路断面绿视率水平等作用机理要点；逻辑链条④由场所通风要素反推，指向了道路交通布局与断面设计维度对应的道路主导交通方式这一作用机理要点；逻辑链条⑤由环境卫生要素反推，指向了植物景观规划设计维度对应的绿化率水平、绿色空间分布均衡程度等作用机理要点；逻辑链条⑦和逻辑链条⑧分别由环境卫生和食物卫生要素反推，指向了公共服务设施布局维度对应的设施密度、功能混合度、可达性水平等作用机理要点。以上作用机理要点综合构成了居住区空间类型下儿童疾病角度的空间优化诉求，针对每一项作用机理要点开展空间微更新，皆有助于促成整体空间的优化。

同理，结合具体空间类型和儿童疾病情况分别提炼模型逻辑链条并检验，即可形成各空间类型下儿童疾病角度的空间优化诉求，从而为形成精细化的空间优化策略明确工作思路。

6.1.2 儿童保健角度的空间优化诉求

从儿童保健角度，"四要素"概念模型的总体表征中，儿童体力活动的开展和水平主要涉及的生理要素包括免疫力水平、骨骼肌肌力、机体心肺功能、骨量和骨密度、机体抗氧化水平等；主要对应的外部环境要素有场所安全、地形条件、可达程度、可玩程度、环境温度、环境湿度和器具类型；与此客观对接的空间类型指向社区生活圈中的"儿童群体子圈"，包括家庭、居住区、教育性空间、街巷、城市绿地、娱乐性空间和就医空间七类；作为诱因的具体规划设计维度则包括室内空间与家具设计、建筑形态与布局、道路交通布局与断面设计、铺装设计与软硬质比例、植被覆盖情况与景观规划设计、室外家具设计、公共服务设施布局等。其中，城市绿地空间与七项外部环境要素均存在客观对接关系，且与五重具体规划设计维度关联，也是城市社区生活圈"儿童群体子圈"中的重要聚核之一，故而针对城市绿地空间类型对儿童保健角度"四要素"概念模型完成了进一步具体表征和检验。

从检验结果来看，以城市绿地空间类型为例，儿童保健角度的空间优化诉求如图 6.2 所示。

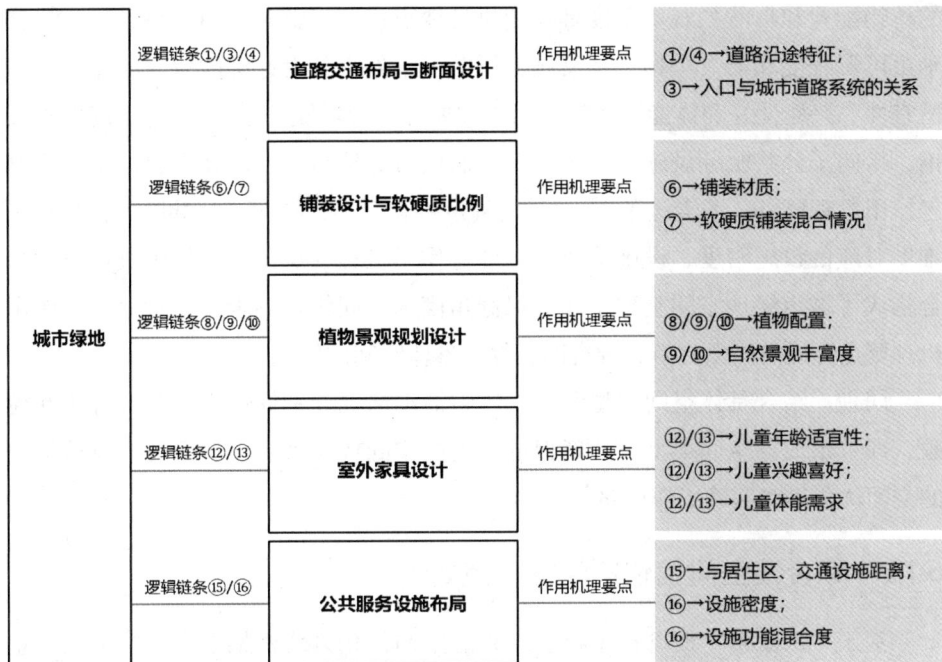

图 6.2　城市绿地空间类型下儿童保健角度的空间优化诉求

　　结合实际情况，检验研究从儿童体力活动的两个特征切入，对"四要素"概念模型的逻辑链条予以提炼，共提炼得到十六条逻辑链条，其中有十二条完成检验。

　　如图 6.2 所示，基于检验研究结果，城市绿地空间类型下儿童保健角度的空间优化诉求即分别指向五个具体规划设计维度所对应的系列作用机理要点。逻辑链条①和逻辑链条④分别由场所安全、可玩程度要素反推，指向了道路交通布局与断面设计维度对应的道路沿途特征这一作用机理要点；逻辑链条③由可达程度要素反推，指向了道路交通布局与断面设计维度对应的入口与城市道路系统的关系这一作用机理要点；逻辑链条⑥由地形条件这一要素反推，指向了铺装设计与软硬质比例维度对应的铺装材质及其面积这一作用机理要点；逻辑链条⑦由可玩程度要素反推，指向了铺装设计与软硬质比例维度对应的软硬质铺装混合情况这一作用机理要点；逻辑链条⑧由场所安全要素反推，指向了植物景观规划设计维度对应的植物配置这一作用机理要点；逻辑链条⑨和逻辑链条⑩分别由地形条件和可玩程度要素反推，指向了植物景观规划设计维度对应

的植物配置和自然景观丰富度等作用机理要点；逻辑链条 ⑫ 和逻辑链条 ⑬ 分
别由可玩程度和器具类型要素反推，指向了室外家具设计维度对应的儿童年龄
适宜性、兴趣爱好和体能需求等作用机理要点；逻辑链条 ⑮ 由可达程度要素反
推，指向了公共服务设施布局维度对应的城市绿地与居住区和交通设施间距离
等作用机理要点；逻辑链条 ⑯ 由可玩程度要素反推，指向了公共服务设施布局
维度对应的设施密度、设施功能混合度等作用机理要点。以上作用机理要点综
合构成了城市绿地空间类型下儿童保健角度的空间优化诉求，针对每一项作用
机理要点开展空间微更新，皆有助于促成整体空间的优化。

同理，结合具体空间类型和儿童体力活动情况分别提炼模型逻辑链条并检
验，即可形成各空间类型下儿童保健角度的空间优化诉求，从而为形成精细化
的空间优化策略明确工作思路。

6.1.3　综合性空间优化策略框架范式

基于"四要素"概念模型检验结果的空间优化策略框架本质上即为在儿童
健康议题两个主要方向下、各具体空间类型下对应空间优化诉求的集合。综观
上述儿童疾病角度和儿童保健角度的空间优化诉求，从其嵌套模式结构来看，
空间优化策略的形成与空间优化诉求对应的系列作用机理要点相承接，归根到
底在于把握该空间类型在具体儿童健康议题下对应逻辑链条的构成。在城市社
区尺度下，对某一具体空间开展儿童健康导向的优化工作前，首先有必要开展
实地考察，了解现状主要的健康问题，包括儿童主要疾病类型、儿童体力活动
情况等，从而进一步提炼"四要素"概念模型逻辑链条，并逐一实地检验、归
纳作用机理要点，由此即可导向针对于该空间的精细化空间优化策略。

由此总结基于"四要素"概念模型检验结果的综合性空间优化策略框架范
式，如图 6.3 所示。在城市社区尺度下，某一空间的优化策略是由若干作用机理
要点指向的空间优化诉求组构而成的，此类作用机理要点根据对应的具体规划
设计维度可分为若干范畴，在同一范畴内的若干作用机理要点则根据所属逻辑
链条的差异而进一步细分至具体内容。经过上述多层嵌套的过程，空间优化策
略本质上已逐层实现精细化，直至形成针对于每一项具体作用机理要点的解决
方案。

图6.3 基于"四要素"概念模型结果检验的综合性空间优化策略框架范式

需要说明的是，在同一空间内，基于儿童疾病和儿童保健两个角度的"四要素"概念模型分别提炼逻辑链条并予以检验，其对应指向的具体规划设计维度和作用机理要点可能存在交集，也可能存在反差。当反差出现时，空间优化策略即需要进行必要的取舍选择，如根据当地儿童疾病和儿童保健两项议题的严重性、紧迫性作一排序，或根据作用机理要点在两条逻辑链条中的作用力强弱程度、关联紧密程度等作一排序等，从而作出折中选择。

以上即结合检验研究结果，对空间优化诉求进行了整合梳理，并总结为综合性的空间优化策略框架范式。为进一步明晰策略落地的具体表达，以下将针对检验研究结果具体阐述空间优化策略。

6.2 策略落地：空间优化策略的具体表达

在本书检验研究中，已分别就居住区空间和城市绿地空间进行了现状规划设计情况的剖析。其中，居住区空间主要由环境卫生、场所通风和食物卫生三项外部环境要素反推，指向了具体规划设计维度对应的系列作用机埋要点；城市绿地空间主要由场所安全、地形条件、可达程度、可玩程度和器具类型五项外部环境要素反推，指向了具体规划设计维度对应的系列作用机理要点。下面，即基于以上作用机理要点所指向的空间优化诉求，分别就儿童疾病角度的居住区空间优化策略和儿童保健角度的城市绿地空间优化策略的具体表达作一阐释。

6.2.1　儿童疾病角度的居住区空间优化策略

居住区空间类型下儿童疾病角度的"四要素"概念模型检验研究结果表明，共七条逻辑链条通过检验：以居住区空间为媒介，建筑形态与布局作用于①环境卫生、②场所通风，道路交通布局与断面设计作用于③环境卫生、④场所通风，植物景观规划设计作用于⑤环境卫生，公共服务设施布局作用于⑦环境卫生、⑧食物卫生，进而作用于儿童机体生理要素导出健康结果。在上述四个维度下所分别对应的作用机理要点，即为形成具体空间优化策略提供了方向。

1. 建筑形态与布局维度空间优化策略

在建筑形态与布局维度，逻辑链条①和逻辑链条②分别由环境卫生、场所通风要素反推，指向了这一维度下对应的建筑体量、高度和排布等作用机理要点，特别强调在一般性居住区规划设计中所普遍关注的容积率、建筑密度等开发强度指标外，更应关注建筑层高与位置错动等体系性布局情况。

检验研究地段中，南池子一带居住区空间整体建筑体量小、高度小、围合度高，其对应的场所通风和环境卫生情况更佳，特别是在纵向高度上静风区比例能够迅速下降，整体空气流通情况良好。而中海紫御公馆一带居住区空间整体建筑体量大、建筑高度变化大，对应形成的风环境中静风区比例在纵向高度上变化缓慢，整体空气流通情况不佳，不利于空气污染物的疏散。上述检验结果在居住区建筑体量、高度和排布等作用机理要点方面形成的空间优化诉求为儿童健康导向的居住区规划设计提供了工作思路：在建筑体量和高度上，保证总体容积率水平一定的情况下整体降低建筑高度和增加建筑数量、避免建筑体量和高度差异过大；在建筑排布上，结合实地风场条件设定建筑朝向、采用围合型或并列型建筑群布局方式等。此外，由于建筑形态与布局的合理性本身还取决于包括日照、地形、通风、温湿度等多重角度，儿童健康导向下的空间优化策略仅为在已有规划设计经验基础上的补充，因而具体建筑选型仍需要进一步结合多重角度综合分析决定。

然而，以上居住区空间优化策略事实上仅能够在新城建设中得到运用，对于如本书检验研究地段一般的高密度城市中心建成区而言，不存在为实现空间优化而整体"推倒重建"的条件。在存量发展的背景条件下，居住区空间的微更新或是更为实际的选择，相应地，建筑体量、高度与排布等便也不宜作为居住区空间优化的主要考量内容。

2. 道路交通布局与断面设计维度空间优化策略

在道路交通布局与断面设计维度，逻辑链条③由环境卫生要素反推，指向了道路交通布局与断面设计维度对应的道路主导交通方式、道路断面绿视率水平等作用机理要点；逻辑链条④则由场所通风要素反推，指向了道路交通布局与断面设计维度对应的道路主导交通方式这一作用机理要点。特别强调在一般性道路交通规划设计中所普遍关注的道路网密度等指标之外，通过道路断面设计、出行时间管控等手段加以干预以提高其人行优先比例的工作思路。

检验研究地段中，尽管东华门街道居住区空间道路总长度值更大，道路网密度更高，但就车行优先道路而言其长度和比例却远低于永定门外街道，因而也相应地减小了移动源污染的规模。这一实测对比结果与已有研究结论相契合，道路主导交通方式的差异或将作用于场所通风和环境卫生，即以步行为主导交通方式的道路相比常规道路而言，其通风情况或将更佳、污染物浓度或将更弱。上述检验结果在居住区道路主导交通方式这一作用机理要点方面形成的空间优化诉求为儿童健康导向的居住区规划设计提供了工作思路：在满足居住区交通量的承载和消防规范的要求基础上，适当调整路网结构，减小车行优先道路比例，加密人行优先道路并组织成网，保障居住区内人行优先道路体验的连续性。如图 6.4 所示，即给出了一种居住区道路主导交通方式优化的模式，通过将原有部分车行优先的道路（实线）的主导交通方式转置为人行优先，进一步增设居住区内人行优先的道路（虚线）并保持彼此连通，从而在整体上对原有大尺度居住区结构实现转型。根据居住区空间的实际情况，道路主导交通方式转置的具体途径包括但不限于调整道路铺装、转弯等设计性手段和布设路堆、限定通行时间等制度性手段。

在道路主导交通方式的差异之外，检验研究结果还指向了道路断面设计的特征差异，主要体现在居住区周边道路的绿视率水平上。东华门街道居住区周边道路绿视率水平整体相对较好，特别是与居住区空间最为邻近的道路沿线绿视率水平整体更高；而永定门外街道居住区周边道路绿视率水平则相对不佳，

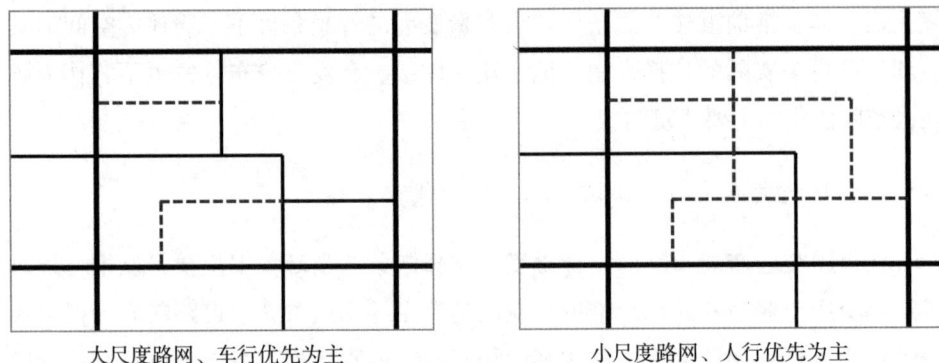

大尺度路网、车行优先为主	小尺度路网、人行优先为主

图 6.4　居住区道路主导交通方式优化模式

特别是居住区周边道路断面设计中对植被树木的考量明显不足。上述检验结果在居住区道路断面绿视率水平这一作用机理要点方面形成的空间优化诉求为儿童健康导向的居住区规划设计提供了工作思路：在保障交通通行空间的连通无阻情况下，以 25% 的绿视率水平为标尺，对居住区周边道路合理配置行道树和灌木池，其中，重点评估行道树的树种、树形等，以三维模型立体化模拟计算所需树冠尺寸、树木高度，从而聚焦空间优化工作着力点；同时，这一优化工作还可结合道路主导交通方式的转置一并实施，为人行优先道路设计更为贴合于人本绿化感知的道路断面。

近年来，在"完整街道""健康街道"等国际经验的示范作用下，上海、北京等国内城市也纷纷编制了街道设计导则，相比于控制性详细规划对街道空间的"建设管控"，街道设计导则是从以人为本的角度出发强调街道空间的"使用管控"（卓健 等，2018），其鲜明的特点即为在现有仅针对道路红线内断面、市政和景观进行管控的"道路红线管控"基础上增加对街道两侧建筑界面和建筑前空间的整体考虑，形成"街道空间整体管控"（北京市规划国土委，2018；葛岩 等，2017）。但值得注意的是，街道设计导则中对道路断面中绿色空间的关注仍显不足。在《北京街道更新治理城市设计导则》中（北京市规划国土委，2018），与绿色空间相关的内容被置于末章，同时也仅仅将行道树在道路断面中的位置进行简要分类，且未涉及对行道树树种（如常绿、落叶）、树形（如开叉高度、树冠形态）、树量等要素的考虑。结合本书提出的道路断面优化策略，建议在后续的街道设计导则内容中补充基于绿视率等指标的探讨，进一步精细化道路断面的设计内容，而非简单将绿化元素等同于街道家具来分配和安置。

综合来看，在道路交通布局与断面设计维度，儿童疾病角度的居住区空间优化策略重点指向了对道路主导交通方式、道路断面绿视率水平等作用机理要点的响应，在存量发展背景下同样具有可操作性。

3. 植物景观规划设计维度空间优化策略

在植物景观规划设计维度，逻辑链条⑤由环境卫生要素反推，指向了植物景观规划设计维度对应的绿化率水平、绿色空间分布均衡程度等作用机理要点。特别强调在一般性居住区规划设计中所普遍关注的绿地率、绿化率等宏观指标之外，关注绿色空间分布均衡程度，结合场地尺度对绿色空间施以均衡、分散式布局的工作思路。

检验研究地段中，东华门街道和永定门外街道内各居住区 NDVI 平均值相近，但东华门街道内各居住区内部 NDVI 值极差较小，各居住区之间数值分布差异也相对较小，居住区空间中植被覆盖情况较为均质和分散，无明显集中绿地区域和绿化极度不足区域；而永定门外街道内各居住区内部 NDVI 值极差较大，各居住区之间数值波动差异明显，绿色空间主要集中分布于居住区内的特定地区，多表征为集中组团式绿地，与绿化不足的硬质空间存在分明的界限区隔。这一实测对比结果在契合于既有研究经验的基础上，进一步指向了在总体同等植被覆盖程度的情况下，绿色空间分布均衡程度的重要性。在面上的植被覆盖率、绿化率等指标背后，绿色空间的实际空间组织更值得细化思考。居住区内均衡分布的绿色空间或将最大化颗粒物吸附效率，从而对于全面降低污染物浓度具有关键性作用；相反，单纯符合高植被覆盖率指标，但绿色空间的分布体现为集中组团与硬质空间明显区隔，如此空间组织方式即略显失效。上述检验结果在居住区绿化率水平、绿色空间分布均衡程度等作用机理要点方面形成的空间优化诉求为儿童健康导向的居住区规划设计提供了工作思路：在保障居住区内一定的绿化率水平基础上，不宜刻意划定与其他空间严格区隔的绿色空间区域，而应当尝试将绿色空间打散、重组，有机穿插于居住区空间内，形成整体匀质的绿色空间结构体系。如图 6.5 所示，即给出了一种居住区绿色空间均衡配置优化的模式，图中集中式绿地和分散式绿地二者总体的植被覆盖率一致，但在空间形制上截然不同；相比集中式绿地模式下居住区内植被分布极度不均的状态，分散式绿地则在较大程度上实现了绿色空间的公平享有，在同样尺度的居住区空间范围内"扩大"绿色空间的铺展程度，亦将更为有效地促进污染物的"被动净化"。根据居住区空间的实际情况，绿色空间均衡配置的具体途径包括但不限于在现有大尺度绿地内局部以硬质铺装和开敞空间略作切割、或在现有硬质开敞空间内局部添加树池灌木等手段。此外，居住区内绿色空间的设计亦与建筑排布相辅相成，因而其具体均衡配置手段也需与之协同。

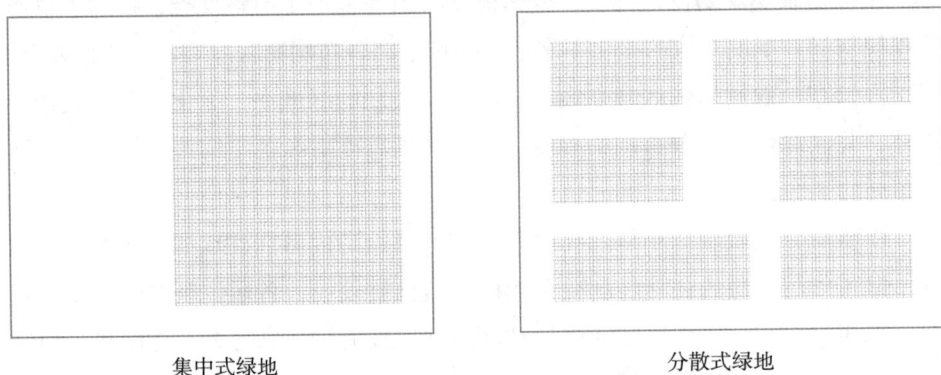

集中式绿地   分散式绿地

图 6.5　居住区绿色空间均衡配置优化模式

诚然，在存量发展的背景条件下，对居住区内的绿色空间进行均衡重组本身并非易事，同时，绿色空间配置事实上也不存在绝对的"均衡"。因此，在植物景观规划设计维度下的居住空间优化策略更接近于在条件许可情况下的优化构想，但相比建筑形态与布局维度的空间优化策略而言已然具备一定可操作性，伴随景观技术手段的更新迭代，或将切实成为空间微更新的可行路径。

4.公共服务设施布局维度空间优化策略

在公共服务设施布局维度，逻辑链条⑦和逻辑链条⑧分别由环境卫生和食物卫生要素反推，指向了公共服务设施布局维度对应的设施密度、功能混合度、可达性水平等作用机理要点。特别强调在一般性居住区规划设计中所普遍关注的千人指标、业态集聚外部性等传统公共服务设施设置因由外，结合儿童成长需求和出行可达范围、从城市社区生活圈尺度宏观匹配公共服务设施类型与密度的工作思路。

检验研究地段中，东华门街道各居住区三圈层城市社区生活圈范围内 POI

数量整体远高于永定门外街道,以 5min 生活圈范围内的对比最为鲜明。从居住区出发,东华门街道内各类与儿童学习、生活、保健息息相关的公共服务设施大多可在儿童可接受的步行范围内到达;而永定门外街道内公共服务设施密度整体上则较为稀疏,且其主要依凭其中的道路交通干线而设,一方面增加了儿童前往设施所在地的环境暴露风险,另一方面也难以满足儿童多方面的实际功能需求,更无助于调动儿童本人和家长的出行与活动积极性。与此类似,东华门街道在食物空间密度、可达性和食物供给类型方面也同样优于永定门外街道,儿童可更为便捷地前往就餐和获取食物,对应环境暴露风险较小。这一实测对比结果与已有研究结论相契合,在儿童出行范围内东华门街道公共服务设施密度、功能混合度和可达性均较强,或将降低儿童前往使用设施的环境暴露风险,同时更为有效地促进家长和儿童本人的出行意愿以及步行活动水平,因而或将对于提升儿童自身免疫力、抵御感染疾病风险具有关键性作用。上述检验结果在居住区设施密度、功能混合度、可达性水平等作用机理要点方面形成的空间优化诉求为儿童健康导向的居住区规划设计提供了工作思路:重点关注儿童 5min"等时圈"范围内各类公共服务设施的密度和可达性,可通过组织社区儿童自主参与式的交流活动,聆听儿童自身对公共服务设施的需求,评估当前公共服务设施配置与儿童需求的匹配程度,从而推动社区生活圈尺度下的业态更新,如特别结合儿童独自出行可达的空间营造"社区书屋""社区食堂"等社区公益性机构等。

空间优化策略仅为公共服务设施功能落实的第一步,其发挥能效的关键还在于其可持续的运营,此类与儿童健康成长需求相匹配的公共服务设施还应综合考虑职能的综合性和管理的规范性。以 2017 年 5 月正式启动的伦敦"健康早年"计划(healthy early years London,HEYL)为参考案例,这一计划是近年来伦敦城市发展战略中的重要组成部分,创新性地从儿童群体福祉的角度出发,在短短几年内已构建起市域范围内的项目体系网络,积攒了系统性的实践成果,其亦可作为他山之石予以借鉴。HEYL 实施主体即为儿童服务设施,包括私人无偿的和独立的托儿所、儿童中心、保姆公司、带有早年教育的学校或早教学校、幼儿园和亲子活动小组等,此类设施作为服务特定人群的城市公共服务设施,被具体性、针对性、开创性地列出,主要从设施职能主题的设定和奖励体系的构建两方面予以推进,为伦敦实现"健康"和"全民友好"的城市发展战略找到了突破口和抓手。这一案例在"精细化"设施职能主题和"标准化"奖励体系构建方面的经验总结如下。

在设施职能主题方面，主要强调儿童服务设施职能本身的精细、多维，以及与家庭、社区的整体协作关系，其职能被细化至十二项面向儿童健康成长的主题，其中九项又分别对应若干具体的子主题，并制定有统一标准和参考指导文件。此类职能主题分别针对学龄前儿童本身的身心健康和能力培养、监护者的外在因素、抚育环境的客观属性等角度，以全方位覆盖学龄前儿童健康成长的各个要素，并契合学龄前儿童的生理特点、成长阶段、主要风险而制定，譬如关注"感染控制和免疫""口腔健康"等学龄前儿童健康问题要点，以及"家长和员工健康注意事项"等针对低龄儿童附加的外在因素等，即与普通成人群体的"健康"指标存在较大差异（表 6.1）。

表 6.1　HEYL 儿童服务设施职能十二项主题一览 [①]

编号	职能主题	具体内容
1	健康饮食	儿童体重管理；健康饮食指导；营养搭配管理等
2	口腔健康	口腔卫生；牙齿清洁等
3	身体活动	身体活动导则；10min 短操；屏幕时间管控；睡眠管理等
4	演讲、语言与沟通	演讲与语言训练
5	社会与情感健康	精神健康教育
6	支持慢性健康状况、特殊教育需要和残疾的儿童	残障儿童抚育辅助资源
7	感染控制和免疫	儿童免疫项目
8	家长和员工健康注意事宜	监护人精神健康；杜绝酒精和药物滥用；吸烟问题等
9	可持续性	空气质量；能源节约等
10	早期认知发展	—
11	抚育和家庭学习	—
12	家庭安全、事故预防和减少受伤	—

---

① 参考资料：Mayor of London. Healthy Early Years London resources。

在奖励体系构建方面，HEYL 采用了"金-银-铜"等级制的奖励体系对儿童服务设施职能进行评估（图6.6），共有四级奖励等级分别对应实施标准逐步提高的四类工作要求：申请初级奖阶段，保障儿童餐饮搭配合理是最主要的评价标准；由初级奖升级为铜奖阶段，则还需参考英国教育标准局对本设施的评估报告结果；而上升至银奖和金奖申请阶段，则需要额外探索保障儿童健康福祉和教育的若干新路径，并以案例研究的形式提交。金银铜奖的有效期都为三年，到期后需进行复审方能得到更新的奖励认证。值得注意的是，无论等级上升申请还是复审，都强调对上一阶段工作经验（如所探索出的新路径等）的维持，从而保障各儿童服务设施职能水平的有效性和可持续性。综合来看，如此以往，在奖励体系的要求和促进下，儿童服务设施在维系运营的过程中需要不断探索丰富职能内涵，如此"宽入窄出"式严格的、层级的评价奖励体系也使得伦敦儿童服务设施职能保持在高标准水平，其对各设施自身探索新路径的鼓励也使得 HEYL 的内容能够不断更新、永富活力。

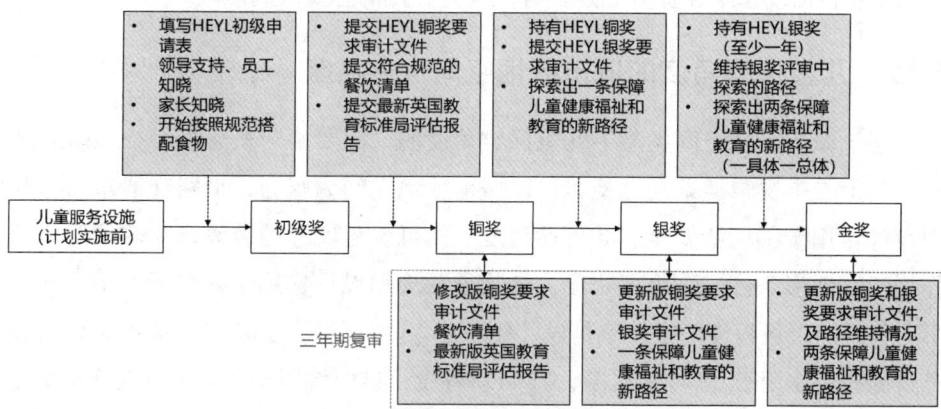

图 6.6　HEYL 奖励体系结构图

综合本书检验结果和伦敦案例经验来看，公共服务设施布局维度对应的空间优化策略在高密度城市空间存量发展背景下也同样兼具必要性和可操作性。此外，由于公共服务设施的布局关乎全年龄段居民，因而其合理性探讨需综合不同人群的需求而展开。儿童健康导向下的空间优化策略仅为其中从儿童群体角度生发的补充视角，仍需协同全年龄段整体需求而加以调整。

由此，总结以上四重维度下的空间优化策略，相比于一般性居住区规划设计策略，儿童疾病角度的居住区空间优化策略所聚焦的关键问题即在于四点。

第一，在居住区道路系统规划设计中，建议兼顾适宜性道路网密度和提升人行优先道路所占比例。其中，通过道路断面设计、出行时间管控等物质和非物质层面的手段提高道路系统中人行优先部分所占比例更为关键，可有效削减高道路网密度所触发的高移动源情况，从而减少健康隐患。

第二，在居住区建筑规划设计中，建议通过高度、体量和排布的协调营造良好空气环境。建筑形态排布将直接影响微环境内的风场构成，对于空气流通、污染物疏散等具有关键性作用。

第三，在居住区绿色空间规划设计中，建议注重结合场地尺度施以均衡、分散式布局。居住区内小尺度、分散型绿色空间相较大尺度、集中型绿色空间更有助于儿童健康保障。

第四，社区生活圈中的公共服务设施配置建议强化儿童 5min"等时圈"范围内设施的功能混合度与步行可达性，从而有效促进家长和儿童本人的出行意愿以及步行活动水平，提升儿童自身免疫力、抵御感染疾病风险。

6.2.2　儿童保健角度的城市绿地空间优化策略

基于城市绿地空间类型下儿童保健角度的"四要素"概念模型检验研究结果，共十二条逻辑链条通过检验：以城市绿地空间为媒介，道路交通布局与断面设计作用于①场所安全、③可达程度、④可玩程度，铺装设计与软硬质比例作用于⑥地形条件、⑦可玩程度，植物景观规划设计作用于⑧场所安全、⑨地形条件、⑩可玩程度，室外家具设计作用于 ⑫ 可玩程度、⑬ 器具类型，公共服务设施布局作用于 ⑮ 可达程度、⑯ 可玩程度，进而作用于儿童机体生理要素导出健康结果。在上述五个维度下所分别对应的作用机理要点，即为形成具体空间优化策略提供了方向。

1.道路交通布局与断面设计维度空间优化策略

在道路交通布局与断面设计维度，逻辑链条①和逻辑链条④分别由场所安全、可玩程度要素反推，指向了此维度下对应的道路沿途特征这一作用机理要点，并补充提出结合亲自然性材质和形制营造"局部不安全"式空间的作用机理要点和工作思路；逻辑链条③由可达程度要素反推，指向了此维度下对应的城市绿地入口与城市道路系统的关系这一作用机理要点。

　　检验研究地段中，对比观察东城区六处代表性城市绿地，对于城市绿地内部的道路空间而言，其承载的儿童体力活动情况与其沿途周边环境的开敞与幽僻程度密切相关。这一实测对比结果与已有研究结论相契合，硬质开敞空间一带的道路空间与硬质开敞空间往往连同作为总体儿童体力活动场所的强核心区，其中的儿童体力活动强度区段亦以中高强度为主，其场所安全感较强；其次为草地间和灌木丛间的道路空间，此类空间主要作为地段内的通过型空间而存在，虽未形成儿童体力场所核心区但具有多强度区段体力活动杂糅，其可玩程度较好；而林荫小径空间则最为幽僻，监护人出于安全、日照等考虑往往限制儿童进入此类空间开展活动，故其中的儿童体力活动点位极少。但同时，在安德城市森林公园内的检验研究发现，地段内整体道路空间中，一条由树桩排列而成的小径兼为儿童总体体力活动和中高强度体力活动的场所，各年龄段儿童及其监护人均有较强意愿在此小径行走、跨跳，尽管其安全性弱于其他平坦的道路空间，但其"局部不安全"的空间体验却更契合于儿童体力活动兴趣与需求。上述检验结果在城市绿地道路沿途特征这一作用机理要点方面形成的空间优化诉求为儿童健康导向的城市绿地规划设计提供了工作思路：在划定城市绿地内部道路结构时，需要适当根据整体植被配置情况协调道路路径和道路宽度，避免设置较大比例的僻静林荫道路，譬如，可结合不同年龄段人群体力活动的需要而划定具有不同活动适宜性的道路系统并予以清晰标识，其中儿童年龄适宜性的道路系统尽量选择沿途为灌木丛或低矮乔木的路段而组织；再如，可对沿途植被量较为丰富的道路空间加以整体适当拓宽，布设座椅或小型设施以发挥类似于"街道眼"的功能，提高安全体验感。此外，针对于"局部不安全"方面的研究发现，在城市绿地内部道路的优化中可考虑局部选用树桩、沙石等亲自然性材料营造略具"野趣"的道路空间体验，同时也提升空间的可玩程度。

　　在城市绿地内部道路的特征差异之外，检验研究结果还指向了城市绿地外部道路的特征差异，主要体现在城市绿地入口与城市道路系统的关系上。与已有研究结论相契合，城市绿地入口与外部道路的良好衔接或将关乎其整体的可达程度，有助于增进儿童及其监护人前往开展体力活动的意愿，并且地段内的相对可达程度也具有"入口依赖"的特点。上述检验结果在城市绿地入口与城市道路系统的关系这一作用机理要点方面形成的空间优化诉求，为儿童健康导向的城市绿地规划设计提供了工作思路：在保证一般性道路交通设计规范基础上，结合城市绿地的实际形制布设入口位置，如整体较为方正则尽量于地段多方向与外部道路衔接，如整体较为窄长则于地段长边方向设置较多入口，并且入口位置的选择需要对接外部道路中慢行道路的已有结构，从而使城市绿地内外部慢行道路系统串接为完整体，提高城市绿地整体的可达程度。

综合来看，在道路交通布局与断面设计维度，儿童保健角度的城市绿地空间优化策略重点指向了对道路沿途特征、城市绿地入口与城市道路系统的关系等作用机理要点的响应，从落地实施层面而言也具有可操作性。

2. 铺装设计与软硬质比例维度空间优化策略

在铺装设计与软硬质比例维度，逻辑链条⑥由地形条件要素反推，指向了此维度下对应的铺装材质这一作用机理要点，并补充提出铺装材质的使用面积大小或将通过影响场所的尺度这一地形条件而作用于儿童体力活动场所特征，指向了关注铺装材质使用面积这一作用机理要点的工作思路；逻辑链条⑦由可玩程度要素反推，指向了此维度下对应的软硬质铺装混合情况这一作用机理要点。

检验研究地段中，总体观察六处代表性城市绿地内铺装情况与儿童体力活动情况对应关系的共性，相比于草坪、林荫小径等软质生物性的空间，在硬质地面的开敞空间中儿童体力活动的"开展"情况最为集中。在儿童体力活动的"水平"情况方面，低强度及以下儿童体力活动多为儿童自发性活动，更加依附于软质、亲自然性铺装的空间，单次活动持续时间较短、活动次数较多；中高强度儿童体力活动则多为监护人引导或陪同的活动，因其活动开展对相对平坦、开阔场地的必要性需求而更多依附于硬质铺装开敞空间，单次活动持续时间大多较长。这一实测对比结果与已有研究结论相契合，城市绿地空间铺装的软硬材质选择与儿童体力活动类型、强度、持续时间均存在关联，软硬材质混合铺装的城市绿地或将对应于更加多元化的儿童体力活动"开展"与"水平"情况。

上述检验结果在软硬质铺装混合情况这一作用机理要点方面形成的空间优化诉求为儿童健康导向的城市绿地规划设计提供了工作思路：在城市绿地内的铺装设计中可优先采用软质与硬质结合的方式，即不推崇城市绿地中满铺草坪、或全然硬质的设计手段，同时也并非直接将城市绿地生硬划分为大面积草坪等软质铺装区域和石板等硬质铺装区域，而是根据城市绿地尺度和属性有选择性地使用草坪、塑胶、沙石、木板、石板等多种软硬质类型，并利用城市绿地内部道路系统的设计将各类软硬质铺地空间较为均质地连通起来（图6.7），如此即可有助于城市绿地空间整体提升承载多元儿童体力活动类型的可能性，提高儿童在城市绿地内开展体力活动的频率和持续时间。

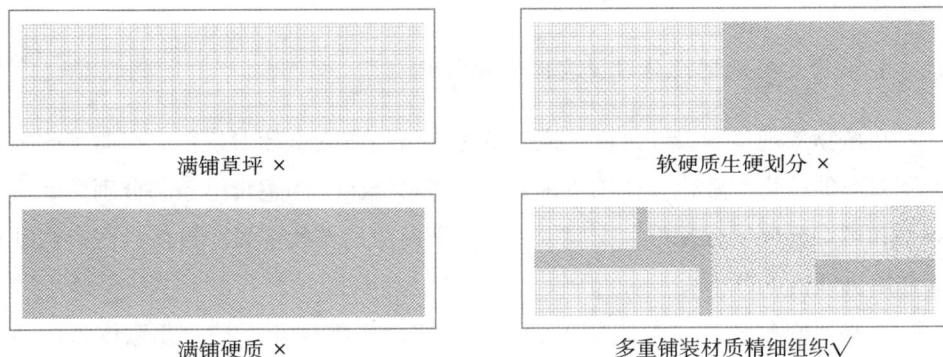

满铺草坪 ×　　　　　　　　　　软硬质生硬划分 ×

满铺硬质 ×　　　　　　　　　多重铺装材质精细组织√

图6.7　城市绿地铺装设计优化模式

　　除铺装的软硬材质选择外，铺装材质的使用面积也将对外部环境要素形成作用力。本检验结果表明，大于500m^{2}的较大尺度硬质铺装开敞空间所对应的体力活动场所核心区呈多中心结构，各强度区段的儿童体力活动均有分布；而较小尺度硬质铺装空间所对应的体力活动场所核心区则呈单中心结构，且基本契合于中高强度体力活动的空间诉求。除草地外，软质铺装的开敞空间则通常尺度较小，结合其亲自然性特征而契合于儿童自发性活动兴趣，因而多为总体儿童体力活动场所核心区，但以承接低强度体力活动为主；相比较小尺度草地空间，较大尺度草地空间则可承接多强度区段儿童体力活动，但草地空间无关尺度均因受到养护管制、监护人要求等限制而通常无法承接持续性体力活动，整体上也均未表现为儿童体力活动场所核心区。上述检验结果在铺装材质及其使用面积这一作用机理要点方面形成的空间优化诉求为儿童健康导向的城市绿地规划设计提供了工作思路：城市绿地内同一铺装材质的使用面积并非越大越好，无关软硬材质，500m^{2}以下铺设同一材质类型的开敞空间即可承载儿童体力活动的场地尺度需求，尽管使用更大面积的铺装材质将使得场地内儿童体力活动场所在空间上形成更为分散的聚核点，但也更多表现为对空间的"浪费"；相反，使用多重铺装材质对城市绿地内的空间予以精细尺度组织，则是值得采用的空间优化策略。

综合来看，在铺装设计与软硬质比例维度，儿童保健角度的城市绿地空间优化策略重点指向了对软硬质铺装混合情况、铺装材质及其使用面积等作用机理要点的响应，并且从落地实施层面而言，对于城市绿地的新建和改造也均具有可操作性。

3.植物景观规划设计维度空间优化策略

在植物景观规划设计维度，逻辑链条⑧由场所安全要素反推，指向了此维度下对应的植物配置这一作用机理要点；逻辑链条⑨和逻辑链条⑩分别由地形条件和可玩程度要素反推，指向了此维度下对应的植物配置、自然景观丰富度等作用机理要点。

检验研究地段中，与铺装设计与软硬质比例维度相承接，儿童体力活动的"开展"情况在硬质地面的开敞空间中最为集中，但与植被覆盖空间呈"补集"关系。具体观察六处代表性城市绿地内的植被覆盖空间情况，大多空间以高大乔木与低矮灌木搭配为主，尽管植物类型配置有所不同，但均以连片密植方式栽种，如此较大尺度和体量的植被覆盖情况将较易形成空间郁闭感，相应地，也将降低儿童本人及其监护人的安全体验感。同时，检验研究结论也表明，结合城市绿地内固有的地形特征，或整体规划的地形塑造要求，植物景观的配置将有助于以软性方式适当顺应地形有利条件、规避地形不利条件，提高自然景观丰富度，从而有助于营造更富有自然"野趣"的景观环境，潜在提高场地的可玩程度。上述检验结果在植被配置、自然景观丰富度等作用机理要点方面形成的空间优化诉求为儿童健康导向的城市绿地规划设计提供了工作思路：城市绿地内的植物景观规划设计应当依据基础地形条件作总体布局，将存在地形起伏的区域优先规划为山体水体景观区，并配置多种植物类型，营造为场地内的"野趣"核心；同时结合城市绿地本身的主要功能属性控制整体城市绿地内自然要素与人工要素的比例，如生活型社区公园内需要配置一定比例的人工要素，但总体上应当确保自然景观丰富度处于较高的水平；在具体的空间营造中，需要根据场地内不同区域的主导功能适当调整植物配置，如山体水体区域可适当密植高大乔木，极尽"野趣"之美，而人工要素为主的区域则适宜配置灌草和低矮乔木，避免空间郁闭感，同时在高度上也便于儿童直接接触植物、体验植物。这一综合性的植被配置思路也与道路交通布局与断面设计维度下"局部不安全"的工作思路相互呼应。

综合来看，在植物景观规划设计维度，儿童保健角度的城市绿地空间优化策略重点指向了对植物配置、自然景观丰富度等作用机理要点的响应，并且从落地实施层面而言，对于城市绿地的新建和改造也均具有可操作性。

4. 室外家具设计维度空间优化策略

在室外家具设计维度，逻辑链条⑫和逻辑链条⑬分别由可玩程度和器具类型要素反推，指向了此维度下对应的儿童年龄适宜性、儿童兴趣喜好、儿童体能需求等作用机理要点；并且补充提出了室外家具的多主题融合或将有效增进可玩程度，以及关注座椅周边空间营造等作用机理要点和工作思路。

检验研究地段中，室外家具类型主要包括野趣类、文化类、游乐类和休憩类，其中座椅等休憩类家具在各地段内均有设置，由于监护人往往要求儿童开展体力活动的场所不脱离其视线范围，且儿童开展体力活动时监护人多静坐于座椅，而儿童多次体力活动的间隙也往往由监护人引导至座椅处进行短时间休憩、饮水、进食等，因而总体儿童体力活动场所核心区亦与座椅的空间布点存在一定的联动关系，座椅周边空间的儿童年龄适宜性营造也同样值得补充关注；游乐类家具主要包括儿童游乐设施、健身器材等，研究表明在设置有儿童游乐设施的城市绿地内，儿童体力活动的"开展"几乎与之完全绑定，空间范围和活动内容均具有较强的局限性，形成了明显的"领域感"；文化类和野趣类的室外家具包括雕塑、假山石等，或契合于教育认知，或契合于儿童兴趣点，其设置对于儿童体力活动的"开展"和"水平"均存在助推作用，更可较大程度上提高可玩程度、消减"领域感"。上述检验结果在儿童年龄适宜性、儿童兴趣喜好、儿童体能需求等作用机理要点方面形成的空间优化诉求为儿童健康导向的城市绿地规划设计提供了工作思路：尽管城市绿地内大多所谓"儿童活动区"皆指代设置有组合儿童游乐设施的空间范围，并且此类空间也广泛作为监护人引导儿童前往开展体力活动的场所，但其本身可玩程度固定，并且在客观上形成了限定儿童前往其他空间开展体力活动的"领域感"，与儿童友好理念相悖；考虑到文化类和野趣类室外家具可有效消减"领域感"，在城市绿地内一方面可结合场地文化地理背景增设此类家具，另一方面也可将文化和野趣元素融入儿

童游乐设施中，而非采用一成不变式的组合儿童游乐设施模块，充分响应儿童
年龄适宜性的室外家具需求（图 6.8）。

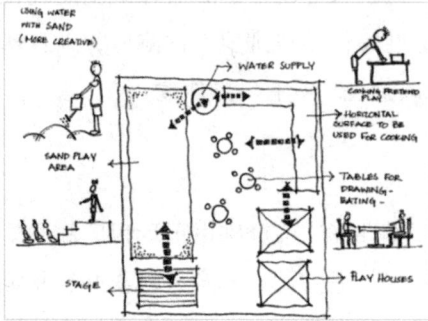

儿童参与建言下的室外家具构想

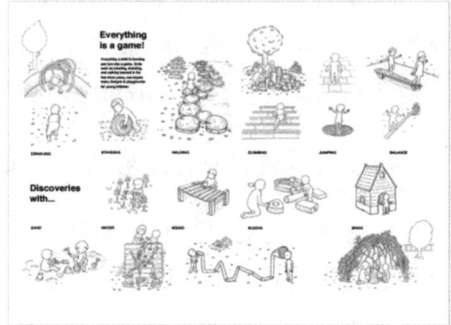

低龄儿童的游戏设施构想

图 6.8　儿童年龄适宜性的室外家具需求（Rosa et al.，2008）

另外，在休憩类家具方面，围绕座椅及其周边地区进行更新改造也是极富
必要性的空间优化策略，一方面可针对座椅本身作出创意性设计，如伦敦"健
康街道"计划中应用于 Parklet 的座椅设施即为良好范本（图 6.9），具有可拆分
便于灵活移动安置、结合植物一体设计、内置有空气质量监测系统等特点，其
本身设计感的形制、可移动的属性以及教育性的内核，也契合于儿童健康导向
下城市绿地中休憩设施的需求；另一方面，则需要对座椅周边环境加以整体优
化，即结合前述各项维度下的城市绿地空间优化策略一并考量。

置于 Parklet 中的座椅

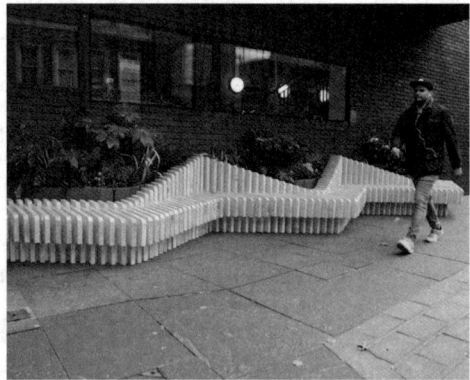

复刻至一般街道空间的座椅

图 6.9　伦敦"健康街道"计划座椅设计案例（Mayor of London，2017）

综合来看，在室外家具设计维度，儿童保健角度的城市绿地空间优化策略重点指向了对儿童年龄适宜性、儿童兴趣喜好、儿童体能需求等作用机理要点的响应，并且从落地实施层面而言，对于城市绿地的新建和改造也均具有可操作性。

5. 公共服务设施布局维度空间优化策略

在公共服务设施布局维度，逻辑链条 ⑮ 由可达程度要素反推，指向了此维度下对应的城市绿地与居住区和交通设施间距离这一作用机理要点；逻辑链条 ⑯ 由可玩程度要素反推，指向了此维度下对应的设施密度、设施功能混合度等作用机理要点。

检验研究中主要针对同属社区公园的两处地段开展研究，总体上两地段服务范围所触及的居住区和公共交通站点均较为丰富，两处城市绿地本身作为公共服务设施的可达程度整体均较好，在城市社区生活圈尺度下，能够有效触及较多居住区空间，为儿童及其监护人前往开展体力活动创造便利条件。同时，两处地段在 800m 服务范围内公共服务设施分布和构成存在一定的共性，皆以餐饮、购物、休闲娱乐等为最主要的公共服务设施类型，整体设施丰度和功能混合程度均较好，其中，东四奥林匹克社区公园服务范围内总体公共服务设施丰度更好，而在更为贴合于儿童 5min "等时圈" 的 300m（步行）和 500m（骑行）服务范围内，安德城市森林公园周边则具有更高的设施密度和功能混合程度，二者各有侧重。上述检验结果在城市绿地与居住区和交通设施间距离、设施密度、设施功能混合度等作用机理要点方面形成的空间优化诉求为儿童健康导向的城市绿地规划设计提供了工作思路：一方面，城市绿地的布局位置应最大程度实现服务范围对周边居住区的覆盖，特别是保障其处于儿童慢行可达的范围内，为城市绿地内儿童体力活动的开展创造基本条件；另一方面，前往城市绿地开展体力活动的儿童在途中往往有购物、就餐等行为相伴发生，考虑到这一客观需求，应当在城市绿地周边城市空间的营造中着重加强对公共服务设施密度和功能混合度的考量，整体增强城市绿地及其周边地区的吸引力。就此类公共服务设施的具体业态和组织形式而言，当前模式主要局限于餐饮、购物、休闲娱乐等，且与城市绿地空间本身并无紧密互动，应当考虑将城市绿地与公共服务设施联动一体，以城市绿地空间承载公共服务设施相关活动，并以活动促进儿童及其监护人的空间参与。伦敦"健康街道"计划中对 Derbyshire Street 和 Narrow Way 地区公共空间的更新工作即具有借鉴意义，前者将原有的停车空间改造为融合咖啡吧、演出活动在内的口袋公园，后者将原有的交通拥堵和权属不清地区改造为具有文化艺术活动功能的小型广场，均基于公共服务设施基础、以小型城市绿地营造为手段、整体提升空间吸引力（图 6.10）。

Derbyshire Street 公共服务设施周边的乐队演出活动　　Narrow Way 公共服务设施周边的文化艺术活动

图 6.10　伦敦"健康街道"计划公共服务设施周边优化案例（Mayor of London，2017）

综合来看，在公共服务设施布局维度，儿童保健角度的城市绿地空间优化策略重点指向了对城市绿地与居住区和交通设施间距离、设施密度、设施功能混合度等作用机理要点的响应，并且从落地实施层面而言，对于城市绿地的新建和改造也均具有可操作性。

由此，总结以上五重维度下的空间优化策略，相比于一般性城市绿地规划设计策略，儿童保健角度的城市绿地空间优化策略所聚焦的关键问题即在于以下五点。

第一，儿童体力活动"领域感"的权衡问题。在儿童健康导向下，这一"领域感"不必前置，即在城市绿地规划设计中不应使用铺装、边界、装置等将儿童限定于某一特殊活动区域，而应当有意通过设计手段引导监护人带领儿童前往、或放心于儿童独自前往较广的区域范围。

第二，开敞空间设计的尺度和铺装问题。在尺度和铺装两重问题之间的合理判断将决定开敞空间是否能够最大化实现对儿童体力活动行为的有效助推，考虑到对各年龄段儿童体力活动"强度－时间"关系的兼容，营造软质硬质兼而有之的开敞空间能够保障体力活动强度水平的多元性，并可以 500m² 为尺度分界线分别探索儿童体力活动场所核心区单聚核点和多聚核点模式下的开敞空间营造策略。

第三，植物景观规划设计的两个极端问题。考虑到高低植被量对空间氛围、儿童体力活动类型的差异化影响，在城市绿地规划设计中应结合具体定位、尺度特点适中配置植被量，不可为保障绿化感知水平而舍弃对儿童体力活动场所的考量，亦不可为保障足量的儿童体力活动场所而舍弃植被配置。

第四，亲自然性场所与中高强度儿童体力活动的普遍矛盾问题。促进儿童保健的理想儿童体力活动行为需要在亲自然性和中高强度之间实现局部双赢，然而在当前城市绿地中二者却普遍存在无法共存的情况。应当强化植物景观空间等亲自然性空间与多元体力活动类型的适配性，采用具有"野趣"特征的自然性景观家具引导系列儿童体力活动的开展。

第五，儿童体力活动兴趣与城市绿地空间的匹配问题。仅遵循一般成年人群体需求而设计的城市绿地往往不满足儿童年龄适宜性，然而体现对儿童体力活动兴趣和需求的关注不应体现在划定专设的儿童活动场地，而应当结合城市绿地室外家具设计、周边公共服务设施一并营造高度可玩的空间，并以丰富的活动组织加以助推，从而实现儿童体力活动兴趣与城市绿地空间的匹配。

6.3 策略推广：空间优化策略的本质认识

以上居住区和城市绿地空间优化策略的具体落地表达是整体策略框架下的特征性缩影，尽管已具有一定的代表性，但针对其他具有不同背景条件的地区和空间类型而言，对应空间优化策略的具体表达仍有待持续性探索。面向空间优化策略的推广，其通用性基础核心关键在于本质认识层面，体现在理论、理念和定位角度。

6.3.1 理论认识：寻脉与建构

空间优化策略有效运用的必要基石首先是对儿童健康导向研究内涵的深入洞悉。与学术研究的普遍规律相一致，唯有在理论指导下开展研究方能保证精准有效、事半功倍。这要求规划工作者通过"寻脉"坚实一定的理论基础，通过"建构"实现一定的理论创新。

在数十年的城市规划研究与实践工作中，研读经典、熟悉地段已成为普遍前置环节，一方面田园城市、有机疏散、邻里单元等传统理论经久不衰，另一方面智慧城市、海绵城市、韧性城市等新兴理论又层出不穷，面对如此浩如烟海的规划理论图谱，诸多规划研究与实践中对理论的认识仅涉其表而未知其里，存在借新理论之虚名而务老路径之实操的现象。"健康城市"与"儿童友好型城市"正是当前新兴理论的代表，也正在逐渐成为城市规划工作者在实践中积极关注和引用的概念，多有项目冠以"健康"和"儿童友好"之名阐述设计理念；然而，如此设计理念却常常难经推敲，大多设计手法与工具中对新兴理论的考虑仅浮于表面，譬如所谓"健康"即等同于多配置植被，所谓"儿童友好"即等同于专设儿童游戏设施区域与采用高饱和度配色，等等，思路明显闭塞于原有认知体系，对于相关领域的研究严重匮乏。同时，正如前文所述，我国各城市"社区生活圈"的营造工作也正在如火如荼地开展，但在大批量模式化实践中逐渐暴露出未充分考虑实地实情、未充分考虑弹性差异的僵化刻板问题，而被认为有"新瓶装旧酒"之嫌，更有学者因此否定了"社区生活圈"概念的实践意义。

笔者认为，城市规划研究与实践始终应当紧跟社会经济发展与技术进步的趋势，借鉴与集成经典理论与新兴理论本并无过，当前理论应用流于表面之现象固然不当，但也不应"因噎废食"、彻底摒弃研究实践与理论的关系。在城市规划领域，开展儿童健康导向研究正是当前时代发展要求下的必然趋势和关键方向，对城市及全人类未来的可持续健康发展具有重要意义，因而也意味着在这一议题下引入"健康城市""儿童友好型城市"等理论概念具有高度必要性。当前出现的一系列实际问题归根结底并非由于对理论方向把握不当，而是对理论本身的认识不够深刻、对新兴理论和传统理论彼此间关系的梳理不够清晰。

1. 理论寻脉

儿童健康导向研究聚焦于"儿童"和"健康"相关理论，而在城市规划领域中，即对应于"儿童友好型城市"和"健康城市"理论。在实地应用儿童健康导向的空间优化策略之前，便应当首先挖掘这两个概念背后蕴含的理论渊源、发展过程、具体内容、研究方法和要求等，从而奠定研究基础。而在实践中特别是对于新兴理论的应用而言，开展如此理论寻脉工作更应当成为首要环节。

"寻脉"的本质在于探究理论和学科的渊源关系及其对应的社会背景。经过回溯渊源，"健康城市"理论似新非新，实质为城市规划与公共卫生领域共同起源、分化发展、归于融汇的产物，因而其本身已是具备深厚发展积淀的成熟议题；"儿童友好型城市"理论是基于儿童四项基本权利而建立的概念，其根源在于对儿童福祉的关注，又正是与"健康城市"的两大根源组构——城市规划、公共卫生同源而生。因此可以明确，儿童健康导向城市规划研究所涉及的两大新兴理论在根源上本身便是高度关联的，并且二者的产生与发展也皆同传统理论休戚相关。

"寻脉"的重点在于剖析理论内容构成与逻辑体系。基于理论分项单独剖析结果，就理论之间的关系而言，"健康城市"是"儿童友好型城市"首要的基本延伸，由于建成环境是儿童友好型城市营造的关键突破口，健康城市规划研究又是健康城市研究中关注建成环境要素的分支，因此综合来看，健康城市规划是营造儿童友好型城市的首要核心议题，儿童友好则是健康城市规划研究的必要补充视角。儿童健康导向城市规划研究便是"健康城市"理论和"儿童友好型城市"理论的交集，其首要逻辑线索即指向了儿童疾病和儿童保健的双重探讨视角。

2. 理论建构

在坚实一定的理论基础之后，开展实际研究则需要进一步"大胆假设"创新型理论模型、再结合具体问题"小心求证"。对于儿童健康导向城市规划研究而言，其所涉领域和内容的复杂使专项建构理论模型成为必然，因此，也要求城市规划工作者积极探索理论建构的方法，从而更好地将"寻脉"结果应用于具体实践情境。

本书基于循证研究和健康城市研究的理论基础，以城市社区为关注尺度，试建构了用以指导空间优化实践路径的"四要素"概念模型，其具体对应的情境虽有一定的针对性，但建构思路与方法尚具引申意义。

"建构"的基石是确凿的理论依据和构成要件。首先分别借鉴循证研究理论和健康城市研究经验，一方面，将循证理论及其信息格式化检索手段 PICO 方法广义化应用于多元场景，综合考虑儿童疾病"预防—干预—预后"全流程中涉及的生理要素和社区尺度外部环境要素，以及由 PICO 梳理中的免疫力水平问题引申导出儿童体力活动涉及的生理要素和外部环境要素，综合对儿童常见疾病和体力活动的结构性循证，为建构城市社区尺度下空间的儿童健康效应概念模型初步形成了生理要素类和外部环境要素类基础；另一方面，基于健康城市研究要素归纳具体规划设计维度要素类基础，与空间类型要素类共同作为模型中的另外两项构成要件，并借鉴健康城市研究已有模型基础导向理论建构思路。

"建构"的重点在于模拟实情而有效指导实践。依据理论基础，模型由生理要素、外部环境要素、空间类型、具体规划设计维度四项要素构成，其中前两项构成模型的个体健康部分，后两项构成模型的城市健康部分；并且两部分通过外部环境要素、空间类型两项要素进行对接，将空间对儿童健康作用机理的完整逻辑链条贯穿一体。同时，依据由理论"寻脉"而得出的儿童健康导向研究基本逻辑线索，分别从儿童疾病和儿童保健角度对总体概念模型予以具体化，并根据各空间类型的研究典型性和代表性，在儿童疾病角度选取居住区空间进一步具体化表征，在儿童保健角度选取城市绿地空间进一步具体化表征。由此，保障理论模型对实情模拟的精细化和准确性，从而更有效地指向空间优化策略。

如此，本书在城市社区尺度下试建构了空间的儿童健康效应总体概念模型以及分议题角度和空间类型的具体化概念模型，并且结合实地情况予以检验。其方法论也同样可为其他情境下的研究提供参考。

6.3.2 理念认识：认同与渗透

对儿童健康导向空间优化策略的认识不仅需要有理论层面的挖潜，更要从意识层面树立对其意义的认同。现代城市规划研究的本质在于对"人"主体的关注，而其中以儿童健康为导向的部分必将把儿童主体的利益置于首位、把健康保障的意义布于细节。这要求规划工作者主观"认同"于儿童主体研究理念的特征性要求，并实现对所涉群体完成这一理念的客观"渗透"。

空有理论工具支撑的城市规划工作或具高度学术性、技术性，但必然将因欠缺人情温度而无法与实地实情紧密糅合。特别是对于儿童健康导向研究而言，相比扎实的理论基础指导，直击内心的共情和触动或许更是推动研究有效落地的良方。在惯性作用下，规划工作者普遍以一般成年人群体的视角开展研究与实践，而一般成年人群体普遍以固有认知管理儿童群体的日常活动，儿童群体则普遍在成年人群体视角的世界中规范化成长。大量证据已表明如若延续此类惯性作用，无论在生理还是心理层面都必将不利于儿童的健康成长，长远来看也将不利于城市和全人类整体的可持续发展。唯有从价值理念层面切实走近儿童群体，并将由此所悟所思所想化为实际行动和感召，方能从整体意识形态上实现研究意义。

1. 理念认同

在主观层面，规划工作者应当确保自身对研究理念和价值的认同。具体来看，主要指向了对相关信息的深层理解，包括儿童观、儿童自身特殊性、儿童活动空间特殊性等，并当结合国情语境和发展背景对上述内容加以整体认知，使其成为开展系列工作的根本性出发点。

首先是对儿童观的认同。综合梳理中西方语境下儿童独立概念以及儿童观的形成与发展过程，将更为清晰地认识到以儿童为主体开展研究的必要性。完整意义上的儿童观并非与人类历史同样久长，甚至一度与社会意识的中心地位相去甚远。相比之下，中国儿童独立概念及儿童观具有形成早、历时久、内涵深的特点，但同时也与西方语境下的表征状态存在两项共性发展规律，即"儿童的发现"过程均呈现出由边缘向中心的社会意识占位发展方向、现代性独立儿童观均历经"出现—消逝—回归"的背景特征。因此，在这样的背景性认识下，中国研究者更应积极思考在当代全球范围内儿童友好议题下所能够发挥的独特引领价值。

其次是对儿童自身特殊性的认同。以儿童作为独立概念的认同为基础，进一步则需要认同于儿童群体所对应具有的特殊性，其中一方面便是儿童自身的特殊性，对于儿童健康导向研究而言，则主要关注于儿童生理和心理的基本特征。本书的综述结果表明，相比成人群体，儿童所处发育阶段决定其具有一定的基底特征、动态特征和阶段性特征。特别是在生理方面，从疾病的角度看，儿童多有的三项病因、两项病理使其常见疾病类型和程度均与成年人具有较大差别，呼吸系统、消化系统疾病以及各类传染性疾病发病率较高；从保健的角度看，儿童开展体力活动在较大程度上受到监护人和外部环境影响，并且需要保持适合于儿童年龄段特征的"强度-时间"关系。因此，在实际研究设计中也应重点把握此类自身特殊性，以真实评估儿童诉求。

此外是对儿童活动空间特殊性的认同。对于城市规划研究工作而言，空间与主体人的关系是尤为密不可分的，因而儿童活动空间的特殊性也是儿童群体所具特殊性中另一方面需要认同的内容。儿童活动空间本质上是归因于现代性驱动的空间禁忌变革所形成的特征斑块，因而在家庭秩序禁忌乃至社会秩序禁忌的作用下，当代儿童活动空间类型主要指向了私密空间、半公共空间和公共空间三个基本范畴下的家庭、居住区、教育性空间、街巷空间、城市绿地、娱乐性空间和就医空间七类空间。其中，根据儿童具体年龄段、研究关注时段等又将分别具体至具有不同尺度和功能侧重的空间类型、具有不同频率和方式的空间使用情况，并且由于儿童活动空间不仅包括仅供儿童活动的场所，也包括其与成年人共同使用的场所，因而在规划研究与实践中更应分类衡量，充分考虑儿童在空间中的角色。

立足于上述三方面认同，儿童健康导向研究方能具备统一而明确的价值取向，对应实地开展的空间优化工作才能具有实践性意义，真正将对儿童主体单列研究发展过程的理解、对儿童群体主客观双面特殊性的认知反映到规划设计工作中来。譬如，采用符合儿童认知能力的标志系统、模拟儿童视高对应空间感知情况等。简而言之，规划工作者理应具备关切于儿童健康成长的基本理念认同，并以此为驱动探索真正契合于儿童属性的空间优化策略。

2. 理念渗透

在客观层面，规划工作者应当在潜移默化中引导大众接受研究理念和价值。相当于将规划设计研究与实践衍生为具有教育意义的工具，以空间体验为媒介传播规划工作者在设计理念背后的深层思考，将上述三方面理念认同呈递于大众，特别是作为监护人的成年人群体。诚然，城市规划领域仅为儿童健康诸多影响源内的一个组分，因而在理念意识层面可能实现的渗透目标并非面面俱到，而主要围绕建成环境空间展开。

第一点是打破空间领域的区隔。无论在学术研究还是在设计实践中，均应遵循儿童主观能动性规律，最大化尊重儿童独立活动性。这要求在规划设计工作中摒弃单独划定儿童活动场地这一惯用手段，避免将儿童活动空间简单等同于儿童游戏设施及其周边环境，真正实现满足儿童"自由以慢行交通的方式前往任何地方"[①]的目标。真正打破空间领域区隔并非一朝一夕，整个流程中将涉及空间的功能性、安全性、互动性以及美学属性等，既是设计问题，又是管理

---

① 本书 3.1.1 节中已对此予以解读。来源：Kingston et al.，2007。

问题，并且需要统筹多方力量；但规划工作者恰恰能够在整体目标的实现中起到先锋队的作用，率先从空间的组织中体现联动一体不区隔的理念，随即再实施与之配套的制度保障，最后便可有效增进儿童监护人的理念认同。事实上，这一点也是笔者最希望通过本书传达的意旨，只有当全民意识中对儿童群体的态度保持一致的关切，呵护和抚育理念保持一定的先进性和自由度，一切空间规划中为儿童施以的考虑才真正有意义。

第二点是打破固有思维的区隔。儿童活动空间领域的区隔本质上也体现了一种思维的固化问题，除此之外，还有若干方面也已形成了一般思维定势。由于长久以来，与儿童群体相关的设计模式已形成了刻板套路，譬如，认定儿童相关空间和产品必须采用高饱和度的配色、为体现对儿童的关注必然采用缩小尺度的家具等等，而事实上尚有大量维度的设计内容有待思考与改进，绝非在已有的尺度和色彩设计经验中固步自封即可实现所谓的"儿童友好"。规划工作者若能够率先在实操中打破固有思维定势，扎实结合儿童诉求探索更多新思路、新方向，则能够通过营造良好的体验在潜移默化间为大众树立榜样，特别是能够让作为儿童监护人的一般成年人群体在室内空间布置、出行场所选择等具有主观操作空间的情境下加以借鉴和运用，如此便相当于达成了理念的渗透。

综合打破空间领域区隔和固有思维区隔，规划工作者应当在开展儿童健康导向研究与实践中担任先锋队角色，以规划设计研究与实践为工具、以建成环境空间为媒介，将"让儿童健康成长"这一初心贯穿于工作始终、体现于工作细节，让相关理念在广阔城市中、广大百姓间落地生根。

6.3.3 定位认识：组构与聚焦

儿童健康导向研究本身即为一项具有交叉属性的议题，在理论上涉及新兴理论而又与经典理论一脉相承，在理念上归于初心而又有待联动多方并行。因此，不难理解这一研究本身便属于"复杂巨系统"，其中多元学科体系及其对应的多元聚焦内容分别从不同视角切入、承担各自组分。因而，空间优化策略的第三方面本质认识即在于对其本身的组构定位形成清晰概念。

1. 在多元学科体系中的组构定位

首先，需要明确城市社区尺度下儿童健康导向的空间优化研究在整体多元

学科体系中的组构定位。正如人居环境科学所强调的多元学科交叉融合，需要
由五大系统综合运作，并在五大层次具体落实（吴良镛，2001）。归根结底，儿
童健康导向城市规划研究即为经典理论与新兴理论糅合的产物，本质上亦属于
人居环境科学研究下属聚焦于特定人群、聚焦于特定方向的一个专项性的子议
题，但其整体的"复杂巨系统"中所涉及的学科体系同样可与人居环境科学理
论类比，仍是高度"融汇"的结果。而儿童健康导向城市社区规划研究则是在
此基础上进一步结合关键聚焦尺度再具体化的子研究议题，相当于定位在五大
层次中的"社区"层次（图6.11）。

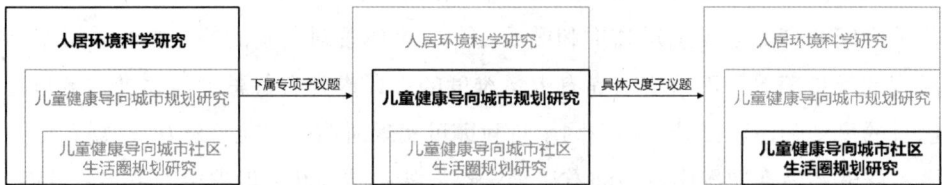

图 6.11　儿童健康导向城市社区生活圈规划研究的定位

在这一定位基础上，城市社区尺度下儿童健康导向的空间优化研究则是更
进一步，将具体探讨的领域明确限定于建成环境空间要素相关学科，以城市规
划学科为典型代表。考虑到与整体儿童健康导向城市社区规划研究中空间要素
之外其余部分的承接，建成环境空间要素相关学科又将分别交叉对接五大系统，
如生态、环境等学科对接自然系统，建筑、规划、景观等学科对接居住系统等，
而某一学科也存在同时对接于多元系统的可能性，譬如景观学科即亦可同时与
自然系统、支撑系统等直接对接，并间接与其余系统潜在对接。因此，在这样
的学科体系背景下，城市规划学科高度"融汇"的特征也意味着其直接或间接
层面与五大系统均存在对接关系，是参与城市社区建成环境空间要素研究分析
和规划实践的关键性学科，充分体现了在多元学科体系中枢纽性的组构定位。
而在"社区"层次下开展的空间规划研究工作也将在与五大系统的具体对接中
分别联动不同学科、作用于不同工作阶段，形成兼收并蓄且各具特色的成果，
共同推动达成儿童健康导向目标的落实。

在与自然系统的对接方面，作为生态、环境、景观、地理等学科的后置性
学科而发挥配套落实作用。自然系统中所主要涉及的学科及其研究内容理论性

较强、具有一定的学科壁垒，但同时也需要从实操层面获得反馈，从而保障理论的落地。因此，规划工作者应当明确空间优化策略在这一系统中发挥效能的工作环节主要位于后端，即主要以实体空间呈现为手段表达相关学科从理论角度赋予的要求或期望。譬如，在生态学科的要求下，城市空间内绿地系统同样需要保持完整、连贯以形成"生态跳岛"，从而维护区域范围内的生态多样性，并且潜在有利于整体生态系统的公平、健康和可持续；在这一前置理论要求下，从城市规划学科的角度来看，即可考虑针对城市社区生活圈三个圈层所对应的用地构成分别划定绿地占比量底线，依据迁徙通道规律完成绿地布局等。

在与人类系统的对接方面，作为历史、心理、教育、卫生等学科的并行性学科而发挥实质服务作用。城市规划学科的本质是为"人"而运作，因而也是人类系统所涉及庞大学科群中的一员，与其他学科之间无论是在时序上还是内容中均存在密切联动关系；不同之处则在于，城市规划学科是从实体空间的层面上对人的需求作出回应。因此，规划工作者应当在研究与实践过程中始终保持与其他相关学科的充分沟通，保持理论和理念等方面信息传递和工作节奏的一致，关键是及时明确和施行相关学科在空间响应方面的诉求。譬如，心理学科研究表明儿童脑发育和认知水平在一定程度上受环境色彩影响。对应这一理论要求，从城市规划学科的角度来看，应当特别注重建成环境空间色彩设计问题，在社区生活圈范围内儿童活动的主要空间类型中避免使用高明度色、高纯度色等刺激儿童视神经的配色方案，转而根据儿童年龄阶段性特征选用适当数量的色彩种类，并适当留出供儿童自由发挥创造力和想象力的空间等。

在与居住系统的对接方面，作为建筑、景观、环境、管理等学科的前置性学科而发挥统筹指导作用。由于对儿童群体而言，以居住区为核心的城市社区生活圈空间是最为主要的日常活动空间，因而在居住系统方面的考虑相比其他系统而言也更当居于前列位序。城市规划学科在居住系统空间营造中担任着统领性质的角色，是对建筑形态布局、风景园林设计等具体性的实施工作进行宏观部署的环节，也是最能够体现空间营造关键理念的部分。因此，承接本书所述策略，规划工作者应当在一定的理论认同基础上，将研究理论寻脉与建构成果体现于对接居住系统其他相关学科的工作部署中，最终以建筑、景观等实体性工作成果和管理、规章等制度性工作成果的形式实现理念渗透。譬如，遵循维护"儿童独立活动性"的理念，从城市规划学科的角度要求至少在居住区中营造连续、安全并且在儿童可达范围内的公共开放空间系统；在此统筹指导下，从建筑学科角度可进一步为居住区儿童通勤路径一带的临街建筑设定一定比例的"街道眼"，交通与景观学科角度则可在居住区范围内设计连续性的慢行交通路线等，如此综合多元相关学科的落地性工作即可达成城市规划学科所提出的总体目标。

在与社会系统的对接方面，作为经济、社会、政治、文化等学科的并行性学科而发挥转化协调作用。尽管其主要探讨内容更侧重于空间要素，但作为整体规划体系中的一部分，显然也与社会系统所涉及的各项学科密不可分。经济社会发展水平整体上受到政治文化背景因素的影响，并且决定和制约了所采取空间优化策略手段的程度和阶段；反言之，城市规划学科所主导和参与的空间优化工作在一定程度上反映出相应的经济投入水平和社会意识形态。具体至儿童健康导向研究而言，其本身的理论前沿性和理念先进性即决定了应当扎根于开放与包容的意识形态土壤，因此系列空间优化手段也需要与社会系统相关学科全程联动、相互协调。譬如，在不同财政收入水平的城市间即存在差异显著的空间优化策略路径，经济水平较高的城市已可通过营造保障儿童健康的公共开放空间实现"锦上添花"，而在经济水平较差的城市内则尚且需要推进健全基本的医疗卫生设施条件。

在与支撑系统的对接方面，作为交通、管理、环境、法律等学科的并行性学科而发挥协同辅助作用。城市社区生活圈概念提出之初所强调的主要要件即为设施，包括基础设施和公共服务设施，一方面设施空间本身便是城市规划工作主要部署的内容之一，另一方面具体实施的规划要求也需要结合支撑系统相关学科理论研究而推进。譬如，交通学科强调交通基础设施的高效联通，要求根据用地和人口情况配置道路交通网络、公共交通站点等，以求在最经济的状态下最大化满足总体人群出行需求；但与此同时，城市规划学科呼吁人性化交通出行方式，即需要在满足交通基础设施配置的科学性之外纳入对使用者特征的考量，以求最大限度营造符合儿童出行需求的连续、安全慢行交通系统；在二者双向协同之下，设施层面的儿童健康导向空间优化策略方能有效平稳推进。

综合上述与五大系统的对接关系，城市社区尺度下儿童健康导向的空间优化研究在多元学科体系中分系统、分阶段联动各项具体学科，并且主要以实体形式在整体学科体系内发挥配套落实、实质服务、统筹指导、转化协调、协调辅助作用。诚然，在这一"复杂巨系统"式研究问题下，城市规划学科并非始终居于主导性地位，其效能也具有一定的边界属性，但在具体研究与实践过程中亦可根据对接系统的特点而广为借鉴其他学科的经验和方法，最终以完整成果形式反馈研究问题。

2. 在多元聚焦内容中的组构定位

其次，需要明确城市社区尺度下儿童健康导向的空间优化研究在整体多元聚焦内容中的组构定位。"保障儿童健康"这一总体性目标的实现涉及诸多领域，包括物质与非物质层面、实体空间与制度层面等等；单纯就其中属于空间范畴的研究而言，在不同社会背景、不同尺度范围下，也已然对应于错综复杂的研究内容。前述文字通过阐述城市社区尺度下儿童健康导向的空间优化研究在多元学科体系中的组构定位，已充分表达了这一研究问题所体现的学科之间的综合性对接关系，特别是对于城市规划学科而言，"融汇"的学科特征更是决定了其与五大系统所涉学科在时序和内容上均有关联，并最终形成多样化成果。

具体至各学科在儿童健康导向研究中所分别对应聚焦的研究内容，在全面呈现百花齐放的同时事实上也具有一定的内在规律和逻辑；而在此之中，城市社区尺度下儿童健康导向的空间优化研究主要是从两个方向上指向了具体的聚焦内容，其一是从城市社区生活圈的尺度范围进行聚焦，其二是从空间的要素范畴进行聚焦。规划工作者在开展具体空间优化策略实施前，即应当分别从这两个方向着眼探讨主要着力点和预期的效能，切实明确自身工作内容在总体研究内容中的组构定位关系。

其一，从城市社区生活圈的尺度范围进行聚焦。对于儿童健康导向研究而言，聚焦于不同空间尺度或将侧重于截然不同的研究议题。研究尺度越大，所关注的研究问题社会性和伦理性的意义则通常更强，同时与空间本身的直接关系也往往更薄弱。例如，国际范围内儿童营养不良与过剩问题的研究，显然已经更多地成为公共卫生学、管理学、社会学等领域探讨和感召的内容，主要强调政策机制的平等制定、对全球儿童营养水平的跟踪关注，特别是对欠发达地区家庭提供持续性、包容性援助，协助帮扶学校、保育机构等制定科学的儿童营养保障计划。这一案例显然更加具有宏观尺度国际协同特征，具体聚焦内容也更多表现为政策、机制、计划的研究探讨，相当于在宏观精神纲领层面依据伦理要求和人道精神而加以统筹引导，但并未涉及具体至不同国情、地段特点的细化实操方案。相比之下，城市社区尺度下对应的儿童健康导向研究议题则面向与小尺度相匹配的特定内容，相较其他尺度而言由于更加贴合于儿童成长尺度规律而拥有更具多元可能性的实体工作结合点，因而所对应的聚焦内容也具有不同于其他尺度的组构定位特征，即强调的议题已不仅限于精神纲领层面，而在物质实操层面有所补充。在对城市社区尺度范围聚焦内容的理解上，规划工作者特别应当把握两个"适配"，即尺度与活动的适配、尺度与设施的适配。

其二，从空间的要素范畴进行聚焦。儿童健康导向研究具体包含的方向复杂多元，而空间规划工作并非能够在所有方向上发挥效能，在能够发挥效能的若干方向中也大多不属于主导性角色。在各研究方向中，以纯病理学、临床医学等学科为主导的专业性极强的研究方向居于主流，此类方向对"儿童健康"概念从定义到解构均全然依照生物医学相关领域的学科逻辑展开，重点关注各项生理要素情况，其中能够具体落实儿童疾病、儿童保健议题目标的工作也同样均全然围绕医药原理推进；而包括城市规划等在内的其他领域工作皆居于上述重点内容之外，在部分研究中甚至近乎"无用武之地"，即使部分疾病和保健事项对应的"预防—干预—预后"全流程中涉及建成环境要素营造工作，也远未及主导程度。因此，从空间的要素范畴方向上聚焦，城市社区尺度下儿童健康导向的空间优化研究是从属于整体儿童健康导向研究架构之下的一个辅助性环节，但同时在大多研究中也是必要性环节，即虽非主导、但须参与。正如本书核心理论模型所示，生理要素与具体规划设计维度要素间存在明确的逻辑链条，因而规划工作者应当明确其具体空间优化工作的主要实施抓手也正体现于此。

小结：

本章承续前述章节对核心问题的阐释，回归至一般性结论，归纳提炼城市社区尺度下儿童健康导向的空间优化策略。先后由"四要素"概念模型出发提出综合性空间优化策略框架、面向策略落地予以具体表达、并面向策略推广归纳本质认识，从理论和实践层面为城市社区尺度下儿童健康导向的空间优化工作提供了可行的思路，更是将本书核心问题探讨成果应用于实际的可行性探索。

第 7 章

结 语

　　本书围绕城市社区尺度空间的儿童健康效应这一核心问题，依次开展理论夯基、模型建构和实践应用，并在三方面形成了结论与创新，以期为城市社区尺度儿童健康导向的空间优化工作提供理论支撑和实践指导。

7.1　城市社区尺度空间的儿童健康效应总结

　　回顾本书核心科学问题，城市社区尺度空间的儿童健康效应依次在理论方面、模型方面和应用方面得到了解释。

　　1. 理论方面主要研究结论

　　对应于本书的第一个子问题，即在理论方面探究相关领域研究经验将如何提供理论基础，即"儿童"与"健康"、"儿童"与"空间"之间的理论逻辑关系几何。通过综合梳理相关概念、学科的理论内容与关系，主要得出两条结论。第一，在儿童及其健康问题的特征方面，通过厘清儿童健康议题与相应的哲学思想渊源的关联，明确了儿童健康导向研究的三条逻辑线索。第二，在儿童活动空间的特征方面，明确了研究的空间范畴：在尺度上，城市社区作为儿童主体研究尺度兼具有效性和适配性；在类型上，儿童活动空间可归为三个范畴、七种类型，与城市社区生活圈的交集构成"儿童群体子圈"。

　　在第一条结论方面，研究针对儿童及其健康问题的特征进行了深入分析。聚焦于核心问题概念图示中"儿童"与"健康"两环的交集，识别作为研究主体的儿童的能动性，深度分析儿童概念的理论发展和儿童健康问题的特征，从理论层面形成对儿童这一概念的完整认识，总结儿童健康导向研究的逻辑线索。

首先，从哲学角度和医学角度分别探讨了将儿童群体作为单列研究主体的理论发展逻辑和脉络，其中，从哲学角度，梳理了中西方语境下"儿童的发现"过程，一方面整体上呈现出儿童概念由社会意识边缘向中心发展的方向，另一方面其中的现代性独立儿童观则历经了"出现—消逝—回归"的背景特征；从医学角度，通过对比中西医儿科学的发展过程归纳出"三异二同"的规律——起源时间、根本理念和重心转移方向相异，学科发展均与哲学层面"儿童的发现"过程紧密关联，关注议题均可概括为儿童疾病与儿童保健两项基本内容。进而，分别从儿童疾病和儿童保健两个基本内容方向细化综述，在儿童疾病方向上聚焦于病因病理特征，归纳得出先天因素、外感因素、食伤因素三项儿童病因，以及"发病容易，传变迅速""脏气清灵，易趋康复"两项儿童病理，从而明晰致使儿童常见疾病类型和程度与成年人具有较大差别的因由；在儿童保健方向上聚焦于体力活动特征，通过对国内外大量儿童体力活动相关"指南"与"评估"的对比梳理，归纳得出儿童体力活动研究与成年人体力活动研究的差异，并重点明确了在儿童体力活动中维持适合于儿童年龄段特征的"强度-时间"关系的必要性。由此，即为儿童健康导向研究的开展总结了三条逻辑线索：其一，研究整体上应当从儿童疾病和儿童保健双重视角探讨；其二，儿童疾病角度的探讨应当由儿童常见疾病机理予以反推；其三，儿童保健角度的探讨应当由儿童体力活动评估予以论证。

在第二条结论方面，研究针对儿童活动空间的特征进行了深入分析。聚焦于核心问题概念图示中"儿童"与"空间"两环的交集，结合儿童友好视角下的空间诉求，深度分析和归纳儿童对应活动空间的尺度和类型特征，并置于本书关注的城市社区尺度下加以针对性探讨，从理论层面明确核心问题的具体研究范畴。首先，从儿童友好型城市的两大出发点，儿童权利与儿童特质，归纳儿童友好视角下的空间诉求。进而，基于儿童群体自身特征，进一步探究了其所触发的空间特征，在尺度特征方面，基于理论梳理，以城市社区尺度为代表的较小空间尺度是最为契合于儿童成长阶段中的儿童活动和儿童参与的空间尺度，从研究时序和研究精准性的角度来看，城市社区尺度均与儿童主体研究具有高度适配性。在类型特征方面，根据理论推演，儿童群体活动空间是归因于现代性驱动的空间禁忌变革所形成的特征斑块，在家庭秩序禁忌乃至社会秩序禁忌的作用下，当代儿童活动空间类型主要指向了私密空间、半公共空间和公共空间三个基本范畴下的家庭、居住区、教育性空间、街巷空间、城市绿地、娱乐性空间和就医空间七类空间；而将其叠置于城市社区尺度考虑，专项性提出了社区生活圈范围中的"儿童群体子圈"概念以聚焦刻画儿童群体活动空间在整体城市社区中的组构情况，在内容上儿童5min"等时圈"内的三个圈层依次对应不同尺度和功能的空间，在结构上则根据研究对象儿童的年龄区段、研究时段、所属城市空间的形态学与区位特点等发生弹性偏移。在此基础上，以中国高密度城市空间为例，基于已有研究综述和实地访谈校核，梳理了"儿童群体子圈"的典型结构模式，并明确了其中教育性空间、家庭与居住区、城市绿地共同为城市社区尺度下儿童活动空间的主要聚核。

2. 模型方面主要研究结论

对应于研究的第二个子问题，即在模型方面探究如何以概念模型刻画城市社区尺度空间的儿童健康效应，通过借鉴和延展来自循证研究和健康城市研究的经验，就"儿童健康"与"儿童空间"协同一体开展探究，并辅以案例评述，主要得出两条结论。第一，城市社区尺度空间的儿童健康效应概念模型由生理要素、外部环境要素、空间类型和具体规划设计维度四项要素构成，是个体健康模型和城市健康模型的结合体；第二，可以"四要素"概念模型概括城市社区尺度空间的儿童健康效应，其逻辑结构即可概括为："空间"以各"具体规划设计维度"为诱因作用于"外部环境要素"，进而作用于儿童机体"生理要素"导出健康结果，"四要素"概念模型可分别在儿童疾病和儿童保健角度具体化，并以居住区和城市绿地为两个角度下对模型予以具体化的典型空间类型代表。

在第一条结论方面，研究针对模型建构的理论基础进行了梳理。一方面，对医学领域中的循证研究理论进行综述，明确了"证据"作为其中的关键基础内容而涉及全流程多方协作和多元等级结构的划分，将循证理论及其信息格式化检索手段PICO方法广义化应用于多元场景，综合对儿童常见疾病和体力活动的结构性循证，为建构城市社区尺度空间的儿童健康效应概念模型初步形成了生理要素类和外部环境要素类基础。另一方面，对发展较为成熟的健康城市研究经验进行系统性的综述，深入梳理儿童健康问题相关外部环境要素在空间角度的表征情况，总结出在健康城市基础研究和评估研究范式之中所对应的研究要素和研究模型。综观循证研究和健康城市研究经验，本书拟建构的城市社区尺度空间的儿童健康效应概念模型应当为个体健康模型和城市健康模型的结合体，一方面纳入个体角度"儿童健康"相关要素，另一方面纳入城市角度"儿童空间"相关要素，进而聚焦于城市社区尺度而将两方面加以对接。

在第二条结论方面，研究试建构了"四要素"概念模型。基于模型建构的理论基础，明确模型应由生理要素、外部环境要素、空间类型、具体规划设计维度四项要素构成，其中前两项构成模型的个体健康部分，后两项构成模型的城市健康部分，并且模型的个体健康部分与城市健康部分通过外部环境要素、空间类型两项要素进行对接。由此归纳模型的整体逻辑结构，并遵循儿童健康导向研究的第一条逻辑线索，分别从儿童疾病和儿童保健角度对"四要素"概念模型予以具体化，进而根据各空间类型的研究典型性和代表性，从儿童疾病角度选取居住区空间进一步具体化表征，从儿童保健角度选取城市绿地空间进一步具体化表征。结果表明，从儿童疾病角度，居住区空间与七项外部环境要素均存在客观对接关系，且与六重具体规划设计维度关联，其中建筑形态与布局、道路交通布局与断面设计、植物景观规划设计和公共服务设施布局几项诱因最具代表性；从儿童保健角度，城市绿地空间与七项外部环境要素均存在客观对接关系，且与五重具体规划设计维度关联，其中道路交通布局与断面设计、铺装设计与软硬质比例和植物景观规划设计几项诱因最具代表性。

3. 应用方面主要研究结论

对应于研究的第三个子问题，即在应用方面探究所建构概念模型如何应用于指导实际空间优化实践，通过以北京市东城区具体地段为例开展"四要素"概念模型检验研究，主要得出两条结论。第一，对"四要素"概念模型进行检验，在儿童疾病角度根据传染性疾病传播机制提炼得出的八条逻辑链条中，共七条完成检验；在儿童保健角度根据儿童体力活动特征提炼得出的十六条逻辑链条中，共十二条完成检验。第二，基于"四要素"概念模型检验结果提出空间优化策略，包括面向落地的两个情境下的具体表达，以及面向推广三个方面的本质认识。

在第一条结论方面，研究对"四要素"概念模型予以了检验。从面向儿童疾病的角度，依托百度地图慧眼探索了基于互联网时空数据的儿童就医人次测度方法，选择儿童传染性疾病情况的两个极值街道内的居住区空间作为检验研究的代表性空间；进而根据传染性疾病传播机制中"传染源""传播途径""易感人群"三个基本环节提炼得出八条对应具体化"四要素"概念模型需予以检验的逻辑链条；采用对比研究方法，依托 ArcGIS 平台叠合量化评估，就逻辑链条所涉及的四项具体规划设计维度逐一展开检验，结果表明共七条逻辑链条通过检验。从面向儿童保健的角度，综合采用多项主客观调研工具对代表性城市绿地空间内儿童体力活动开展和水平情况进行总体分析；进而根据儿童体力活动特征的"开展"和"水平"两个方面提炼得出十六条对应具体化的"四要素"概念模型需予以检验的逻辑链条；基于体力活动情况评估结果，依托 ArcGIS 平台叠合量化、归类分析，就逻辑链条提炼结果所涉及的五项具体规划设计维度逐一展开检验，结果表明共十二条逻辑链条通过检验。

在第二条结论方面，研究基于"四要素"概念模型的检验结果提出了空间优化策略。针对检验研究结果指向的空间优化诉求总结策略框架，面向策略落地，在儿童疾病角度的居住区空间优化策略方面，相比于一般性居住区规划设计策略而言总结了四个关键点并提出优化策略构想：道路系统规划设计中建议兼顾适宜性道路网密度和提升人行优先道路所占比例；建筑规划设计中建议通过高度、体量和排布的协调营造良好空气环境；绿色空间规划设计中建议注重结合场地尺度施以均衡、分散式布局；公共服务设施配置建议强化儿童 5min "等时圈"范围内设施的功能混合度与步行可达性。在儿童保健角度的城市绿地空间优化策略方面，相比于一般性城市绿地规划设计策略而言归纳了五个关键问题并提出优化策略构想：儿童体力活动"领域感"的权衡问题；开敞空间设计的尺度和铺装问题；植物景观规划设计的两个极端问题；亲自然性场所与中高强度儿童体力活动的普遍矛盾问题；儿童体力活动兴趣与城市绿地空间的匹配问题。最后，面向空间优化策略的推广，从理论、理念和定位三个角度提炼得到了通用性本质认识，以期为其他具有不同背景条件的地区开展空间优化工作提供认识论基础。

在围绕核心问题开展探索研究的过程中，本书主要取得了三个方面的创新。

第一点创新体现在理论探索方面，以新兴视角审视并发展理论体系。特别以儿童健康这一新兴视角审视现有规划理论体系，并就儿童主体研究的特征深入挖掘，从理论根源处破题，不仅奠定了整体研究的基础，也补充完善了现有理论体系。就儿童健康这一新兴视角的解读而言，本书借鉴了大量跨学科理论经验，完整梳理了儿童健康问题的关键特征和聚焦内容，创新性地提出了儿童健康导向研究的三条逻辑线索，并以此作为全书的根基。在贯穿行文的各个环节中，始终秉持将儿童健康问题居于核心的思路，试将循证研究与健康城市研究经验相互融合，打通了空间与儿童健康之间的完整逻辑链条。就儿童主体概念的特征挖掘而言，分别由哲学和医学领域着眼对儿童主体研究进行了理论溯源，对于中西方语境下"儿童观"的发展、中西医儿科学的主要理论进行了深入对比剖析，并创新性地将此类由跨学科分析得出的结论与建成环境空间结合一体、精准辨析儿童在社区中的活动参与情况，从而在建成环境研究领域首次特别面向儿童群体提出了城市社区生活圈中的"儿童群体子圈"概念与模式，丰富和发展了既有规划理论体系。

第二点创新体现在概念模型方面，提出了"四要素"概念模型解释本书核心问题的现象与本质。随着"健康城市"和"儿童友好型城市"理念的引入，相关研究与实践已在各地展开，并已形成一定模型基础，但较多浮于表面而缺乏实操性，特别是在将二者相结合的儿童健康导向研究方面，虽有探索实践案例的施行，但学界未曾系统性建立理论解释模型。本书则基于这一现实问题，重点由循证研究和健康城市研究在要素和模型方面的探索经验，明确了作用机理概念模型中涉及的要素类、组构方式，从而基于已有理论与实践经验"大胆假设"，提出了"四要素"概念模型猜想，先后从总体层面予以抽象逻辑结构式表征，从具体层面结合问题情境予以详细构成式表征；进而"小心求证"，在具体地段中结合实际儿童健康问题对概念模型的逻辑链条猜想加以检验，从而精准指向了对应的空间优化策略。这一概念模型的提出便于以统一框架对已有研究经验加以整理，更对未来城市社区尺度下儿童健康导向的空间优化工作具有一定的普适性指导意义，助力真正实现全域儿童健康的目标。

第三点创新体现在技术方法方面，重点探索了针对儿童这一特定群体获取数据和综合分析的技术手段，探索形成了以多元工具集成与多源数据获取分析的技术方法，专项性地补充了城乡规划技术科学领域现有研究方法体系。尽管近年来基于多源时空大数据而开展的城市规划研究层出不穷，但难以突破数据所对应人群具有局限性的问题。特别是对于基本脱离信息化设备的儿童和老年人群体而言，采用现有方法直接开展分析而产生的结果显然将具有较大偏差。本书面向这一困境，从宏观和微观两个方向上实现了技术方法的突破。在宏观方向上，创新性地设计了结合百度地图开放平台数据测度儿童就医情况的技术路线，立足于百度地图开放平台对移动设备定位信息进行的空间聚类处理和深度学习结果，提取得到可溯源的用户画像信息，从而由此换算至统一尺度的空间统计单元综合评估。本质上，这一技术路线也是在现有城乡规划技术科学研究方法体系之上聚焦特定群体、特定问题的补充性尝试。在微观方向上，创新性地设计了将可穿戴设备与传统调研工具融合使用以记录儿童体力活动信息的技术路线。在实地调研中，一方面发放智能手环采集样本实时空间坐标和对应心率数值，另一方面以行为地图工具记录研究对象实际活动情况，进而根据最大心率百分比的计算公式和体力活动 RPE 量表的归类标准，将两方面所采集信息录入 GIS 平台集成分析，即模拟得出调研地段内儿童体力活动场所、强度的实际情况。这一传统与新兴调研工具融合使用的技术路线能够实现对特定关注群体信息的自主采集，具有一定的可推广性。

7.2 面向儿童健康友好的城市社区尺度空间研究与实践展望

在儿童友好型城市建设的热潮下，对其研究与实践背后的基本理论问题进行冷思考十分关键。我国儿童友好型城市建设起步较晚但发展态势良好，自"十三五"以来各地研究与实践已层出不穷，其中面向儿童健康友好的城市社区尺度空间研究与实践仍在持续探索中，后续工作中应对已开展的具体项目和应用方法进行系统性总结，同时进一步拓展和丰富通用化设计和参与式研究方法。此外，还应通过城市社区尺度发挥双向传导作用，并以中华传统文化为纽带强化多尺度协同，助力儿童友好理念高效率、全覆盖落实。面向儿童健康友好的城市社区尺度空间研究与实践绝非等同于盲从"他山之石"而对相关概念的直接套用，而是根据城市实际发展背景和需求选择适当的工作思路，如此方能有的放矢、使儿童健康友好目标掷地有声。

诚然，本书在围绕面向儿童健康友好的城市社区尺度空间优化问题而形成主要结论和创新之外，也存在一定的不足，期望在未来的研究工作中予以弥补。

其一，由于队列数据的系统性缺失，本书的检验研究部分主要基于截面数据探讨儿童疾病和保健方面的健康问题。其中，从儿童疾病角度开展的具体循证梳理主要建立在当前儿童常见疾病是以传染性疾病为主的事实基础上，对儿童非传染性疾病的考虑较为欠缺。面向未来，已有部分证据预判，伴随着经济的进步，儿童罹患非传染性疾病的风险将愈发呈现增长趋势，因此未来的儿童健康导向研究中应当在保持对传染性疾病的警惕之余，补充关注儿童非传染性疾病的风险和致病机制。同时，假设队列数据具备可获取条件，则需要进一步结合在地实践工作，对空间优化工作作用于儿童健康的结果进行后评估，强化研究的严谨程度，助力完整化建构城市社区尺度空间的儿童健康效应概念模型。

其二，本书聚焦的空间尺度是城市社区，检验研究和策略建议归纳中主要就中国高密度城市空间而探讨，并未涉及对城乡差异的思考。一方面，城市地区和乡村地区儿童面临的主要健康问题显然各有侧重，如在部分贫困乡村地区核心现实问题在于医疗资源的极度短缺，而这一问题对乡村儿童健康的负面作用力将远超于其他领域的辅助性正面作用力；另一方面，因人口、经济、交通、土地利用方式的差别，城市地区和乡村地区中"社区"的概念也存在巨大出入，对应的儿童活动类型和空间类型也不尽相同。因此，在未来的研究中也应纳入对城乡差异的探讨，思考综合机制模型在乡村地区的表征结果，并注重发挥乡村地区儿童健康导向研究的独特经验，以期平等实现全域儿童健康。

其三，本书在模型的具体化表征和检验研究部分的工作主要就居住区和城市绿地两类儿童活动空间类型展开，尚未整合全部空间类型为一体进行分析。将日常连贯性的活动对应至实体空间，儿童在各类儿童活动空间类型间开展活动和触及外部环境要素的关系有待进一步补充探究。后续研究中，在条件许可前提下可考虑进一步纳入长时段、持续性、跟踪式的儿童数据记录方式，从社区生活圈"儿童群体子圈"整体结构的层面上加以探讨。

此外，本书主要聚焦于建成环境空间范畴，尽管已通过理论综述、方法借鉴等与相关学科建立联系，但在未来工作中仍需要结合社会经济、体制机制等非物质性领域共同探索，并且进一步加强学科间合作，完善研究成果并应用于在地实践中。

附 录

附录 A　儿童成长发育标准与常见疾病

表 A.1　0~10 岁儿童体格成长与智能发育标准

年龄	体重（kg）		身高（cm）		心智发育
	男童	女童	男童	女童	
初生	2.9~3.8	2.7~3.6	48.2~52.8	47.7~52.0	俯卧抬头，对声音有反应
1 月	3.6~5.0	3.4~4.5	52.1~57.0	51.2~55.8	俯卧抬头 45 度，能注意父母面部
2 月	4.3~6.0	4.0~5.4	55.5~60.7	54.4~59.2	俯卧抬头 90 度，笑出声、尖叫声、应答性发声
3 月	5.0~6.9	4.7~6.2	58.5~63.7	57.1~59.5	俯卧抬头，两臂撑起，抱坐时头稳定，视线能跟随 180 度，能手握手
4 月	5.7~7.6	5.3~6.9	61.0~66.4	59.4~64.5	能翻身，握住拨浪鼓
5 月	6.3~8.2	5.8~7.5	63.2~68.6	61.5~66.7	拉坐，头不下垂
6 月	6.9~8.8	6.3~8.1	65.1~70.5	63.3~68.6	坐不需支持，听声转头，自喂饼干，握住玩具不被拿走，怕羞，认出陌生人，方才递交
8 月	7.8~9.8	7.2~9.1	68.3~73.6	66.4~71.8	扶东西站，会爬，无意识叫爸爸、妈妈，咿呀学语，躲猫猫，听得懂自己的名字，会摇手表示再见
10 月	8.6~10.6	7.9~9.9	71.0~76.3	69.0~74.5	能自己坐，扶住行走，自己熟练协调地爬，理解一些简单的命令，如"到这儿来"，自己哼小调，说一个字
12 月	9.1~11.3	8.5~10.6	73.4~78.8	71.5~77.1	独立行走，有意识叫爸爸、妈妈，用杯喝水，能辨别家人的称谓和家庭环境中的熟悉的物体
15 月	9.8~12.0	9.1~11.3	76.6~82.3	74.8~80.7	走得稳，能说三个字短语，模仿做家务事，能叠两块积木，能体验与成人一起玩的愉快心情

年龄	体重（kg）		身高（cm）		心智发育
	男童	女童	男童	女童	
18月	10.3~12.7	9.7~12.0	79.4~85.4	77.9~84.0	能走楼梯，理解指出身体部分，能脱外套，能自己吃饭，能识一种颜色
21月	10.8~13.3	10.2~12.6	81.9~88.4	80.6~87.0	能踢球，举手过肩抛物，能叠四块积木，喜欢听故事，会用语言表示大小便
2岁	11.2~14.0	10.6~13.2	84.3~91.0	83.3~89.8	两脚并跳，穿不系带的鞋，区别大小，能认识两种颜色，能识简单形状
2.5岁	12.1~15.3	11.7~14.7	88.9~95.8	87.9~94.7	独脚立，说出姓名，洗手会擦干，能叠八块积木，常提出"为什么"，试与同伴交谈，互相模仿言行
3岁	13.0~16.4	12.6~16.1	91.1~98.7	90.2~98.1	能从高处往下跳，能双脚交替上楼，会扣纽扣，会折纸，会涂糨糊粘贴，懂饥、累、冷，会用筷子，能一页页翻书
3.5岁	13.9~17.6	13.5~17.2	95.0~103.1	94.0~101.8	知道颜色，不再缠着妈妈，开始有想象力，自言自语
4岁	14.8~18.7	14.3~18.3	98.7~107.2	97.6~105.7	能独立穿衣，模仿性强
4.5岁	15.7~19.9	15.0~19.4	102.1~111.0	100.9~109.3	能说简单反义词，爱做游戏
5岁	16.6~21.1	15.7~20.4	105.3~114.5	104.0~112.8	解释简单词义，识别物体原料
5.5岁	17.4~22.3	16.5~21.6	108.4~117.8	106.9~116.2	开始抽象逻辑思维，自觉性、坚持性、自制力有明显表现
6岁	18.4~23.6	17.3~22.9	111.2~121.0	109.7~119.6	想象力丰富，情绪开始稳定
7岁	20.2~26.5	19.1~26.0	116.6~126.8	115.1~126.2	有目的有意识的知觉和观察能力、空间知觉和时间知觉不断发展
8岁	22.2~30.2	21.4~30.2	121.6~132.3	120.4~132.4	无意注意→有意注意，有一定的自制能力
9岁	24.3~34.0	24.1~35.3	126.5~137.8	125.7~139.7	无意、具体形象→有意理解、抽象逻辑记忆
10岁	26.8~38.7	27.2~40.9	131.4~143.6	131.5~145.1	具体形象→抽象逻辑思维

参考资料：世界卫生组织儿童生长标准。

表 A.2 儿童常见疾病梳理

类别	疾病
新生儿类	窒息、缺氧缺血性脑病、呼吸窘迫综合征、胎粪吸入综合征、持续肺动脉高压、肺出血、感染性肺炎、支气管肺发育不良、黄疸、溶血病、咽下综合征、食管闭锁与食管气管瘘、坏死性小肠结肠炎、惊厥、颅内出血、低血糖症、高血糖症、败血症、细菌性脑膜炎、脐炎、贫血、红细胞增多症、寒冷损伤综合征等
呼吸系统类	急性上呼吸道感染、急性感染性喉炎、急性支气管炎、急性喘息性支气管炎、毛细支气管炎、支气管哮喘、小儿感冒、反复呼吸道感染、小儿肺炎、金黄色葡萄球菌肺炎、支原体肺炎、侵袭性肺部真菌感染、嗜酸粒细胞性肺炎、特发性肺含铁血黄素沉着症、化脓性胸膜炎、社区获得性肺炎、慢性咳嗽、阻塞性睡眠呼吸暂停低通气综合征等
心血管系统类	先天性心脏病、室间隔缺损、房间隔缺损、动脉导管未闭、艾森门格综合征、肺动脉狭窄、法洛四联症、小儿原发性肺动脉高压、原发性心肌病、病毒性心肌炎、感染性心内膜炎、急性心包炎、心律失常、早搏、昏厥等
消化系统类	鹅口疮、疱疹性口炎、溃疡性口炎、胃食管反流、先天性肥厚性幽门狭窄、胃炎、消化性溃疡、儿童腹泻、乳糖不耐受症、胃肠道食物过敏、肠痉挛、炎症性肠病、婴儿肝炎综合征、肝内胆汁淤积综合征、先天性肝外胆道闭锁、肝硬化、急性胰腺炎等
泌尿系统类	急性肾小球肾炎、原发性肾病综合征、乙型肝炎病毒相关性肾炎、紫癜性肾炎、狼疮性肾炎、溶血尿毒综合征、单纯性血尿、IgA 肾病、薄基底膜病、遗传性肾炎、特发性高钙尿症、左肾静脉压迫综合征、无症状性蛋白尿、直立性蛋白尿、泌尿道感染、膀胱输尿管反流、急性间质性肾炎、药物性肾损害、肾小管酸中毒、Fanconi 综合征、Bartter 综合征等
血液系统类	缺铁性贫血、营养性巨幼红细胞性贫血、再生障碍性贫血、溶血性贫血、遗传性球形红细胞增多症、红细胞葡萄糖 -6- 磷酸脱氢酶缺乏症、珠蛋白生成障碍性贫血、自身免疫性溶血性贫血、原发性免疫性血小板减少症、血友病、急性髓细胞白血病等
神经肌肉系统类	病毒性脑炎和脑膜炎、急性播散性脑脊髓炎、细菌性脑膜炎、真菌性脑膜炎、瑞氏综合征、癫痫与癫痫综合征、脑性瘫痪、急性炎性脱髓鞘性多发性神经根病、重症肌无力、儿童偏头痛、注意缺陷多动障碍等

续表

类别	疾病
内分泌系统类	生长激素缺乏症、性早熟、尿崩症、先天性甲状腺功能减退症、慢性淋巴细胞性甲状腺炎、甲状腺功能亢进症、先天性肾上腺皮质增生症、肾上腺皮质功能减退症、皮质醇增多症、儿童糖尿病、糖尿病酮症酸中毒、低血糖症、儿童单纯性肥胖、儿童代谢综合征等
发育行为异常类	注意缺陷多动障碍、抽动障碍、儿童孤独症、精神发育迟滞、遗尿症等
营养异常类	蛋白质-能量营养不良、维生素 A 缺乏症、维生素 A 中毒症、维生素 B_1 缺乏症、维生素 D 缺乏性佝偻病、维生素 D 缺乏性手足搐搦症、维生素 D 中毒症、维生素 K 缺乏症、锌缺乏症、儿童高铅血症和铅中毒等
肿瘤类	急性淋巴细胞白血病、急性髓细胞白血病、骨髓增生异常综合征、朗格汉斯细胞组织细胞增生症、淋巴瘤、神经母细胞瘤、肾母细胞瘤等
遗传代谢类	21 三体综合征、先天性卵巢发育不全综合征、先天性睾丸发育不全综合征、肝豆状核变性、苯丙酮尿症、酪氨酸血症、遗传性高氨血症、糖原累积病、黏多糖病、戈谢病、尼曼-匹克病等
原发性免疫缺陷类	X 连锁无丙种球蛋白血症、婴儿暂时性低丙种球蛋白血症、选择性 IgG 亚类缺陷病、选择性 IgA 缺陷病、选择性 IgM 缺陷病、伴高 IgM 的免疫球蛋白缺乏症、常见变异型免疫缺陷病、先天性胸腺发育不全、严重联合免疫缺陷病、血小板减少伴免疫缺陷、共济失调-毛细血管扩张征、粒细胞异常颗粒综合征、遗传性血管神经性水肿等
小儿风湿类	风湿热、幼年特发性关节炎、系统性红斑狼疮、幼年型皮肌炎、混合型结缔组织病、干燥综合征、血管炎综合征、川崎病、过敏性紫癜、大动脉炎、渗出性多形红斑等
小儿感染性疾病	麻疹、风疹、水痘、手足口病、流行性腮腺炎、巨细胞病毒感染性疾病、EB 病毒感染、甲型肝炎、乙型肝炎、丙型肝炎、狂犬病、儿童艾滋病、猩红热、百日咳、伤寒、细菌性痢疾、先天性梅毒等
寄生虫类	蛲虫病、蛔虫病、旋毛虫病、绦虫病、血吸虫病、肝吸虫病、肺吸虫病、阿米巴病、疟疾、弓形虫病、贾第虫病等
急危重类	小儿惊厥、热性惊厥、心跳呼吸骤停、急性呼吸衰竭、急性肺损伤和急性呼吸窘迫综合征、充血性心力衰竭、急性肾衰竭、肝功能衰竭、急性颅内高压与脑疝、全身炎症反应综合征和多器官功能不全综合征、脓毒症与脓毒性休克、噬血细胞综合征、弥散性血管内凝血、气管异物、急性中毒等
其他	原发型肺结核、急性粟粒性肺结核、结核性脑膜炎等

资料来源：赵振元 等，2009；罗小平 等，2014。

附录 B 儿童健康问题 PICO 梳理

表 B.1 呼吸系统疾病 PICO 梳理

P	I/C	O	生理要素	外部环境要素
急性上呼吸道感染患儿	青霉素类或第一代头孢菌素治疗，中成药搭配抗生素治疗	治愈，中医药搭配抗生素有利于缩短病程、增效减毒	自身免疫力	环境卫生、场所通风
急性感染性喉炎患儿	抗菌药物与肾上腺皮质激素治疗、补充钙剂（维生素 D 治疗）	迅速缓解症状	喉部结构、自身免疫力、血清钙水平	日照
急性支气管炎患儿	补充维生素 C、化痰止咳 / 止喘 / 抗过敏、不用抗生素和镇咳剂	治愈，或反复发作，通常少并发症	自身免疫力、营养障碍、支气管结构	环境卫生、场所通风
急性喘息性支气管炎患儿	改善通气（吸氧、雾化等）、静脉激素治疗	减轻气道炎症、缓解黏膜水肿	自身免疫力、过敏原构成	环境卫生（尘螨、花粉、霉菌等）、场所通风
毛细支气管炎患儿	供氧补液呼吸支持治疗配合药物治疗	多数良好、完全康复	自身免疫力	场所通风（无烟环境）
支气管哮喘患儿	控制性和缓解性药物治疗	不易根治	过敏原构成、体质	环境卫生（尘螨、花粉、霉菌等）、场所通风（无烟环境）
反复呼吸道感染患儿	病原学抗感染治疗、免疫调节剂治疗、中医药治疗	远期疗效有待观察	自身免疫力、微量元素和维生素缺乏	环境卫生、日照、场所通风
肺炎患儿	对症治疗、抗感染治疗、预防并发症	取决于个体体质差异	自身免疫力、消化能力	环境卫生、场所通风、食物卫生
金黄色葡萄球菌肺炎患儿	选用敏感抗菌药物如耐青霉素酶的半合成青霉素或头孢菌素	多有并发症	自身免疫力	环境卫生、食物卫生
支原体肺炎患儿	轻症不治自愈，早期可用抗生素	缩短病程，大多预后较好	自身免疫力、营养不良	场所通风（烟、飞沫）
侵袭性肺部真菌感染患儿	抗真菌药物治疗、糖皮质激素类药物治疗、支持治疗等综合治疗	若无早期诊断则预后较差	自身免疫力	环境卫生、环境温湿度、场所通风

续表

P	I/C	O	生理要素	外部环境要素
嗜酸粒细胞性肺炎患儿	泼尼松治疗、糖皮质激素治疗	一般良好	自身免疫力、过敏原构成、嗜酸粒细胞状态	环境卫生（尘螨、花粉、霉菌等）、食物卫生
特发性肺含铁血黄素沉着症患儿	输血、抗感染治疗、激素治疗等	取决于肺出血程度及持续时间	肺泡细胞结构、过敏原构成、铁代谢	环境卫生（去除真菌）、食物卫生
化脓性胸膜炎患儿	抗炎治疗、对症治疗、双联抗生素治疗	明显缓解	自身免疫力	—
社区获得性肺炎患儿	抗感染治疗	治疗效果大多较好	自身免疫力	环境卫生、场所通风（烟、飞沫）、食物卫生
慢性咳嗽患儿	糖皮质激素、受体激动药治疗	一般良好	自身免疫力、过敏原构成、鼻后与咽喉部位结构	环境卫生（尘螨、花粉、霉菌等）、场所通风、食物卫生
阻塞性睡眠呼吸暂停低通气综合征患儿	扁桃体、腺样体切除；鼻腔激素类制剂治疗；扩弓治疗	恢复正常生活，甚至延长生命	腺样体和扁桃体肥大、肥胖	环境卫生、场所通风（无烟环境）、食物卫生

表 B.2　消化系统疾病 PICO 梳理

P	I/C	O	生理要素	外部环境要素
鹅口疮患儿	抗真菌药物治疗	良好	自身免疫力	环境卫生、食物卫生
疱疹性口炎患儿	全身抗病毒治疗、局部治疗等	良好	自身免疫力	环境卫生、场所通风（飞沫）、食物卫生
溃疡性口炎患儿	及时控制感染，口腔清洁结合抗生素全身治疗	良好	自身免疫力、维生素缺乏	食物卫生
胃食管反流患儿	抑制胃酸治疗、促动力治疗、黏膜保护剂治疗、与抗焦虑抑郁药治疗、手术治疗等	易反复，若保持良好生活习惯一般预后良好	食管结构功能受损	食物卫生

P	I/C	O	生理要素	外部环境要素
先天性肥厚性幽门狭窄患儿	幽门肌切开术、喂养饮食疗法等	外科治疗疗程短、效果好；内科治疗效果慢且不可靠	肽能神经结构改变和功能不全、肌肉功能性肥厚等	尚未查明，推测与环境卫生有关
胃炎患儿	药物治疗、洗胃（急性胃炎）；药物治疗、Hp治疗（慢性胃炎）	良好	自身免疫力、既有慢性病	环境温度、食物卫生
消化性溃疡患儿	Hp治疗、抗酸分泌药物治疗、保护胃黏膜治疗等	治愈率95%以上，长期服药、定期监测	胃十二指肠黏膜损害及其自身防御-修复失衡	环境卫生、食物卫生
腹泻患儿	补钙镁治疗、补液治疗、肠黏膜保护剂治疗、抗分泌治疗等	大多预后良好	自身免疫力、机体及肠黏膜功能不完善、肠道菌群失调、过敏原构成	环境卫生、环境温度、场所通风、食物卫生
乳糖不耐受症患儿	补充水盐电解质、益生菌制剂治疗、补充乳糖酶等	先天性无法治愈；继发性约需数周至数月恢复	乳糖酶缺乏	食物卫生
胃肠道食物过敏患儿	避免疗法、脱敏疗法等	一般良好	过敏原构成	环境卫生、食物卫生
肠痉挛患儿	首选非药物治疗；药物治疗包括解痉药等治疗	多数患儿偶发1~2次后自愈	自身免疫力、胃肠道激素、肠道神经系统功能失调、肠壁缺血	环境温度、食物卫生
炎症性肠病患儿	药物治疗、内镜治疗、手术治疗，促进肠道黏膜的愈合	难以根治，易反复，有潜在癌变风险	自身免疫力、肠道菌群失调	环境卫生、食物卫生
肝内胆汁淤积综合征患儿	对症治疗，苯巴比妥、胆酪胺及肾上腺皮质激素治疗	改善症状	基因缺陷、胆管结构、十二指肠病变等	尚未查明
先天性肝外胆道闭锁患儿	葛西手术、肝移植等	葛西手术后67%仍需要接受肝移植救治	胆管腔闭塞、多核巨细胞性变等	尚未查明，推测与环境卫生有关
肝硬化患儿	抗病毒药物治疗、抗肝纤维化治疗、手术治疗	与肝脏功能分级及肝硬化临床分期相关	自身免疫力、肝脏血液循环障碍	环境卫生、食物卫生
急性胰腺炎患儿	禁食治疗、药物治疗	取决于严重程度及是否有并发症	自身免疫力、既有慢性病	食物卫生

表 B.3　感染性疾病 PICO 梳理

P	I/C	O	生理要素	外部环境要素
麻疹患儿	药物治疗（退热、镇咳、维生素 A、抗生素）	多在发病后 2~3 周内自行康复	自身免疫力	环境卫生、场所通风（飞沫）、日照、环境温湿度
风疹患儿	对症治疗为主，如非甾体类抗炎药治疗等，无须抗病毒治疗	大多良好	自身免疫力	场所通风（飞沫）
水痘患儿	对症治疗为主，口服抗组胺药物，局部涂擦炉甘石洗剂、抗生素软膏等	良好，痊愈后可获得持久免疫力	自身免疫力	场所通风（飞沫）
手足口病患儿	对症治疗为主，同时做好皮肤和口腔清洁	大多良好，一周内痊愈且无后遗症	自身免疫力、肠道病毒入侵	环境卫生、场所通风（飞沫）、日照
流行性腮腺炎患儿	对症治疗为主，食用流食，保证休息	大多良好	自身免疫力、缺乏野生型感染暴露	环境卫生、场所通风（飞沫）
巨细胞病毒感染性疾病患儿	抗病毒制剂治疗、丙氧鸟苷防病毒扩散、对症治疗	大多良好，但病毒难以被宿主完全清除	自身免疫力	场所通风（飞沫）
EB 病毒感染患儿	支持性治疗，尚无特效治疗	大多自愈	细胞免疫功能	食物卫生、场所通风（飞沫）
甲型肝炎患儿	休息与营养支持治疗，一般不采用抗病毒治疗	大多完全治愈	自身免疫力	环境卫生、食物卫生
乙型肝炎患儿	急性不用抗病毒治疗；慢性采用抗病毒治疗、免疫调节剂治疗、导向治疗	慢性乙型肝炎预后差，大多迁延不愈，少数转为肝硬化	自身免疫力	器具卫生
丙型肝炎患儿	抗病毒治疗	口服药物可达 95% 病毒清除率，但痊愈后可再次患病	自身免疫力、病毒血症引起的肝细胞损伤	尚未查明

P	I/C	O	生理要素	外部环境要素
狂犬病患儿	发作后临床无有效治疗方法，暴露后实施伤口处置、疫苗接种	发作后死亡率极高	黏膜或伤口感染	尚未查明
伤寒患儿	抗菌治疗	一般可痊愈	自身免疫力、基础病	环境卫生、食物卫生
细菌性痢疾患儿	急性期治疗包括一般治疗与抗菌治疗，慢性菌痢采取全身与局部治疗相结合	大部分1~2周内痊愈	自身免疫力	环境卫生、食物卫生、环境温湿度

附录C　综合性儿童体力活动问卷

1. 过去7天，你在**空闲时间（在学校和课外班时间之外）**进行过哪些身体活动？

另外，如有**在室内进行的活动请在活动名称后打√**。

活动	参与该活动天数		平均每天次数		平均每次时间 /min	
	周中	周末	周中	周末	周中	周末
跳绳						
踢毽子						
轮滑						
追逐类游戏						
步行或健步走						
自行车						
跑步						
健身操						
游泳						
棒垒球						
跳舞						
乒乓球						
羽毛球						
滑板						
足球						

续表

活动	参与该活动天数		平均每天次数		平均每次时间 /min	
	周中	周末	周中	周末	周中	周末
网球						
排球						
武术						
篮球						
滑冰						
滑雪						
冰球						
爬楼梯						
需要全身活动的电子游戏						
其他 _____						

2.过去 7 天，你在**学校体育课或者课外体育班**上的表现是否活跃呢？

　　○我不喜欢体育课（班）　○基本不活跃　○有时活跃　○通常较活跃

　　○一直很活跃

3.过去 7 天，你在**课间**通常做什么呢？（学龄前不必填写此题）

　　○坐着聊天、阅读或做功课　○站起来走走　○略微跑跳和玩耍

　　○跑跳和玩耍　○尽情跑跳和玩耍

4.过去 7 天，有几次你在**晚上**做运动呢？

　　○0 次　○1 次　○2~3 次　○4~5 次　○6~7 次

5.过去 7 天，你是否**乘坐机动车**（包括火车、公交车、地铁、小汽车等）出行？

　　有 _____ 天，平均每天 ____ 小时 ____ 分，主要前往 _____

6.过去 7 天，你是否**骑自行车**出行（持续至少 10min）？

　　有 _____ 天，平均每天 ____ 小时 ____ 分，主要前往 _____

7.过去 7 天，你是否**步行**出行（持续至少 10min）？

　　有 _____ 天，平均每天 ____ 小时 ____ 分，主要前往 _____

8.过去 7 天，你是否在家中进行**高强度家务劳动（如搬重物）**？

　　有 _____ 天，平均每天 ____ 小时 _____ 分

9.过去 7 天，你是否在家中**院子里**进行**中强度家务劳动（如打扫院子、搬较轻的物品）**？

　　有 _____ 天，平均每天 ____ 小时 _____ 分

10. 过去 7 天，你是否在家中**室内**进行**中强度家务劳动（如擦玻璃、手洗衣服、扫地、拖地、吸尘、搬较轻的物品）**？

　　有 _____ 天，平均每天 ____ 小时 _____ 分

11. **综合以上各个部分，过去 7 天，你每天做身体活动的频率是怎样的？**

	没有	偶尔	一般	经常	很频繁
周一					
周二					
周三					
周四					
周五					
周六					
周日					

12. 过去 7 天，你是否有因为生病或其他事情阻碍了日常的身体活动？

　　○没有　○有，原因 _____

13. 过去 7 天，你每天用于以下活动的时间是？（min）

活动	周一	周二	周三	周四	周五	周六	周日
看电视							
看视频或电影							
玩电脑或 pad							
玩手机							
用电脑做作业							
课外阅读							
家教辅导							
乘坐交通工具							

续表

活动	周一	周二	周三	周四	周五	周六	周日
做手工或画画							
静坐（打电话、聊天或桌游）							
练习乐器							
在校学习							
参加学业补习班							

14. 以下针对**你的家人**的一些描述，你认为哪一项比较合理？

	非常不认同	不认同	认同	非常认同
家人平时自己会运动				
家人平时会与我一起运动（如散步/骑车/打球等）				
家人运动的时候往往叫我一起				
家人会带我去运动场所运动（如体育俱乐部/公园等）				
家人给我报名了运动班				
我运动时家人会在一旁关注我				
家人允许我不限时长看电视				
家人允许我在学习之余不限时长使用电脑				
家人允许我不限时长玩视频/体感类游戏（如 Xbox 等）				

15. 以下关于运动的描述，请根据你的**真实想法**进行选择。

序号	项目	非常不认同	不认同	认同	非常认同
1	我很享受运动				
2	运动降低了我的压力和紧张的感受				
3	运动提高了我的心理或精神健康水平				
4	运动锻炼耗费了我大量的时间				
5	运动可以预防心脏方面的疾病				
6	运动使我感觉很累				
7	运动增强了我的肌肉力量				

序号	项目	非常不认同	不认同	认同	非常认同
8	运动使我获得了个人成就感				
9	运动地点距离我太远了				
10	运动使我感到放松				
11	运动使我认识了喜欢的朋友伙伴				
12	运动让我感到害羞或尴尬				
13	运动有助于预防高血压				
14	我在运动方面花了太多费用				
15	运动增强了我的体能水平				
16	运动器材往往不太方便使用				
17	运动让我的肌肉变得更加结实				
18	运动提高了我的心血管系统功能				
19	运动让我感到疲乏				
20	运动提升了我的精神状态				
21	我的朋友伙伴不鼓励我参与运动				
22	运动增强了我的体力				
23	运动增强了我的灵活性				
24	运动占用了我太多本应与家人相处的时间				
25	运动使我的脾气性格有所改善				
26	运动让我睡得更香				
27	运动有助于延长寿命				
28	我觉得穿运动装的人很好笑				
29	运动有助于缓解疲劳				
30	运动是认识新朋友的好方法				
31	运动提高了我的耐力				
32	运动提升了我的自我意识				
33	我的家人不鼓励我进行运动				
34	运动使我头脑更加清醒				
35	运动使我参与一些常规活动时不易疲惫				
36	运动提升了我的学习效率				

续表

序号	项目	非常不认同	不认同	认同	非常认同
37	运动占用了我太多本应在家的时间				
38	运动是很好的娱乐方式				
39	运动锻炼让我更受朋友欢迎				
40	运动是件很痛苦的事情				
41	运动整体性地提升了我的身体机能				
42	我能找到的可以运动的地方很少				
43	运动改善了我的体形				

16. 今年夏天，你是否曾得病？

　　○感冒等传染性疾病 _____ 次，贫血等非传染性疾病 _____ 次　○未得病

17. 曾在哪里就医？

　　○学校医务室　○社区卫生服务站　○诊所　○医院　○未就医

18. 是否有蛀牙？

　　○是　○否

19. 有什么病史？ _____

20. 你通常晚上 _____ 点睡觉，早晨 _____ 点起床，午睡 _____ 小时

21. 你平时通常如何就餐？

　　○在家吃饭　○在学校食堂吃饭　○在饭店吃饭　○点外卖吃　○不固定

22. 你常吃水果蔬菜吗？○常吃也爱吃　○常吃但不爱吃　○不怎么吃

23. 你经常吃以下哪些零食？

　　○饮料　○冷饮　○奶制品　○豆制品　○糖果　○饼干　○坚果

　　○薯片等膨化食品　○肉干　○辣条　○不吃

24. 通常是谁给你买零食呢？
　　○自己买　○爸爸妈妈　○爷爷奶奶或姥姥姥爷　○其他 ＿＿＿＿＿＿＿＿

25. 你是和谁一起来到这个地点的呢？
　　○独自　○小伙伴　○家长

26. 你是采用何种交通方式到达 / 离开这个地点的呢？
　　○步行　○跑　○自行车　○公交 / 地铁 / 小汽车等机动车

27. 你从哪里、途经哪条路来到这个地点 ＿＿＿＿＿＿＿＿＿＿＿＿＿＿＿＿＿＿
　　又将途经哪条路、去哪里 ＿＿＿＿＿＿＿＿＿＿＿＿＿＿＿＿＿＿＿＿＿＿
　　（说明地名并画在图上）

28. 性别　○男　○女　　　29.年龄 ＿＿＿＿＿ 周岁

30. 身高 ＿＿＿＿＿cm　　　31. 体重 ＿＿＿＿＿kg

32. 视力状况　左眼○近视 ＿＿＿度　○远视 ＿＿＿度　○弱视　○正常
　　　　　　　右眼○近视 ＿＿＿度　○远视 ＿＿＿度　○弱视　○正常

33. 你的学校 ＿＿＿＿＿＿＿＿＿＿＿＿＿＿＿＿＿＿

34. 你的家庭住址（小区）＿＿＿＿＿＿＿＿＿＿＿＿＿＿

35. 联系电话 ＿＿＿＿＿＿＿＿＿＿＿＿＿＿＿＿

36. 父母职业 ＿＿＿＿＿＿＿＿＿＿＿＿＿＿＿＿

问卷结束，谢谢你！祝你健康、快乐地成长！

参考文献

北京市规划国土委，2021. 北京街道更新治理城市设计导则 [EB/OL].（2021-04-30）[2023-06-30]. https://ghzrzyw.beijing.gov.cn/biaozhunguanli/bz/cxgh/202112/t20211207_2555119.html.

卞一之，朱文一，2019. 营造城市空间的可玩性：从美国卡布平台到可玩型城市认证 [J]. 城市设计 (4)：52-61.

格里森，西普，2014. 创建儿童友好型城市 [M]. 丁宇，译. 北京：中国建筑工业出版社.

蔡克光，陈烈，2010. 基于公共政策视角的城市规划研究进展 [J]. 城市问题 (11)：52-55.

曹慧，2015. 透视与反思：晚清之前婴戏图中的儿童观 [D]. 济南：山东师范大学.

曹嘉会，李晗，阮应君，等，2017. 住宅区规划因素对室外微环境影响的数值分析 [J]. 建筑节能，45(3)：102-106.

柴彦威，李春江，2019a. 城市生活圈规划：从研究到实践 [J]. 城市规划，43(5)：9-16，60.

柴彦威，李春江，夏万渠，等，2019b. 城市社区生活圈划定模型：以北京市清河街道为例 [J]. 城市发展研究 (9)：1-8.

柴彦威，张雪，孙道胜，2015. 基于时空间行为的城市生活圈规划研究：以北京市为例 [J]. 城市规划学刊，223(3)：61-69.

陈博，于海群，2018. 居住小区植物配置方式对大气颗粒物浓度的影响 [J]. 林业与环境科学，34(2)：38-46.

陈达理，1998. 古代中医儿科发展进程的三个阶段 [J]. 湖南中医学院学报，18(4)：59-60.

陈玖玖，赵彬，李先庭，等，2004. 建筑布局对小区热环境影响的数值分析 [J]. 暖通空调 (8)：13-16.

陈炎，2014. 如何理解马克思笔下的三种"儿童" [J/OL]. 光明日报. http://epaper.gmw.cn/gmrb/html/2014-05/05/nw.D110000gmrb_20140505_3-11.htm?div=-1

陈炎，2015. 再谈马克思笔下的"三种儿童"：兼答王汝良先生 [J/OL]. 中国社会科学报. http://sscp.cssn.cn/xkpd/zm_20150/201505/t20150518_1937712.html

陈映芳，2003. 图像中的孩子 [M]. 济南：山东画报出版社.

陈钊娇，许亮文，2013. 健康城市评估与指标体系研究 [J]. 健康研究，33(1)：5-9.

程朝霞，李光耀，郭煜冰，等，2019. 居住区绿地夏季小气候环境效应研究：以运城市恒大名都小区为例 [J]. 现代园艺 (15)：51-52.

程之范，1998. 中国大百科全书：现代医学 [M]. 北京：中国大百科全书出版社.

迟妍妍，张惠远，饶胜，等，2013. 珠江三角洲土地利用变化对特征大气污染物扩散的影

响 [J]. 生态环境学报 (10)：1682-1687.

楚英兰，汤际澜，上俊峰，等，2016. 促进健康身体活动政策及实施策略的国际比较研究 [J]. 南京体育学院学报（社会科学版），30(1)：39-46.

戴剑松，王正伦，孙彪，2009. 体力活动、疾病与健康关系概述及最新结论 [J]. 南京体育学院学报（社会科学版），23(6)：120-128.

戴旭芳，2005. 儿童自闭症饮食病因机制的研究进展 [J]. 中国特殊教育 (4)：93-95.

董靓，1995. 城市地表覆盖材料的热反应 [J]. 城市环境与城市生态，8(2)：18-20.

董慰，闫慧中，董禹，2020. 在游戏中成长：英国的儿童游戏环境营造经验 [J]. 上海城市规划 (3)：14-19，37.

杜杨，陈红，薛思寒，2020. 郑州居住区户外活动场地微气候优化研究 [J]. 中外建筑 (3)：110-112.

樊荣，2018. 儿科就医年龄线如何界定 [N]. 健康报，2018-05-17(006).

方飞，2020. 城市公园建成环境对使用者体力活动的影响研究 [D]. 上海：上海体育学院.

阿利埃斯，2013. 儿童的世纪：旧制度下的儿童和家庭生活 [M]. 北京：北京大学出版社.

费孝通，2006. 乡土中国 [M]. 上海：上海人民出版社.

付新，2007. 小儿哮喘的家庭护理、心理护理及运动护理 [J]. 中华现代儿科学杂志，3(6)：569-570.

葛岩，唐雯，2017. 城市街道设计导则的编制探索：以"上海市街道设计导则"为例 [J]. 上海城市规划 (1)：9-16.

顾彬彬，2012. 教育学视域下的现代童年问题研究 [D]. 上海：华东师范大学.

国家统计局，联合国儿童基金会，2023. 2020 年中国儿童人口状况：事实与数据 [R]. 国家统计局，联合国儿童基金会.

郭强，2016. 中国儿童青少年身体活动水平及其影响因素的研究 [D]. 上海：华东师范大学.

韩新民，2016. 中医儿科学 [M]. 2 版. 北京：高等教育出版社.

韩雪原，陈可石，2016. 儿童友好型城市研究：以美国波特兰珍珠区为例 [J]. 城市发展研究，23(9)：26-33.

黄贵民，苏忠剑，刘军廷，等，2014. 城市学龄儿童体力活动水平与超重 / 肥胖的相关性研究 [J]. 中华流行病学杂志，35(4)：376-380.

黄建中，张芮琪，胡刚钰，2019. 基于时空间行为的老年人日常生活圈研究 [J]. 城市规划学刊，250(3)：87-95.

季建乐，方睿，杜欣玥，2019. 基于两种典型呼吸系统疾病的儿童康复景观设计研究 [J]. 设计，32(21)：42-43.

姜盼，罗娟，唐晓东，2013. 基于新版电子病历系统融合平台的循证医学应用研究 [J]. 循证医学，13(4)：247-249.

蒋有为，姜冰，2013. 儿童户外健身器材的设计研究 [J]. 现代装饰（理论）(11)：17.

蒋竹山，2013. 儿童的发现史：从中世纪"缩小的成人"到现代儿童 [J/OL]. 凤凰读书.
　　https://book.ifeng.com/shupingzhoukan/teyueshuping/detail_2013_07/23/27814367_1.shtml

焦健，2019. 促进儿童步行与骑车通学：欧美安全上学路计划的成功经验与启示 [J]. 上海
　　城市规划 (3)：90-95.

金梦怡，彭仲仁，2019. 社区尺度下大气污染物分布特征及其原因初析 [J]. 新建筑 (5)：
　　13-17.

威兹，2008. 促进儿童独立活动性的政策与实践 [J]. 国际城市规划，23(5)：56-61.

冷红，张东禹，袁青，2021. 寒地城市儿童健康导向的社区规划策略研究 [J]. 上海城市规
　　划 (1)：23-30.

李博，宋云，俞孔坚，2008. 城市公园绿地规划中的可达性指标评价方法 [J]. 北京大学学
　　报（自然科学版）(4)：618-624.

李婧，高艺，刘雅萌，2020. 居民体力活动参与度受城市建成环境要素的影响研究进展 [J].
　　科技导报，38(7)：76-84.

李丽萍，2003. 国外的健康城市规划 [J]. 规划师，19(s1)：40-43.

李萌，2017. 基于居民行为需求特征的"15 分钟社区生活圈"规划对策研究 [J]. 城市规划
　　学刊 (1)：111-118.

李新宇，赵松婷，李延明，2013. 北京北小河公园绿地 PM2.5 浓度变化规律 [J]. 园林 (6)：
　　20-23.

李幼穗，1998. 儿童发展心理学 [M]. 天津：天津科技翻译出版公司.

联合国儿童基金会，2019. 儿童友好型城市规划手册：为孩子营造城市 [EB/OL].

梁鹤年，2012. 城市人 [J]. 城市规划，36(7)：87-96.

梁亚军，胡跃华，许锬，2011. 儿童课余时间静态活动和体力活动的时间分布模式 [J]. 武
　　警医学院学报，20(6)：437-440，448.

林波荣，李莹，赵彬，等，2002. 居住区室外热环境的预测、评价与城市环境建设 [J]. 城
　　市环境与城市生态，15(1)：41-43.

林雄斌，杨家文，2016. 健康城市构建的公交与慢行交通要素及其对交通规划的启示 [J].
　　城市观察 (4)：112-121.

林瑛，周栋，2014. 儿童友好型城市开放空间规划与设计：国外儿童友好型城市开放空间
　　的启示 [J]. 现代城市研究 (11)：36-41.

林子英，任妮娜，刘刚，2015. 大气污染致慢性呼吸道疾病机制研究 [J]. 现代医院 (1)：
　　9-12.

刘常富，李小马，韩东，2010. 城市公园可达性研究：方法与关键问题 [J]. 生态学报，
　　30(19)：5381-5390.

刘东宁，李建国，刘欣，等，2014. 上海高中生骑自行车行为及其影响因素分析 [J]. 中国
　　学校卫生，35(6)：819-821.

刘佳燕，2020. 新型冠状病毒肺炎疫情背景下社区防疫规划和治理体系研究 [J]. 规划师，

36(6)：86-89.

刘磊，雷越昌，2018. 社区规划中的儿童友好政策探索与思路：以深圳市儿童友好型社区试点经验为例 [J]. 城市建筑 (12)：22-25.

刘鸣，陈庆周，范悦，2018. 窗户设计对室内通风的影响因素与模拟分析 [J]. 华中建筑，36(2)：21-25.

刘鹏，2008. 理学对中医学影响之再评价 [D]. 济南：山东中医药大学.

刘天媛，宋彦，2015. 健康城市规划中的循证设计与多方合作：以纽约市《公共健康空间设计导则》的制定和实施为例 [J]. 规划师 (6)：27-33.

刘炜，2017. 住宅室内环境和通风对儿童呼吸道和过敏性疾病的影响研究 [D]. 上海：上海理工大学.

刘翔平，1993. 论弗洛伊德与皮亚杰发展观的对立及其可能的出路 [J]. 北京师范大学学报（社会科学版）(1)：35-40.

龙冬玲，旷翠萍，卓菲，等，2019. 深圳市罗湖区儿童关联场所环境胃肠道感染病毒污染状况调查 [J]. 现代预防医学，46(9)：1559-1562.

龙遗芳，谭小华，曾汉日，等，2020. 儿童聚集性场所肠道病毒污染现况调查 [J]. 中国公共卫生，36(7)：1080-1082.

卢玫珺，王春苑，郑智峰，2013. 住区规划中日照环境优化设计策略探析 [J]. 四川建筑科学研究，39(1)：278-280.

罗茂红，来则民，2002. 家庭环境因素与儿童哮喘关系的病例对照研究 [J]. 中国公共卫生，18(6)：662-663.

罗小平，刘铜林，2014. 儿科疾病诊疗指南 [M]. 3 版. 北京：科学出版社.

马剑，陈水福，2007. 平面布局对高层建筑群风环境影响的数值研究 [J]. 浙江大学学报（工学版）(9)：1477-1481.

马明，龙灏，王梅讯，等，2020. 医疗建筑的院内感染研究：风险要素和应对路径 [J]. 时代建筑 (5)：52-57.

毛其智，2003. 从健康住宅到健康城市：人居环境建设断想 [J]. 规划师，19(b06)：18-21.

孟雪，李玲玲，付本臣，2019. 国外儿童独立活动性研究进展与启示 [J]. 人文地理，34(4)：20-31，88.

福柯，1999. 规训与惩罚 [M]. 北京：三联出版社.

苗玉慧，2020. 居住区儿童活动场地景观营造原则及要素 [J]. 乡村科技 (20)：49，51.

波兹曼，2015. 童年的消逝 [M]. 北京：中信出版社.

埃利亚斯，1998. 文明的进程：文明的社会起源和心理起源的研究：西方国家世俗上层行为的变化 [M]. 上海：三联书店.

潘桂娟，2012. 中医理论建设与研究若干问题的思考 [J]. 中国中医基础医学杂志，18(1)：3-5.

庞丽娟，田瑞清，2002. 儿童社会认知发展的特点 [J]. 心理科学，25(2)：144-147.

裴昱，党安荣，2020. 儿童服务设施职能"精细化"与"标准化"赋能健康城市发展：伦敦"健康早年计划"的经验 [J]. 北京规划建设 (5)：110-114.

彭立，田燕，邓娜，2017. 高层建筑的分布对室外风、热环境的影响研究 [J]. 城市建筑 (20)：31-35.

仇保兴，2012. 新型城镇化：从概念到行动 [J]. 行政管理改革 (11)：11-18.

曲琛，韩西丽，2015. 城市邻里环境在儿童户外体力活动方面的可供性研究：以北京市燕东园社区为例 [J]. 北京大学学报（自然科学版），51(3)：531-538.

全利利，刘颂，2014. 居住区儿童游戏场铺装设计 [J]. 住宅科技，34(7)：16-19.

任静朝，武俊青，李玉艳，等，2012. 母亲妊娠期及围生期因素与儿童超重肥胖的关系 [J]. 中国儿童保健杂志，20(11)：991-994.

任雯泽，徐坚，2021. 体力活动水平对儿童健康体适能的影响 [J]. 辽宁体育科技，43(1)：80-83.

邵天一，周志翔，王鹏程，等，2004. 宜昌城区绿地景观格局与大气污染的关系 [J]. 应用生态学报 (4)：691-696.

沈晶，杨秋颖，郑家鲲，等，2019. 建成环境对中国儿童青少年体力活动与肥胖的影响；系统文献综述 [J]. 中国运动医学杂志，38(4)：312-326.

沈俊秀，2011. 上海市道路交通颗粒污染暴露特征研究 [D]. 上海：复旦大学.

沈晓明，1979. 儿科学 [M].3 版. 北京：人民卫生出版社.

沈瑶，2018. "凡益开题"第十五期：走向儿童友好社区 [J]. 中外建筑 (5)：6.

沈瑶，刘赛，云华杰，等，2020. "育儿友好"视角下城市竞争力提升启示：以日本流山市为例 [J]. 城市发展研究，27(4)：72-81.

世界卫生组织，2010. 关于身体活动有益健康的全球建议 [EB/OL]. https://www.who.int/dietphysicalactivity/factsheet_recommendations/zh/

石楠，2015. 新常态下城市空间品质问题的新视角 [J]. 上海城市规划 (1)：1-3.

石楠，2017. "人居三"、新城市议程及其对我国的启示 [J]. 城市规划，41(1)：9-21.

施义慧，2004. 近代西方童年观的历史变迁 [J]. 广西社会科学 (11)：4.

宋金帆，方岩，邓稼栋，等，2019. 洛阳市老城区西大街空间形态与热环境耦合关系实测研究 [J]. 绿色科技 (12)：205-207.

宋小冬，田峰，2009. 现行日照标准下高层建筑宽度和侧向间距的控制与协调 [J]. 城市规划学刊 (4)：82-85.

孙淼，2020. 面向优质护理服务的儿童医院护理单元空间设计研究 [D]. 长春：吉林建筑大学.

孙淑萍，古润泽，张晶，2004. 北京城区不同绿化覆盖率和绿地类型与空气中可吸入颗粒物（PM_{10}）[J]. 中国园林，20(3)：77-79.

谭玛丽，周方诚，2008. 适合儿童的公园与花园：儿童友好型公园的设计与研究 [J]. 中国园林，24(9)：43-48.

谭纵波，2020. 城市规划应对突发公共卫生事件的理性思考 [J/OL]. 中国城市规划. https://mp.weixin.qq.com/s/GqA0Y6peA5tBHM3o6vByOQ

唐金陵，GRALSZIOU P，2011. 循证医学基础 [M]. 北京：北京大学医学出版社.

陶贵俏，齐怀智，2020. 高温环境下居住区景观气候适应性设计：以大连市"国合锦城"居住区为例 [J]. 建筑节能，48(12)：137-143.

田莉，2020. 新冠肺炎凸显城市空间治理能力短板 [J/OL]. 中国城市规划. https://mp.weixin.qq.com/s/otHaCMkH1YGxNHaE0ps96w

田莉，李经纬，欧阳伟，等，2016. 城乡规划与公共健康的关系及跨学科研究框架构想 [J]. 城市规划学刊 (2)：111-116.

田莉，李经纬，欧阳伟，2021. 公共健康视角下的城市规划与人因工程学 [J]. 世界建筑 (3)：58-61，125.

王宝民，柯咏东，桑建国，2005. 城市街谷大气环境研究进展 [J]. 北京大学学报（自然科学版）(1)：146-153.

王丹，2014. 体力活动支持型社区环境构建研究 [D]. 杭州：浙江农林大学.

王国玉，白伟岚，李新宇，等，2014. 北京地区消减 PM_(2.5) 等颗粒物污染的绿地设计技术探析 [J]. 中国园林 (7)：70-76.

王海英，2008. 20 世纪中国儿童研究的反思 [J]. 华东师范大学学报（教育科学版）(2)：17-18.

王浩，2010. 新文化运动时期的"儿童发现" [D]. 南京：南京师范大学.

王兰，廖舒文，赵晓菁，2016. 健康城市规划路径与要素辨析 [J]. 国际城市规划，31(4)：4-9.

王兰，李潇天，杨晓明，2020. 健康融入 15 分钟社区生活圈：突发公共卫生事件下的社区应对 [J]. 规划师，36(6)：102-106，120.

王梦蕊，2018. 基于视觉健康的广东地区中小学校教室顶部自然采光设计研究 [D]. 广州：华南理工大学.

王南，车伊，魏维轩，2019. 基于体能需求的城市体育公园漫步游线规划：以南京鱼嘴湿地公园和南京青奥体育公园为例 [G]// 中国体育科学学会. 第十一届全国体育科学大会论文摘要汇编.

王南，魏维轩，刘滨谊，2021. 公园游步道设计提升健步功效的研究：以南京鱼嘴湿地公园游步道设计为例 [J]. 中国园林，37(2)：48-53.

王世洲，2013. 关于保护儿童的欧洲标准 [J]. 法律科学（西北政法大学学报），31(3)：163-171.

王婷，陈小芮，章家恩，等，2019. 广州市老旧小区不同绿化改造方案对微气候环境影响的 ENVI-met 模拟研究 [J]. 华南农业大学学报 (4)：1-8.

汪受传，2010. 中医儿科学的特色优势及发展策略 [J]. 中医儿科杂志，6(1)：1-4.

王侠，焦健，2018. 基于通学出行的建成环境研究综述 [J]. 国际城市规划，33(6)：57-62，

109.

王馨甜，韩西丽，2018. 活动场地中环境因子多样化对儿童体力活动的影响 [J]. 西部人居
环境学刊，33(6)：100-105.

王耀光，1997. 运动、免疫机能与病毒性感染（综述）[J]. 浙江体育科学 (4)：39-43，64.

王懿俏，闻德亮，任苒，2017. Andersen 卫生服务利用行为模型及其演变 [J]. 中国卫生经
济，36(1)：15-17.

王友缘，2011. 儿童属于哪里：童年空间禁忌的社会学研究 [D]. 南京：南京师范大学.

王哲，2013. 环境因素对儿童体力活动影响的综述 [J]. 南京体育学院学报（自然科学版），
12(2)：151-155.

魏立华，2007. 城市规划向公共政策转型应澄清的若干问题 [J]. 城市规划学刊 (6)：42-46.

魏新哲，2020. 家居环境与家庭生活方式对儿童哮喘和过敏性疾病的影响 [D]. 沈阳：中国
医科大学.

维舟，2013. 儿童的世纪：观念变迁下"儿童"的概念构建 [J/OL]. 南方都市报. http://
www.lifeweek.com.cn/2013/0814/42025.shtml

温宗勇，邱雨璇，邢晓娟，等，2017. "意外"背后的"必然"：儿童使用室外健身器材情
况调研 [J]. 北京规划建设 (5)：136-145.

吴良镛，2001. 人居环境科学导论 [M]. 北京：中国建筑工业出版社.

武廷海，2018. 空间规划与学科发展 [R]. 第十五届中国城市规划学科发展论坛.

吴旭春，刘启波，2021. 西安地区老旧小区室外环境绿色改造策略研究 [J]. 城市建筑，
18(1)：119-122.

吴园园，王爱霞，秦亚楠，等，2019. 半干旱地区步行街道过渡季微气候生态性营造研究：
以呼和浩特市塞上老街、通顺大巷、大召前街为例 [J]. 西部人居环境学刊，34(3)：26-
34.

吴志强，2000. 百年西方城市规划理论史纲导论 [J]. 城市规划汇刊 (2)：9-18.

武子斌，2009. 居住区风环境与风荷载的数值模拟研究 [D]. 哈尔滨：哈尔滨工业大学.

肖正强，李明柱，赵麒，等，2021. 不同类街道峡谷污染物扩散模拟研究 [J]. 绿色环保建
材 (3)：48-49.

谢剑峰，2005. 苏州市健康城市指标体系研究 [D]. 苏州：苏州大学.

熊秉真，2003. 童年忆往：中国孩子的历史 [M]. 台北：麦田出版股份有限公司.

熊梅，倪陈，潘家华，等，2013. 合肥市儿童哮喘的危险因素分析 [J]. 中国当代儿科杂志，
15(5)：364-367.

熊敏，付仿仿，2019. 浅谈硬质铺装在城市公共景观中的应用 [J]. 现代园艺，42(17)：92-
94.

许从宝，仲德崑，李娜，2005. 当代国际健康城市运动基本理论研究纲要 [J]. 城市规划
(10)：52-59.

徐磊青，孟若希，陈筝，2017. 迷人的街道：建筑界面与绿视率的影响 [J]. 风景园林 (10)：

27-33.

徐望悦，王兰，2018. 呼吸健康导向的健康社区设计探索：基于上海两个社区的模拟辨析 [J]. 新建筑 (2)：50-54.

许晓霞，柴彦威，颜亚宁，2010. 郊区巨型社区的活动空间：基于北京市的调查 [J]. 城市发展研究 (11)：41-49.

徐振，上官丹青，高嘉豪，等，2021. 健康场所视角下商业空间中儿童活动场地分析：以南京为例 [J]. 华中建筑，39(1)：63-67.

严亚磊，于涛，2020. 食物环境对不同收入群体生理健康的影响差异：以南京市为例 [J]. 现代城市研究 (11)：110-117.

杨保军，陈鹏，2015. 新常态下城市规划的传承与变革 [J]. 城市规划，39(11)：9-15.

杨保军，2020. 突发公共卫生事件引发的规划思考：应对 2020 新型冠状病毒肺炎突发事件笔谈会 [J/OL]. 城市规划：1[2020-05-27]. http://kns.cnki.net/kcms/detail/11.2378.TU.20200212.1135.002.html.

杨慧慧，石向实，郑莉君，2007. 皮亚杰儿童认知发展理论述评 [J]. 前沿 (6)：55-57.

阳建强，2015. 城市设计与城市空间品质提升 [J]. 南方建筑 (5)：10-13.

杨婕，陶印华，刘志林，等，2021. 邻里效应视角下社区交往对生活满意度的影响：基于北京市 26 个社区居民的多层次路径分析 [J]. 人文地理，36(2)：27-34，54.

杨清，魏丹，钱万惠，等，2018. 乡土植物在珠三角省立绿道的应用 [J]. 林业与环境科学，34(1)：94-104.

杨瑞，欧阳伟，田莉，2018. 城市规划与公共卫生的渊源、发展与演进 [J]. 上海城市规划 (3)：79-85.

姚弥，齐建光，闫辉，等，2015. 北京市某三甲医院普通儿科门诊就诊现况调查及分析 [J]. 中国全科医学，18(11)：1288-1292.

姚亚男，李树华，2018. 基于公共健康的城市绿色空间相关研究现状 [J]. 中国园林，34(1)：118-124.

叶南客，2001. 社区变迁与社区建设的沿革 [J]. 学海 (4)：97-101.

易滨，2005. 呼吸道传染病的隔离与防护 [J]. 中华护理杂志，40(3)：237-240.

殷杉，刘春江，2013. 城市植被对大气颗粒物的防控功能及应用 [J]. 园林 (6)：16-19.

尹稚，2020. 疫情、空间、人、规划 [J/OL]. 中国城市规划. https://mp.weixin.qq.com/s/wqhiyPf-zUkk-WK7HMa0Mw

应桃园，2016. 体力活动支持型城市公园规划设计研究 [D]. 杭州：浙江农林大学.

余妙，周俭，2012. 小尺度街坊价值、特征及营造理念：都江堰"壹街区" [C] // 2012 中国城市规划年会.

于一丁，2013. 城市为谁而建 // 格里森，西普，2014. 创建儿童友好型城市 [M]. 北京：中国建筑工业出版社.

于一凡，2019. 从传统居住区规划到社区生活圈规划 [J]. 城市规划，43(5)：17-22.

袁姝，2017. 共创设计中设计师：用户共情关系研究 [D]. 上海：同济大学：164.

袁姝，姜颖，董玉妹，等，2020. 通用设计及其研究的演进 [J]. 装饰 (11)：12-17.

曾慧慧，2020. 关于增加学校教室单向气流通风设施，减少儿童呼吸道感染疾病的建议 [J].
　　团结 (1)：60.

翟宝昕，朱玮，2018. 大城市儿童户外活动的时空特征研究：以上海为例 [J]. 城市规划，
　　42(11)：87-96.

张会平，2021. 儿童友好型城市建设：发展中国家经验及其启示 [J]. 社会建设 (2)：45，
　　64-74.

张灵珠，崔敏榆，晴安蓝，2021. 高密度城市休憩用地（开放空间）可达性的人本视角评
　　价：以香港为例 [J]. 风景园林，28(4)：34-39.

张冉，舒平，2019. 休闲锻炼视角下既有住区绿地空间适宜性研究 [J]. 中国城市林业，
　　17(5)：63-68.

张天佐，2010. 中医"先天"理论的文献研究 [D]. 北京：北京中医药大学.

格里森，西普，2014. 创建儿童友好型城市 [M]. 北京：中国建筑工业出版社.

张昕楠，刘克嘉，李石磊，2017. 基于高龄者生活圈的都市住区适老性更新研究 [J]. 新建
　　筑 (1)：6.

张莹，翁锡全，2014. 建成环境、体力活动与健康关系研究的过去、现在和将来 [J]. 体育
　　与科学，35(1)：30-34.

张宇娟，2015. 城市住区室外风热环境研究 [D]. 合肥：安徽建筑大学.

张云婷，马生霞，陈畅，等，2017. 中国儿童青少年身体活动指南 [J]. 中国循证儿科杂志，
　　12(6)：401-409.

赵警卫，史梓寒，唐婷，2019. 城市绿地行人愿望路径的影响因素：基于道路和环境相互
　　作用视角的分析 [J]. 城市问题 (7)：43-49.

赵露莹，杨立新，2021. 基于空间句法的沈阳市北陵公园可达性分析 [J]. 绿色科技，23(5)：
　　9-12.

赵晓龙，卞晴，赵冬琪，等，2018. 寒地城市公园春季休闲体力活动强度与植被群落微气
　　候调节效应适应性研究 [J]. 中国园林，34(2)：42-48.

赵亚玲，马润玫，黄永坤，2013. 母乳喂养对妊娠期糖尿病母亲子代儿童期超重的影响 [J].
　　中国当代儿科杂志 (1)：56-61.

赵振元，李盛林，李玉莲，等，2009. 儿科疾病诊疗指南 [M]. 兰州：甘肃文化出版社.

郑童，吕斌，张纯，2011. 基于模糊评价法的宜居社区评价研究 [J]. 城市发展研究，18(9)：
　　118-124.

中国社区发展协会，2020. 儿童友好社区建设规范（T/ZSX 3-2020）[S]. 中国社区发展协会.

中华人民共和国住房和城乡建设部，2018. 城市居住区规划设计标准（GB50180-2018）[S].
　　中华人民共和国住房和城乡建设部.

周金燕，2016. 流动儿童和城市本地儿童放学后时间分配的比较研究：来自北京市四所小

学的调查证据 [J]. 教育科学研究 (5)：40-46.

周立晨，施文彧，薛文杰，等，2005. 上海园林绿地植被结构与温湿度关系浅析 [J]. 生态学杂志 (9)：1102-1105.

周筱燕，2009. 单纯性肥胖儿童膳食调查及病因和慢病潜在危险因素研究 [D]. 广州：暨南大学.

周燕珉，李佳婧，2020. 1949 年以来的中国集合住宅设计变迁 [J]. 时代建筑 (6)：53-57.

朱红，张欣，刘新民，等，2011. 儿童青少年体力活动特征及其对生长发育和代谢指标的影响 [J]. 中国校医，25(12)：893-894.

朱燕，肖建平，廖祥鹏，2013. 妊娠期母体维生素 D 水平对胎儿骨代谢的影响 [J]. 东南大学学报：医学版 (5)：636-639.

卓健，曹根榕，2018. 街道空间管控视角下城市设计法律效力提升路径和挑战 [J]. 规划师 (7)：18-25.

邹汝霞，2013. 公园中儿童游戏场地的景观设计探索 [J]. 现代园艺 (7)：57-59.

左红霞，牛玉明，程丽丽，2015. 循证护理证据资源的检索 [J]. 循证护理 (12)：145-151.

木下勇，1999. 三世代遊び場マップ・図鑑 [M]. 子どもの遊びと街研究会.

青木陽二，1987. 視野の広がりと緑量感の関連 [J]. 造園雑志，51(1)：1-10.

折原夏志，2006. 緑景観の評価に関する研究：良好な景観形成に向けた緑の評価手法に関する考察 [J]. 調査研究期報 (142)：4-13.

AKPINAR A, 2016. How is quality of urban green spaces associated with physical activity and health?[J]. Urban forestry&urban greening(16): 76-83.

AKPINAR A, CANKURT M, 2016. How are characteristics of urban green space related to levels of physical activity: Examining the links[J]. Indoor&built environment(8): 1091-1101.

ANNE B K, 2004. Represetation of childhood and youth in early China[M]. San Francisco: Stanford University Press.

ARUP, 2017. Cities alive: designing for urban childhoods[R].https://www.arup.com/perspectives/publications/research/section/cities-alive-designing-for-urban-childhoods

BARTON H, MARCUS G, 2003. Shaping neighbourhoods: a guide for healthy, sustainability and vitality[M]. London: Spon Press, 11-12.

BATES C, IMRIE R, KULLMAN K, 2017. Configuring the caring city: ownership, healing, openness[C]. Care and design: bodies, buildings, cities. Hoboken: Wiley Blackwell, 95.

BERNARD VAN LEER FOUNDATION, 2018. The Urban 95 Starter Kit 2018[M]. The Hague: Bernard van Leer Foundation.

BRITTIN J, SORENSEN D, TROWBRIDGE M, et al., 2015. Physical Activity Design Guidelines for School Architecture[J]. PloS one, 10(7), e0132597.

BROWNSON R C, BAKER E A, HOUSEMANN R A, et al., 2001. Environmental and policy determinants of physical activity in the United States[J]. American journal of public health(12): 1995-2003.

CALLÉN B M, GONZÁLEZ P E, GARMENDIA I A, et al., 1997. Effect of passive smoking on pulmonary function in the asthmatic child[J]. Anales espanoles de pediatria, 47(4): 383-388.

CAMBRA K, MARTÍNEZ R T, ALONSO F E, et al., 2011. Mortality in small geographical areas and proximity to air polluting industries in the Basque Country (Spain)[J].Occupational & environmental medicine, 68(2): 140-147.

CESCHIN F, GAZIULUSOY I, 2016. Evolution of design for sustainability: from product design to design for system innovations and transitions[J]. Design Studies, 47: 118-163.

CHAN T L, DONG G, LEUNG C W, et al., 2002. Validation of a two dimensional pollutant dispersion model in an isolated street canyon[J]. Atmospheric environment, 36(5): 861-872.

COOMBES E, JONES A P, HILLSDON M, 2010. The relationship of physical activity and overweight to objectively measured green space accessibility and use[J]. Social science&medicine(6): 816-822.

CORSARO W A, 2014. The sociology of childhood (fourth edition). London: SAGE publications Inc.

DAY K, 2016. Built environmental correlates of physical activity in China: A review[J]. Preventive medicine reports, 3: 303-316.

DICENSO A, BAYLEY I, HAYNES R B, 2009. Accessing pre-appraised evidence: Fine-tuning the 5S model into a 6S model[J]. Evid based nurs, 12(4): 99-101.

DISHMAN R K, HEATH G W, LEE I M, 2013. Physical activity epidemiology[J]. Champaign IL: human kinetics.

FACTOR R, AWERBUCH T, LEVINS R, 2013. Social and land use composition determinants of health: variability in health indicators.[J]. Health & Place, 22(4): 90-97.

FAINSTEIN S S, CAMPBELL S, 2002. Readings in urban theory[M]. New Jersey: Wiley-Blackwell.

FALUDI A, 2013. A reader in planning theory[M]. Amsterdam: Elsevier.

FIGUEIRO M G, REA M S, 2010. Lack of short-wavelength light during the school day delays dim light melatonin onset (DLMO) in middle school students[J]. Neuro endocrinology letters, 31(1): 92-96.

GAVITT P, 1991. Charity and Children in Renaissance Florence[M]. Ann Arbor: University of Michigan Press, 275.

GONG P, LIANG S, CARLTON E J, et al., 2012. Urbanisation and health in China[J]. Lancet, 379(9818): 843-852.

GILL T, 2007. No fear: Growing up in a risk averse society[M]. London: Calouste Gulbenkian Foundation.

GILL T, 2019. How to build cities fit for children[EB/OL]. 2019-04-30. https://

rethinkingchildhood.com/2019/04/30/building-cities-fit-for-children_churchill-fellowship-child-friendly-urban-planning-design

GUNTER K, BAXTER-JONES A D, MIRWALD R L, et al., 2010. Impact exercise increases BMC during growth: An 8-year longitudinal study[J]. Journal of bone & mineral research, 23(7): 986-993.

HANCOCK T, DUHL L, 1986. Healthy cities: promoting health in the urban context (healthy cities paper No. 1). Copenhagen: WHO Europe.

HAYNES R B, 2006. Of studies, syntheses, synopses, and systems: the "5S" evolution of services for finding current best evidence[J]. EBM, 11: 162-164.

HELEN L, ALICE M, CLAIRE E, et al., 2020. Advancing play participation for all: the challenge of addressing play diversity and inclusion in community parks and playgrounds [J]. British journal of occupational therapy, 83(2): 107-117.

HOLLOWAY S L, VALENTINE G, 2000. Spatiality and the new social studies of childhood[J]. Sociology, 34(4): 763-783.

ILIEVA R T, 2016. Urban food planning: seeds of transition in the global north[M]. London: Routledge.

JACOBS J, 1992. The death and life of great American cities[M]. London:Vintage Books.

JENKS C, 2005. Childhood[M]. London: Routledge.

KENT J L, THOMPSON S, 2014. The three domains of urban planning for health and well-being[J]. J Plann Lit, 29: 239-256

KINGSTON B, WRIDT P, CHAWLA L, et al., 2007. Creating child friendly cities in the case of Denver, USA[J]. Municipal engineer, 160(2): 97-102.

KINOSHITA I, NAKAMURA O, YANG L L, et al., 1999. Urban planning issues to make a children-suitable city: a case study about the children's playing field in different residential areas of China and Japan (I)[J]. Forestry Studies in China.

KIST C, GIER A, TUCKER J, et al., 2016. Physical activity in clinical pediatric weight management programs: current practices and recommendations[J]. Clinical pediatrics, 55(13): 1219-1229.

KOOHSARI M J, MAVOA S, VILLANUEVA K, et al., 2015. Public open space, physical activity, urban design and public health: Concepts, methods and research agenda[J]. Health & Place, 33: 75-82.

KUBOTA T, MIURA M, TOMINAGA Y, et al., 2008. Wind tunnel tests on the relationship between building density and pedestrian-level wind velocity: development of guidelines for realizing acceptable wind environment in residential neighborhoods[J]. Building & environment, 43(10): 1699-1708.

LAU M, LI W, 2011. The extent of family and school social capital promoting positive subjective well-being among primary school children in Shenzhen, China[J]. Children & youth services review, 33(9): 1573-1582.

LEVY J I, BUONOCORE J J, STACKELBERG K V, 2010. Evaluation of the public health impacts of traffic congestion: a health risk assessment[J]. Environmental health, 9(1): 65.

LI C, WANG Z, LI B, et al., 2019. Investigating the relationship between air pollution variation and urban form[J]. Building and environment, 147: 559-568.

LI Q, KOBAYASHI M, KAWADA T, 2008. Relationships between percentage of forest coverage and standardized mortality ratios (SMR) of cancers in all prefectures in Japan. Open pub health, 1:1.

LYNOTT J, HAASE J, NELSON K, et al., 2009. Planning complete streets for an aging America[J]. Cyclists.

MAAS J, VERHEIJ R A, GROENEWEGEN P P, et al., 2006. Green space, urbanity, and health: how strong is the relation?[J]. Journal of epidemiology & community health, 60(7): 587-592.

MAAS J, VERHEIJ R A, SPREEUWENBERG P, et al., 2008. Physical activity as a possible mechanism behind the relationship between green space and health: a multilevel analysis[J]. BMC public health, 8(1): 206.

MAHNKE C B, 2000. The Growth and Development of a Specialty: The History of Pediatrics[J]. Clin Pediatr, 39(12): 705-714.

Mayor of London, 2017. Small Change, Big impact: a practical guide to changing London's public spaces[S]. London: Transport for London.

MOUDON A V, 1987. Public street for public use[M]. New York: Columbia University Press.

National Institute of Urban Affairs, 2017. Compendium of best practices of child friendly cities[Z].National Institute of Urban Affairs

National Physical Activity Plan Alliance, 2016. National Physical Activity Plan[R]. Washington DC: National Physical Activity Plan Alliance.

National Physical Activity Plan Alliance, 2018. The 2018 United States Report Card on Physical Activity for Children and Youth[R]. Washington DC: National Physical Activity Plan Alliance.

OLIVER L, SCHUURMAN N, HALL A, et al., 2011. Assessing the influence of the built environment on physical activity for utility and recreation in suburban metro Vancouver[J]. Bmc public health, 11(9): 1085-1089.

ORTEGA F B, CADENAS-SÁNCHEZ C, SÁNCHEZ-DELGADO G, et al., 2015. Systematic review and proposal of a field-based physical fitness-test battery in preschool children: The PREFIT battery[J]. Sports medicine, 45(4): 533-555.

RICHARDSON B W, 1876. Hygeia: a city of health[M]. London: Macmillan.

RODIEK S, 2008. A new tool for evaluating senior living environment[J]. Seniors housing &

care journal(16): 3-9.

ROSA D, VIVIAN D, HANS K, 2018. The city at eye level for kids[S]. Stipo, team for urban strategy and city development, Rotterdam.

SCHIPPERIJN J, EKHOLM O, STIGSDOTTER U, et al., 2010. Factors influencing the use of green space: results from a danish national representative survey[J]. Landscape and urban planning(3): 130-137.

SHAHAR S,1992. Childhood in the middle ages[M]. London:Routledge.

TAKET A R,1988. Making partners: intersectoral action for health, document from the outcome of joint working group on intersectoral action for health[M]. Norway, Utrecht, WHO, Geneva. 104.

TAO Y, YANG J, CHAI Y, et al., 2019. The anatomy of health-supportive neighborhoods: A multilevel analysis of built environment, perceived disorder, social interaction and mental health in Beijing[J]. International journal of environmental research and public health, 17(1): 1-13.

TRIMBLE V T, WILLIAM T H, BRACHER K, et al., 2007. The biographical encyclopedia of astronomers[M]. New York: Springer New York.

TSAI W L, FLOYD M F, LEUNG Y F, et al., 2015. Urban vegetative cover fragmentation in the U.S.: associations with physical activity and BMI[J]. American journal of preventive medicine(4): 509-517.

ULRIK C S, BACKER V, HESSE B, et al., 1996. Risk factors for development of asthma in children and adolescents: findings from a longitudinal population study[J]. Respir med, 90(10): 623-630.

UN, 2015. Transforming our world: The 2030 agenda for sustainable development[R]. New York:United Nations.

UNCHS,1996. An urbanizing world: global report on human settlements 1996[R]. Oxford: Oxford University Press.

UNHABITAT,2016. New Urban Agenda[R]. New York: UNHABITAT.

UNICEF,1992. Convention on the rights of the child[R]. New York: United Nations Publications.

UNICEF,1997. Children's rights and habitat: working towards child friendly cities[R]. New York: UNICEF.

UNICEF, WHO, IFRC,2020. Interim guidance for COVID-19 prevention and control in schools[R]. Inter-Agency Standing Committee.

U.S. Department of Health and Human Services. 2018. Physical activity guidelines for Americans, 2nd edition[R]. Washington DC: U.S. Department of Health and Human Services.

VINER R M, RUSSELL S J, et al., 2020. School closure and management practices during coronavirus outbreaks including COVID-19: a rapid systematic review[J]. The lancet child &

adolescent health, 4(5): 397-404.

VRIES S D, VERHEIJ R A, GROENEWEGEN P P et al., 2003. Natural environments: healthy environments? An exploratory analysis of the relationship between greenspace and health[J]. Environment & planning A, 35(10): 1717-1731.

VYNCKE V, 2013. Does neighbourhood social capital aid in levelling the social gradient in the health and well-being of children and adolescents? A literature review[J]. Bmc public health, 13(1): 65.

WANG G, ZHANG Y, Zhao J, et al., 2020. Mitigate the effects of home confinement on children during the COVID-19 outbreak[J]. The lancet, 395(10228): 945-947.

WANG H, NAGHAVI M, ALLEN C, et al., and the GBD 2015 mortality and causes of death collaborators, 2016. Global, regional, and national life expectancy, all-cause mortality, and cause-specific mortality for 249 causes of death, 1980–2015: a systematic analysis for the Global Burden of Disease Study 2015[J]. The lancet, 388: 1459-1544.

WATSON B, CHUANG T, 1996. Basic writings[M]. New York: Columbia University Press.

WEBSTER C, SARKAR C, MELBOURNE S J, et al., 2015. Green equals healthy? Towards an evidence base for high density healthy city research[J]. Landscape architecture frontiers, 3(1): 8-23.

Webster P, Price C, 1996. Healthy Cities Indicators: Analysis of Data from Cities across Europe[R]. Copenhagen: WHO Regional Office for Europe, (ICP/HCIT/94 01/PB04).

WEBSTER P, SANDERSON D, 2013. Healthy cities indicators-a suitable instrument to measure health?[J]. Journal of urban health, 90(1): 52-61.

WHITEHEAD M,DAHLGREN G,1991. What can we do about inequalities in health?[J]. Lancet, 388: 1059-1063.

WHO, 1948. Constitution of the World Health Organization[Z]. http://www.who.int/about/governance/constitution

WHO Region Office for Europe, 1997. Twenty steps for developing a healthy cities projects[M]. London: Spon Press.

WORLD HEALTH ORGANIZATION, UN-HABITAT, 2016. Global report on urban health: equitable healthier cities for sustainable development[R]. World Health Organization. http://www.who.int/iris/handle/10665/204715

YANG J, JOSÉ G S, REMAIS J V, et al., 2018. The tsinghua– lancet commission on healthy cities in China: unlocking the power of cities for a healthy China[J]. The lancet, 5: 238.

YAZICIOĞLU M, SALTIK A, ONEŞ U, et al., 1998. Home environment and asthma in school children from the Edirne region in Turkey[J]. Allergol immunopathol, 26(26): 5-8.

YOUTH, EDUCATION & SOCIETY DEPARTMENT OF THE CITY OF ROTTERDAM, 2010. Rotterdam, city with a future-How to build a Child Friendly City[Z].

ZELIZER V A,1994. Pricing the priceless child: The changing social value of children[M]. Princeton: Princeton University Press.

ZHANG W, YANG J, MA L, et al., 2015. Factors affecting the use of urban green spaces for physical activites: Views of young urban residents in Beijing[J]. Urban for urban green, 14(4): 851-857.

后 记

与本书议题结缘，始于 2016 年秋天吴良镛先生的人居环境科学导论课堂。每周一下午的学术盛筵醍醐灌顶，更将人居根植于心。攻读博士学位期间，在导师党安荣教授指导下走上讲台、走进田野、走出国门，更逐渐在脑海中形成了立体的学术认知，亦在潜移默化间积累了研究与写作的诸多灵感。

研究儿童健康友好是一件幸福的事。实地调研过程中，观察记录儿童的活动，看到一张张天真烂漫的笑脸、听到一阵阵银铃般的笑声，便也频频回想起自己快乐的童年时光。于是，在幸福感包裹之下的学术攻坚过程也并非仅存艰难困苦，而是增添了丝丝回甘。或许这本身也正是研究者本人与被研究者群体双向奔赴、互相成就的过程。

研究儿童健康友好也是一件复杂的事。研究群体聚焦、研究问题精细，意味着多维度的创新。本书尽管在理论体系、概念模型和应用方法上进行了探究，但囿于资料条件制约，难免有不成熟不完善的观点，希望得到读者的批评指正。在未来工作中还需结合社会经济、体制机制等非物质性领域共同探索并应用于在地实践，可谓任重道远。

有幸能够在研究和写作期间得到"八方相助"，感谢清华大学毛其智老师、武廷海老师、龙瀛老师、唐燕老师、黄鹤老师、王英老师等各位老师为研究提出的宝贵建议；感谢美国佐治亚大学地理系姚晓白老师在海外研修期间的悉心指导；感谢与湖南大学儿童友好城市研究室沈瑶老师、北京市东城区史家胡同博物馆儿童友好社区探索社群的宝贵交流经历；感谢百度地图慧眼合作伙伴、参与研究的"学推计划"团队本研同学们；感谢每一位积极配合实地调研工作的小朋友和亲属。

本书承蒙国家自然科学基金重点项目（52130804）"宜居地方性景观生态规划理论及方法"、北京交通大学人文社科类人才基金项目（2023XKRCW008）"城市老旧小区公共空间适儿化改造设计策略研究"资助，在此一并致以谢意。

裴昱

于清华大学